浙江省普通本科高校"十四五"重点教材

高等院校计算机类专业"互联网+"创新规划教材

U0155414

数据结构(C 语言版)
(第2版)

主　编　陈超祥

参　编　徐　萍　　唐军芳　　陈华锋　　杨昕立

　　　　胡　洁　　刘静静　　张华音　　丁伟儒

　　　　张继洲　　鲍巧玲

北京大学出版社

PEKING UNIVERSITY PRESS

内 容 简 介

本书共9章，系统介绍了常用的数据结构与算法方面的基本知识。第1章为绪论，引入了数据结构与算法的一些基本概念；第2~7章分别介绍了线性表、栈、队列、串、多维数组、树和图等基本的数据结构；第8章和第9章分别介绍了多种排序和查找的算法。

本书引入的主要案例都源自实际项目应用，案例、项目由企业工程师根据章节内容设计并实现，全部程序都在 C Free 5.0 或 Visual C++ 6.0 中调试通过。为方便读者学习和理解，本书提供了全部案例的运行视频，对所描述的部分数据结构核心算法录制了讲解视频。

本书可以作为高等院校计算机、人工智能和数据科学与大数据等相关专业的教材，也可以作为其他理工科专业的选修教材，还可供从事计算机应用的工程技术人员参考，读者只需掌握C语言编程的基本技术就可以学习本书。

图书在版编目（CIP）数据

数据结构：C 语言版/陈超祥主编. —2 版. —北京：北京大学出版社，2024.3
高等院校计算机类专业"互联网+"创新规划教材
ISBN 978-7-301-34761-4

Ⅰ. ①数… Ⅱ. ①陈… Ⅲ. ①数据结构—高等学校—教材②C 语言—程序设计—高等学校—教材
Ⅳ. ①TP311.12②TP312.8

中国国家版本馆 CIP 数据核字（2024）第 011519 号

书　　　名	数据结构（C语言版）（第2版）	
	SHUJU JIEGOU (C YUYANBAN) (DI-ER BAN)	
著作责任者	陈超祥　主编	
策 划 编 辑	郑　双	
责 任 编 辑	黄园园　郑　双	
数 字 编 辑	蒙俞材	
标 准 书 号	ISBN 978-7-301-34761-4	
出 版 发 行	北京大学出版社	
地　　　址	北京市海淀区成府路 205 号　100871	
网　　　址	http://www.pup.cn　新浪微博：@北京大学出版社	
电 子 邮 箱	编辑部 pup6@pup.cn　总编室 zpup@pup.cn	
电　　　话	邮购部 010-62752015　发行部 010-62750672　编辑部 010-62750667	
印 刷 者	北京鑫海金澳胶印有限公司	
经 销 者	新华书店	
	787 毫米×1092 毫米　16 开本　18.25 印张　444 千字	
	2013 年 8 月第 1 版　2024 年 3 月第 2 版　2024 年 3 月第 1 次印刷	
定　　　价	49.00 元	

前　言

数据结构是计算机科学的算法理论基础和程序设计的技术基础，因此，数据结构是计算机及其相关专业的一门核心课程。

对于初学者，数据结构的学习有两大难点：一是抽象的数据结构原理与方法难以理解并掌握，二是难以用抽象的原理与方法来解决实际问题。一般数据结构书籍使用伪代码，不提供完整算法，给初学者带来不便。本书每章的内容通过一个实际项目来引入，结合理论知识，把项目进行完整的实现，将抽象的原理、方法与实践紧密结合，加深了读者对数据结构和算法的理解，从而提高读者的编程能力。

党的二十大报告指出，实施科教兴国战略，强化现代化建设人才支撑。本书引入的主要案例都源自实际项目应用，本书编写团队由来自学校的教师和来自企业的工程师组成。本书理论部分由学校教师完成，案例、项目由企业工程师根据章节内容设计并实现，全部程序都在 C Free 5.0 或 Visual C++ 6.0 中调试通过。为方便读者学习和理解，本书提供了全部案例的运行视频，对所描述的部分数据结构核心算法录制了讲解视频。

本书共 9 章。第 1 章为绪论；第 2～4 章分别介绍了线性表、栈、队列和串等线性数据结构；第 5～7 章分别介绍了多维数组、树和图等非线性数据结构；第 8 章和第 9 章分别介绍了排序和查找，它们都是数据处理中广泛使用的技术。

本书在确定教材体系和主要内容的过程中，得到了杭州东忠科技股份有限公司的丁伟儒、鲍巧玲，亚信科技（中国）有限公司的张继洲、应理静、胡迪、木青等工程师的支持和帮助。第 1 章由浙江树人学院陈超祥编写；第 2 章由陈超祥、浙江树人学院张华音编写，由张华音、鲍巧玲完成项目设计和优化，由陈超祥完成主要算法视频录制；第 3 章由陈超祥编写并完成主要算法视频录制，由陈超祥、张继洲完成项目设计和优化；第 4 章由陈超祥、浙江树人学院唐军芳编写，由张继洲完成项目设计和优化，由浙江理工大学胡洁完成主要算法视频录制；第 5 章由唐军芳、浙江树人学院刘静静编写，由张继洲完成项目设计和优化，由陈超祥完成主要算法视频录制；第 6 章由陈超祥、刘静静编写，由鲍巧玲完成项目设计和优化，由唐军芳完成主要算法视频录制；第 7 章由浙江树人学院徐萍、陈华锋、胡洁编写，由陈华锋、张继洲完成项目设计和优化，由胡洁完成主要算法视频录制；第 8 章由徐萍编写并完成主要算法视频录制，由陈超祥、鲍巧玲完成项目设计和优化；第 9 章由徐萍、浙江树人学院杨昕立编写并完成主要算法视频录制，由杨昕立、鲍巧玲完成项目设计和优化；全书课后习题的设计由河海大学计算机科学与技术专业赵晨璐和浙江树人学院计算机科学与技术专业葛泯邑、甘春雨完成。全书由陈超祥统稿。

本书是对 2013 年北京大学出版社出版的《数据结构（C 语言版）》的改版，曾参加编写工作的还有浙江理工大学的李文书、浙大网新科技股份有限公司的王卫东、曹冶，在此向他们深表感谢。

由于编者水平有限，书中难免存在一些不足之处，敬请各位专家和广大读者谅解并批评指正。

陈超祥

2023 年 8 月

资源索引

目　　录

第1章 绪 论

1.1 为什么要学习数据结构

在计算机发展初期，人们使用计算机主要是处理数值计算问题，所涉及的运算对象是简单的整型、实型或布尔型数据，所以程序设计者的主要精力集中于程序设计的技巧上，而无须重视数据结构。随着计算机软硬件的发展和应用领域的扩大，非数值计算问题越来越多，越来越重要，这类问题涉及的数据对象更为复杂，数据元素之间的相互关系一般无法用数学方程式加以描述。因此，在计算机中如何有效地组织和处理数据就成了迫切需要解决的问题。

 **问题描述 |**

学生信息查询问题

某学校要开发一个查询学生信息的程序。要求对于给出的任意一个学生学号，若该学号存在，则迅速找到其姓名、性别、专业与班级、联系方式等信息，否则指出没有该学号的学生。

1. 解决问题的方法

在编写查找学生信息的程序(本书使用 C 语言)时，一般会经历以下几个步骤。

(1) 构造一张学生信息表，即数据结构。表中每个节点存放以下数据项：学号、姓名、性别、专业与班级、联系方式，如表 1.1 所示。

表 1.1 学生信息表

学号	姓名	性别	专业与班级	联系方式
202205215101	许林	男	计算机科学与技术 221 班	8822****
202205215223	李志强	男	计算机科学与技术 222 班	1395811****
202205214110	陈敏	女	电子信息工程 221 班	1377900****
202205216125	赵小路	女	电子商务 221 班	1373855****
……	……	……	……	……

(2) 将学生信息表存储到计算机中，即确定存储结构。可以先定义一个 C 语言的结构体类型，如下所示。

```
typedef struct
{
    char number[12];
```

```
    char name[10];
    char sex;
    char class[20];
    char relation[12];
}StudentInfo;
```

再选择一维数组来存储学生的信息，该数组的存储结构如图 1.1 所示。

	学号	姓名	性别	专业与班级	联系方式
stu[0]	202205215101	许林	男	计算机科学与技术221班	8822****
stu[1]	202205215223	李志强	男	计算机科学与技术222班	1395811****
stu[2]	202205214110	陈敏	女	电子信息工程221班	1377900****
stu[3]	202205216125	赵小路	女	电子商务221班	1373855****
……	……	……	……	……	……

图 1.1　学生信息表的一维数组存储结构

(3) 确定算法。根据问题的要求，确定实现查找的算法。算法的实现是根据存储结构决定的，如果将学生信息表数据顺序地存储在计算机中，则将从头开始依次查找学生学号，直到找出与之对应的学号，然后将其对应学生的信息显示出来。

(4) 根据算法，写出实现问题的代码。

2.　分析

在上面的例子中，用数组存储了学生信息表，数组决定了计算机存储的学生信息的最大个数是固定的，这是不符合实际使用情况的；数组在内存中顺序存储决定了逻辑上相邻的数据元素在物理位置上也相邻。因此，在顺序存储结构中查找任何一个位置上的数据元素非常方便，这是顺序存储结构的优点。但在对顺序存储结构进行插入和删除操作时，需要通过移动数据元素来实现，这在数据量不大的情况下是可行的，但当有成千上万的数据信息时就不实用了，将会严重影响程序的运行效率。

3.　思考

根据《全国人口普查条例》，人口普查每 10 年进行一次，尾数逢 0 的年份为普查年度，标准时点为普查年度的 11 月 1 日零时。普查主要调查人口和住户的基本情况，内容包括：姓名、居民身份证号码、性别、年龄、民族、受教育程度、行业、职业、迁移流动、婚姻生育、死亡、住房情况等。

根据普查数据，该如何设计查询个人信息的程序呢？

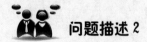

问题描述 2

田径赛的时间安排问题

假设某校的田径选拔赛有 6 个比赛项目，规定每个选手最多可参加 3 个项目，有 5 人报名参加比赛，如表 1.2 所示。要求设计比赛日程表，使其在尽可能短的时间内完成比赛。

表 1.2 参赛选手比赛项目表

姓名	项目 1	项目 2	项目 3
赵昕伊	跳高	跳远	100m 短跑
王东旭	标枪	铅球	
张涵	标枪	100m 短跑	200m 短跑
赵天怡	铅球	200m 短跑	跳高
陈瑞	跳远	200m 短跑	

1. 解决问题的方法

在解决该问题时，一般会经历以下几个步骤。

(1) 选择一个合适的数据结构来表示。

① 假设用以下 6 个不同的代号代表不同的项目。

跳高	跳远	标枪	铅球	100m 短跑	200m 短跑
A	B	C	D	E	F

则表 1.2 可转换为表 1.3 所示。

表 1.3 参赛选手比赛项目代号表

姓名	项目 1	项目 2	项目 3
赵昕伊	A	B	E
王东旭	C	D	
张涵	C	E	F
赵天怡	D	F	A
陈瑞	B	F	

显然，同一选手选择的几个项目间不能同一时间比赛。

② 以顶点代表比赛项目，在不能同时进行比赛的项目之间连上一条边，由此可以得到一个图，如图 1.2 所示，该图就是本问题的数据结构模型。从图 1.2 中可以看出，同一个选手选择的几个项目是不能在同一时间内比赛的，因此该选手所选择的项目中应该两两有边相连。

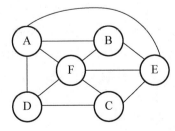

图 1.2 安排比赛项目的数据结构模型

上述由顶点和边组成的无向图是数据结构中非线性数据结构中的一类。

(2) 将该图存储到计算机中，即确定存储结构。

(3) 确定算法。比赛项目的时间安排问题可以抽象为对该无向图进行"着色"的问题，即使用尽可能少的颜色给图中每个顶点着色，使得任意两个有边连接的相邻顶点着上不同的颜色。每一种颜色表示一个比赛时间，着上同一种颜色的顶点可以安排在同一时间内比赛，如 A 和 C、B 和 D。比赛项目的时间安排如表 1.4 所示。

表 1.4　比赛项目的时间安排

比赛时间	比赛项目
1	A，C
2	B，D
3	E
4	F

(4) 根据算法，写出解决问题的程序。关于图的算法实现在第 7 章中将讲到，在此对本例的程序不做描述，感兴趣的读者可以自行编写。

2. 分析

上述例子是数据结构的典型例子，例子中的数据量相对较少，当对数据量比较大的问题(如校运动会、奥运会等比赛项目)进行安排时，更凸显其解决问题的高效和精确。

通过对上面两个问题的分析，可以看出，为了有效地在计算机上解决各种数据的实际问题，首先必须研究数据之间的关系(数据结构)及对这些数据可以进行的操作(算法)，然后研究具有结构关系的数据在计算机内部的存储结构及在计算机中处理这样的存储结构的算法，以找出最适合解决问题的方案，这就是数据结构和算法所要解决的问题。该过程可表示为：

实际问题→数据结构(逻辑结构)→存储到计算机(存储结构)→编写出程序实现运算(算法)→解决问题。

3. 思考

北京奥运会共有 204 个国家和地区的 11438 名运动员参加，共设 28 个大项、302 个小项的比赛。其中田径比赛在国家体育场——"鸟巢"举行，分田赛、径赛、全能三个大类。其中，田赛项目包括男女跳高、跳远、三级跳远、撑杆跳高、铅球、铁饼、标枪和链球；径赛项目包括男女 100 米、200 米、400 米、800 米、1500 米、5000 米、10000 米、3000米障碍、400 米栏、4×100 米接力、4×400 米接力、马拉松、20 公里竞走，以及男子 110米栏、50 公里竞走和女子 100 米栏；全能项目包括男子 10 项全能运动和女子 7 项全能运动。

该如何科学、合理、高效地安排比赛呢？

1.2 数据结构概述

1. 数据

数据(data)是指所有能输入到计算机中并被计算机程序加工、处理的符号的总称。它是计算机程序加工的"原料",包括整数、实数、字符、声音、图形、图像等。

2. 数据元素

数据元素(data element)是数据的基本单位。有些情况下,数据元素也称元素、节点、顶点、记录。有时,一个数据元素可以由若干个数据项组成,数据项是数据表示中不可分割的最小单位。例如,在学生信息表中,一个学生的信息由一个数据元素表示,一个学生信息的数据元素由学号、姓名、性别、专业与班级、联系方式 5 个数据项组成,如图 1.3 所示。

学号	姓名	性别	专业与班级	联系方式
202205215101	许林	男	计算机科学与技术221班	8822****
202205215223	李志强	男	计算机科学与技术222班	1395811****
202205214110	陈敏	女	电子信息工程221班	1377900****
202205216125	赵小路	女	电子商务221班	1373855****
......	......	......	......	......

一个数据元素

一个数据项

图 1.3 数据项和数据元素

3. 数据类型

数据类型(data type)是具有相同性质的数据的集合以及在这个集合上的一组操作。例如,整型是[-maxint, maxint]区间上的整数(maxint 是依赖于所使用的计算机及语言的最大整数),在这个整数集上可以进行加、减、乘、除、取模等操作。

数据类型可以分为原子数据类型和结构数据类型。原子数据类型由计算机语言自身提供,如 C 语言的整型、实型、字符型等;结构数据类型是借用计算机语言提供的能描述数据元素之间逻辑关系的一种机制,由用户自己根据需要定义,如 C 语言的数组、结构体等。

4. 数据结构

数据结构(data structure)是指数据之间的相互关系,即数据的组织形式,通常可以用一个二元组来表示。例如:

```
Data_Stucture=(D,R)
```

其中,D 是数据的有限集,R 是 D 上关系的有限集。

广义来说,数据结构是指按某种逻辑关系组织起来的一批数据,应用计算机语言并按一定的存储表示方式把它们存储在计算机的存储器中，并在其上定义了一个运算的集合。数据结构一般包含以下 3 个方面的内容。

(1) 数据元素之间的逻辑关系，也称数据的逻辑结构。

(2) 数据元素及其关系在计算机存储器内的表示，也称数据的存储结构。

(3) 对数据施加的操作，即数据的运算。

数据的逻辑结构是从逻辑关系上描述数据的，是数据本身所固有的，它与数据的存储无关，是独立于计算机的。数据的存储结构是其逻辑结构用计算机语言的实现，是依赖于计算机的。数据的运算定义在逻辑结构上，并在存储结构上实现。每种逻辑结构都有一个运算的集合，如常用的运算有查询、插入、删除、编辑、排序等。

数据的逻辑结构通常有以下 4 种。

(1) 集合：结构中的数据元素之间除同属于一个集合外，不存在其他关系，如图 1.4(a) 所示。

(2) 线性结构：数据元素之间存在一对一的关系，即数据元素之间有先后关系，如图 1.4(b) 所示。

(3) 树形结构：数据元素之间存在一对多的关系，即数据元素之间有层次关系，如图 1.4(c) 所示。

(4) 图状或网状结构：数据元素之间存在多对多的关系，即任意两个数据元素之间都可能有关系，如图 1.4(d) 所示。

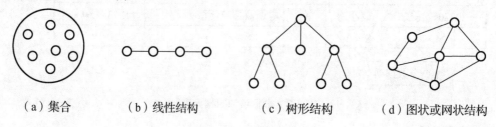

（a）集合　　　（b）线性结构　　　（c）树形结构　　　（d）图状或网状结构

图 1.4　逻辑结构

数据的存储结构可用以下 4 种基本的存储方法得到。

(1) 顺序存储方法。该方法是把逻辑上相邻的节点存储在物理位置上相邻的存储单元中，节点间的逻辑关系由存储单元的邻接关系来体现，由此得到的存储结构称为顺序存储结构，通常借助于程序设计语言的数组来实现。例如，线性序列{a, b, c, d, e}的顺序存储结构如图 1.5 所示。数据元素的逻辑位序和其在数组中的下标(物理位序)是一致的。

数组下标	数据元素	逻辑位序
0	a	1
1	b	2
2	c	3
3	d	4
4	e	5

图 1.5　顺序存储结构

(2) 链式存储方法。该方法是在每个数据元素中增加存放地址的指针域，通过指针来表示数据元素之间的逻辑关系，由此得到的存储结构称为链式存储结构，通常借助于程序设计语言的指针来实现。例如，线性序列{a, b, c, d, e}的链式存储结构如图1.6所示。显然，逻辑上相邻的数据元素在物理位置上不一定相邻。

物理位序	数据元素	指针	逻辑位序
2336	a	3046	1
3046	b	2000	2
2000	c	2140	3
2140	d	2378	4
2378	e	NULL	5

图 1.6 链式存储结构

一般地，链式存储结构经常表示为如图1.7所示的链表形式。

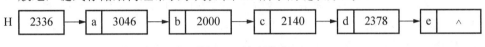

图 1.7 链表形式

(3) 索引存储方法。该方法通常是在存储节点信息的同时，建立附加的索引表，根据索引表能快速地找到相应节点。索引表中的每一项称为索引项，索引项的一般形式是：(关键字, 地址)，关键字是能唯一标识一个节点的数据项。

(4) 散列存储方法。该方法的基本思想是根据节点的关键字直接计算出该节点的存储地址。

上述4种基本的存储方法既可以单独使用，又可以组合起来使用。同一种逻辑结构采用不同的存储方法，可以得到不同的存储结构。选择何种存储结构来表示相应的逻辑结构，视其具体要求而定，主要考虑运算方便及算法的时空要求。

5. 抽象数据类型

抽象数据类型(Abstract Data Type，ADT)是由一个数据结构以及定义在该数据结构上的一组操作组成的。抽象数据类型的定义取决于数据的逻辑特性，与其在计算机内部的表示和实现无关。

抽象数据类型和数据类型实质上是同一个概念。例如，各种计算机都拥有的整型就是一个抽象数据类型，尽管它们在不同处理器上的实现方法可以不同，但由于其定义的数学特性相同，因此在用户看来都是相同的。因此，"抽象"的意义在于数据类型的数学抽象特性。

此外，抽象数据类型的含义更广，它不只局限于各种处理器中已定义并实现的数据类型，还包括用户在设计软件系统时自己定义的数据类型。在近代程序设计方法学中，要求在构成软件系统的每个相对独立的模块上，定义一组数据和施加在这些数据上的一组操作，在模块内部给出了这些数据的表示和操作的实现方法，而在模块外部使用的只是抽象的数据及其操作，这就是面向对象的程序设计方法。

1.3 算法和算法分析

因为数据的运算是通过算法描述的，所以讨论算法是"数据结构"课程的重要内容之一。

1.3.1 算法

通俗地讲，一个算法就是一种解题方法，是对特定问题求解步骤的一种描述。更严格地说，算法是由若干条指令组成的有限序列，它满足以下准则。

(1) 有穷性。一个算法必须总是在执行有穷步之后结束，且每一步都在有穷的时间内完成。

(2) 确定性。算法中的每一条指令都必须有确切的含义，无二义性。

(3) 可行性。一个算法是可行的，是指算法描述的操作都是可以通过已经实现的基本运算执行有限次来实现的，即一个算法必须在有限的时间内完成。

(4) 输入。一个算法有零个或多个输入，作为算法加工的对象。

(5) 输出。一个算法有一个或多个输出，这些输出往往同输入有着某些特定的关系。没有输出的算法是毫无意义的。

算法的含义与程序十分相似，但二者是有区别的。算法必须是有穷的，而程序不一定满足有穷性。例如，系统程序中的操作系统，只要整个系统不遭到破坏，它就永远不会停止，即使没有作业要处理，它也处于一个等待循环中，以等待新的作业进入，所以操作系统不是一个算法。因此，一个程序如果对任何输入都不会陷入无限循环，则它就是一个算法。另外，程序中的指令必须是机器可执行的，而算法中的指令则无此限制。因此，一个算法若能用机器可执行的语言来书写，则它就是一个程序。

算法可以用自然语言、数学语言或约定的符号语言来描述。本书将用 C 语言来描述算法。

1.3.2 算法分析

对于一个特定的实际问题，可以找出很多解决问题的算法。编程人员要想办法从中选择一个效率高的算法，这就需要有一个机制来评价算法。通常对一个算法的评价可以从算法执行的时间与算法所占用的内存空间两个方面来进行。内存空间一般可以通过增加计算机的内存量来扩展，但是执行的时间是不可以扩展的，因此通常考虑时间的情况要比考虑内存空间的情况多。本书主要讨论算法的时间特性，也会简单讨论其空间特性。

一个算法所耗费的时间，是该算法中每条语句的执行时间之和，而每条语句的执行时间是该语句的执行次数(也称频度)与该语句执行一次所需时间的乘积。但是，当算法转换为程序之后，每条语句执行一次所需的时间取决于机器执行指令的速度、编译所产生的代码质量等，这些是很难确定的，都与具体的机器有关。因此，我们度量一个算法的效率应当抛开具体的机器，仅考虑算法本身的效率高低。因此假设执行每条语句所需的时间均是单位时间，则一个算法的时间耗费就是该算法中所有语句的频度之和。

例 1.1 求 $s=1+2+3+\cdots+n$，其算法如下。

```
    long  sum(int  n)
    {
        int i;
        long s;
(1)     i=1;
(2)     while(i<n)
(3)     {  s=s+i;
(4)        i++;
(5)     }
    }
```

其中，语句(1)是赋值语句，只执行一次，故语句频度是 1。语句(2)的循环控制变量 i 从 1 增加到 n，当 $i \geqslant n$ 条件不成立时，才会终止，故它的频度是 n，但是它的循环体却只能执行 $n-1$ 次。语句(3)作为语句(2)的循环体内的语句执行 $n-1$ 次，而其自身(赋值语句)执行一次，因此语句(3)的频度是 $n-1$。同理可得语句(4)的频度是 $n-1$。该算法的所有语句的频度之和(算法的时间耗费)为

$$T(n)=1+n+n-1+n-1=3n-1 \tag{1.1}$$

由此可知，常用算法 sum 的时间耗费 $T(n)$ 是 n 的函数。

例 1.2 求下列算法段的语句频度。

```
(1) for(i=1; i<=n; i++)          n+1
(2)     for(j=1; j<=n ; j++)     n(n+1)
(3)         x=x+1;               n²
```

其中，右边列出的是各语句的频度。语句(1)是循环语句，循环控制变量 i 从 1 增加到 $n+1$，当 $i>n+1$ 条件不成立时，循环终止，故它的频度是 $n+1$，但是它的循环体中每条语句均分别只执行了 n 次。语句(2)作为语句(1)的循环体内的语句执行 n 次，而其自身要执行 $n+1$ 次，因此语句(2)的频度是 $n(n+1)$。同理可得语句(3)的频度是 n^2。该算法段总的语句频度为

$$T(n)=(n+1)+n(n+1)+n^2=2n^2+2n+1 \tag{1.2}$$

一般地，将算法求解问题的输入量称为问题的规模(或大小)，如上面例子中的 n。由上述例子可知，一个算法的时间频度 $T(n)$ 是该算法的时间耗费，它是该算法所求解问题规模 n 的函数。

当 n 不断变化时，时间频度 $T(n)$ 也会不断变化。但有时我们想知道它变化时呈现什么规律。为此，我们引入时间复杂度的概念。

若有某个辅助函数 $f(n)$，当 n 趋近于无穷大时，$T(n)/f(n)$ 的极限值为不等于零的常数，则称 $f(n)$ 是 $T(n)$ 的同数量级函数。

即 $\lim\limits_{n \to \infty} \dfrac{T(n)}{f(n)} = C$，记为 $T(n)=O(f(n))$，则称 $O(f(n))$ 为算法的渐近时间复杂度，简称时间复杂度。例如，若 $T(n)=n(n+1)/2$，则有 $1/2 \leqslant T(n)/n^2 \leqslant 1$，故它的时间复杂度为 $O(n^2)$，即 $T(n)$ 与 n^2 数量级相同。

在例 1.1 中，算法的时间复杂度 $T(n)$ 如式(1.1)所示，当 n 趋于无穷大时，有

$$\lim_{n \to \infty} \frac{T(n)}{f(n)} = \lim_{n \to \infty} \frac{3n-1}{n} = 3$$

因此称该算法的时间复杂度为 $T(n)=O(n)$。

同理，例 1.2 算法段的时间复杂度如式(1.2)所示，当 n 趋于无穷大时，有

$$\lim_{n \to \infty} \frac{T(n)}{f(n)} = \lim_{n \to \infty} \frac{2n^2+2n+1}{n^2} = 2$$

因此称该算法的时间复杂度为 $T(n)=O(n^2)$。一般情况下，对循环语句只需考虑循环体中语句的执行次数，而忽略该语句中步长增减、终值判断、控制转移等成分。由此可见，当有若干个循环语句时，算法的时间复杂度是由嵌套层数最多的循环语句中最内层语句的频度 $f(n)$ 决定的。

例 1.3 交换 x 和 y 的值。

```
temp=x;
x=y;
y=temp;
```

以上 3 条单个语句的频度均为 1，该程序段的执行时间是一个与问题规模 n 无关的常数，因此，算法的时间复杂度为常数阶，记为 $T(n)=O(1)$。事实上，只要算法的执行时间不随问题规模 n 的增加而增长，即使算法中有上千条语句，其执行时间也不过是一个较大的常数，此时，算法的时间复杂度也仅是 $O(1)$。

例 1.4 变量计数。

```
(1)  for(i=1; i<=n; i++)
(2)      for(j=1; j<=i; j++)
(3)          x=x+1;
```

该算法段频度最大的语句是(3)，内循环变量 j 的执行次数虽然与问题规模 n 没有直接关系，但跟外层循环变量 i 有关，而 i 的执行次数跟 n 相关，因此 j 跟 n 也有关。因此语句(3)的执行次数可以从内层循环到外层循环分析得到

$$\sum_{i=1}^{n}\sum_{j=1}^{i}1 = \sum_{i=1}^{n}i = 1+2+3+\cdots+n = n(n+1)/2$$

则例 1.4 算法段的时间复杂度为 $T(n)=O(n(n+1)/2)=O(n^2)$。

在很多情况下，算法的时间复杂度不仅仅是问题规模 n 的函数，还与它所处理的数据集的状态有关。在这种情况下，通常会出现最好情况和最坏情况。我们经常对数据集的分布做出某种假设(如等概率)，并讨论算法的平均时间复杂度。

常见的时间复杂度按数量级递增排列，依次为常数阶 $O(1)$、对数阶 $O(\log_2 n)$、线性阶 $O(n)$、线性对数阶 $O(n\log_2 n)$、平方阶 $O(n^2)$、立方阶 $O(n^3)$、……、k 次方阶 $O(n^k)$、指数阶 $O(2^n)$。显然，时间复杂度为指数阶 $O(2^n)$ 的算法效率极低，当 n 稍大时就无法应用。

一个算法在计算机存储器上所占用的存储空间，包括存储算法本身所占用的存储空间、算法的输入/输出数据所占用的存储空间和算法运行过程中临时占用的存储空间等。算法的空间复杂度(space complexity)主要是对一个算法运行过程中临时占用的存储空间大小的度量，记为

$$S(n)=O(f(n))$$

式中，n 为问题的规模。

　　渐进空间复杂度也常简称为空间复杂度。

本 章 小 结

　　本章从具体的应用例子，引出非数值处理问题的计算机处理方法及数据结构的由来；阐述了数据结构的基本概念和基本术语，包括数据、数据元素、数据类型、数据结构、抽象数据类型等；讨论了数据结构中常用的逻辑结构和存储结构；介绍了算法的概念及算法的度量和性能分析。

　　读者通过对本章的学习，能基本理解数据结构的基本概念和基本术语，能分析算法的时间复杂度。

本 章 习 题

一、填空题

　　1．_____是数据的基本单位，_____是数据表示中最小的单位。

　　2．数据结构被形式地定义为(D, R)，其中 D 是_____的有限集合，R 是 D 上的_____的有限集合。

　　3．数据结构包括数据的_____、数据的_____和数据的_____这 3 个方面的内容。

　　4．数据结构按逻辑结构可分为 4 种，它们为_____、_____、_____和_____。

　　5．线性结构中数据元素之间存在_____关系，树形结构中数据元素之间存在_____关系，图形结构中数据元素之间存在_____关系。

　　6．数据的存储结构可用 4 种基本的存储方法表示，它们分别是_____、_____、_____和_____。

　　7．数据的运算最常用的有 5 种，它们分别是_____、_____、_____、_____和_____。

　　8．算法是多条指令的_____。

　　9．一个算法的效率可分为_____效率和_____效率。

二、选择题

　　1．非线性结构的数据元素之间存在(　　)。

　　　　A．一对多关系　　B．多对多关系　　C．多对一关系　　D．一对一关系

　　2．数据结构中，与所使用的计算机无关的是数据的(　　)结构。

　　　　A．存储　　　　　B．物理　　　　　C．逻辑　　　　　D．物理和存储

　　3．算法分析的目的是(　　)。

　　　　A．找出数据结构的合理性　　　　B．研究算法中的输入和输出的关系

　　C. 分析算法的效率以求改进　　　　　D. 分析算法的易读性和文档性

4. 算法分析的两个主要方面是(　　)。

　　A. 空间复杂度和时间复杂度　　　　　B. 正确性和简明性

　　C. 易读性和文档性　　　　　　　　　D. 数据复杂性和程序复杂性

5. 计算机算法指的是(　　)。

　　A. 计算方法　　　　　　　　　　　　B. 排序方法

　　C. 解决问题的有限运算序列　　　　　D. 调度方法

6. 计算机算法必须具备输入、输出和(　　)5 个特性。

　　A. 可行性、可移植性和可扩充性　　　B. 可行性、确定性和有穷性

　　C. 确定性、有穷性和稳定性　　　　　D. 易读性、稳定性和安全性

三、简答题

1. 数据结构和数据类型两个概念之间有区别吗？

2. 简述程序与算法的异同点。

3. 分析下面算法段中@语句的频度和算法的时间复杂度。

(1)

```
x=1,s=0;
for(i=1;i<=n;++i)
{
    ++x;
    s+=x;  ------@1
}
```

(2)

```
x=1,s=0;
for(i=1;i<=n;++i)
    for(j=1;j<=n;++j)
    {
        ++x;
        s+=x;  ------@2
    }
```

(3)

```
x=1,s=0;
while(x<=1000)
{
    ++x;
    s+=x;  ------@3
}
```

(4)

```
x=1,s=0;
while(x<=n)
{
```

```
    ++x;
    s+=x;   ------@4
}
```

(5)

```
x=1,s=0;
do{
    ++x;
    s+=x;   ------@5
  } while(x<=n)
```

(6)

```
x=0;
for(i=1;i<=n;i++)
{
    for(j=i;j<=n;j++)
        ++x;   ------@6
}
```

第1章习题
参考答案

第2章 线 性 表

问题描述

粮食收购入库管理

食为政首，谷为民命，作为人口大国的中国，粮食问题历来是"国之大事"。党的二十大报告指出，要"全方位夯实粮食安全根基""确保中国人的饭碗牢牢端在自己手中"。粮食的收购是众多粮食问题中的重要一环，所谓"手中有粮，心中不慌"。近年来，粮食收购入库业务从传统的人工处理模式转变为信息化管理，农户与粮库网上预约交粮时间，农户按次序在预约时间内将粮食运至粮库，粮食经过质量检验、烘干、过磅等流程，进入粮库，成为储备粮，粮食收购入库信息如表 2.1 所示。

表 2.1 粮食收购入库信息

身份证号	姓名	预约号	预约日期	入库日期	仓库号	收储数量/kg	粮食种类	质量等级
33010119730708×××	吕心喜	1	10/25/2022	10/25/2022	01	5000	玉米	1
23018219550707××××	桑春	2	10/25/2022	10/25/2022	03	10000	粳米	2
23018219751024××××	范惠融	3	10/25/2022	10/25/2022	02	8000	小麦	1
23018219700723××××	单燕可	4	10/25/2022	10/25/2022	10	20000	籼米	1
23018219810720××××	史勤	5	10/25/2022	10/25/2022	03	9000	粳米	2
23018219641228××××	吕进	6	10/25/2022	10/25/2022	01	50000	玉米	2

在粮食收购入库排队的过程中，经常会出现插队、取消预约等情况，对于每个农户，系统会产生收购入库信息，这些信息可供管理人员管理决策用，也可为后续的粮食储备管理提供基础数据。

2.1 线性表的定义和基本操作

在表 2.1 中，每位农户的收储信息为一条记录，这条记录也称为数据元素。每条记录是一个节点，每个节点由包括农户的身份证号、姓名、预约号、预约日期、入库日期、仓库号、收储数量、粮食种类、质量等级等多个数据项组成。对于整个表来说，只有一个开始节点(它的前面无记录)和一个终端节点(它的后面无记录)，其他的节点则各有一个也只有一个直接前趋和直接后继(它的前面和后面均有且只有一个记录)。具有这种特点的逻辑结构称为线性表(属于线性结构)。

2.1.1 线性表的定义

1. 线性表的概念

线性表(linear list)是由 $n(n \geq 0)$个数据元素(节点)$a_1, a_2, \cdots, a_n$组成的有限序列。
其中：

(1) n 为数据元素的个数，也称表的长度。$n=0$ 时，称为空表，记为( )。

(2) 常将非空的线性表($n>0$)，记作$(a_1, a_2, \cdots, a_n)$。这里的数据元素 $a_i(1 \leq i \leq n)$只是一个抽象的符号，其具体含义在不同情况下可以不同。

数据元素类型多种多样，但同一线性表中的元素必定具有相同特性，即属于同一数据类型。表 2.2 中的所有数据元素都为数字，表 2.3 中的所有数据元素都为字符，表 2.4 中的所有数据元素都为图片，而表 2.1 中的所有数据元素都为记录(由若干数据项组成的数据元素)。

表 2.2 都为数字的线性表

1	2	3	4	5	6	7	8	9

表 2.3 都为字符的线性表

a	b	c	d	e	f	g	h

表 2.4 都为图片的线性表

2. 线性表的特点

数据元素的非空的线性表具有下面的特点。

(1) 有且仅有一个节点(a_1)没有直接前趋，称它为开始节点。

(2) 有且仅有一个节点(a_n)没有直接后继，称它为终端节点。

(3) 除开始节点外，线性表中其他任一节点 $a_i(2 \leq i \leq n)$都有且仅有一个直接前趋 a_{i-1}。

(4) 除终端节点外，线性表中其他任一节点 $a_i(1 \leq i \leq n-1)$都有且仅有一个直接后继 a_{i+1}。

2.1.2 线性表的基本操作

数据结构的基本操作是定义在逻辑结构层次上的，而这些操作的具体实现是建立在存储结构层次上的。在逻辑结构上定义的运算，只给出这些操作的功能是"做什么"，至于"如何做"等实现细节只有在确定了线性表的存储结构之后才能完成。

对于线性表的基本运算，常见的有以下几种。

(1) 初始化 InitList(&L)，即置空表，运算结果是将线性表 L 设置成一个空表。

(2) 求长度 Length(L)，当线性表 L 为非空时，返回表中的节点个数；当线性表 L 为空时，返回 0。

(3) 判空表 Empty(L)，若线性表 L 为空表，则返回 TRUE，否则返回 FALSE。

(4) 取节点 GetElem(L, i)，当线性表 L 已存在[1≤i≤Length(L)]时，结果是返回线性表 L 中第 i 个数据元素的值，否则返回 FALSE。

(5) 定位 Locate(L, item)，当线性表 L 中存在一个值为 item 的节点时，返回该节点的位置；当线性表 L 中存在多个值为 item 的节点时，返回首次找到的节点位置；当线性表 L 中不存在值为 item 的节点时，将给出一个特殊值表示值为 item 的节点不存在。

(6) 插入 Insert(&L, i, e)，在线性表 L 的第 i 个位置处插入一个值为 e 的新节点，使得原有表$(a_1, \cdots, a_{i-1}, a_i, a_{i+1}, \cdots, a_n)$变为表$(a_1, \cdots, a_{i-1}, e, a_i, a_{i+1}, \cdots, a_n)$。

(7) 删除 Delete(&L, i)，删除线性表 L 中的第 i 个节点，使得原有表$(a_1, \cdots, a_{i-1}, a_i, a_{i+1}, \cdots, a_n)$变为表$(a_1, \cdots, a_{i-1}, a_{i+1}, \cdots, a_n)$。

并非任何时候都需要同时执行以上运算。首先，不同问题中的线性表所需要执行的运算可能不同；其次，不可能也没有必要给出一组适合各种需要的运算，可以用基本运算的组合来实现。

例 2.1 利用线性表的基本运算实现删除线性表 L 中的重复节点。

实现该运算的基本思想：从线性表 L 的第一个节点(i=1)开始，逐个检查 i 位置以后的任一位置 j，若两个节点相同，则将位置 j 上的节点从线性表 L 中删除，当遍历了 i 后面的所有位置之后，i 位置上的节点就成为当前线性表 L 中没有重复值的节点，然后将 i 向后移动一个位置。重复上述过程，直至 i 移动到当前线性表 L 的最后一个位置为止。该运算可用如下形式算法描述。

```
void Purge(Linear_list L)            //删除线性表 L 中重复出现的节点
{
   int i=1,j,x,y;
   while (i<Length(L))               //每次循环都使第 i 个节点是无重复值的节点
   {  x=GetElem(L,i);
      j=i+1;
      while(j<=Length(L))
      {  y=GetElem(L,j);             //取当前第 j 个节点
         if(x==y)  Delete(&L,j);     //删除当前第 j 个节点
         else  j++;
      }
      i++;
   }
}          //Purge
```

算法中的 Delete 操作，使位置 j+1 上的节点及其后续节点均前移了一个位置，因此，应继续比较位置 j 上的节点是否与位置 i 上的节点相同；同时，Delete 操作使当前表长度减 1，故循环的终值分别使用了求长度运算 Length 以适应表长的变化。

思考题：请读者注意，这个算法对整型节点是正确的。若线性表 L 中的元素是其他类型(不是整型节点)，上述算法正确吗？若有误，应怎样修改？请读者思考。

2.2 线性表的顺序存储、实现和应用

如何将逻辑结构为线性表的学生成绩表存储到计算机中呢？这是存储结构的问题。数据结构在计算机中的表示称为存储结构。最常用的存储结构有顺序存储结构和链式存储结构，本节讨论顺序存储结构。

2.2.1 线性表的顺序存储

顺序存储结构是指把线性表的数据元素按逻辑次序依次存放在一组地址连续的存储单元里。用这种方法存储的线性表简称顺序表。

在顺序表的存储结构中，假设表中每个节点占用 C 个存储单元，其中第一个单元的存储地址是该节点的存储地址，并设表中开始节点 a_1 的存储地址(简称基地址)是 $\text{LOC}(a_1)$，那么节点 a_i 的存储地址 $\text{LOC}(a_i)$ 可以通过下式计算得到。

$$\text{LOC}(a_i)=\text{LOC}(a_1)+(i-1)\times C \qquad 1\leqslant i\leqslant n \tag{2.1}$$

顺序表存储结构示意图如图 2.1 所示。

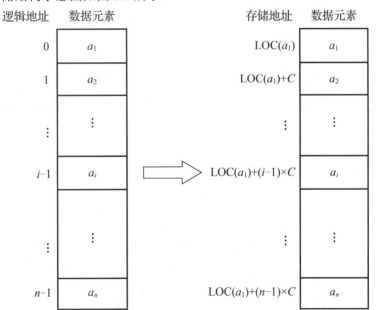

图 2.1 顺序表存储结构示意图

也就是说，在顺序表中，每个节点 a_i 的存储地址是该节点在表中的位置 i 的线性函数，只要知道基地址和每个节点的大小，就可在相同时间内求出任一节点的存储地址。因此顺序表是一种随机存取结构。

由于 C 语言中的向量(一维数组)也采用顺序存储表示，故可以用向量这种数据类型来描述顺序表。

```
typedef int ElemType;        //ElemType 可为任何类型,这里假设为 int
#define MAXSIZE 1024         //线性表可能的最大长度,这里假设为 1024
```

```
typedef struct
{ ElemType elem[MAXSIZE];      //线性表是向量存储,第一个节点是elem[0]
  int length;                  //定义length是线性表的长度
} SqList;
```

其中，数据域 elem 是存放线性表节点的向量空间，向量的下标从 0 到 MAXSIZE-1，线性表的第 i 个节点存放在向量的第 $i-1$ 个分量中，下标是 $i-1$，并假设线性表中节点的个数始终不超过向量空间的大小 MAXSIZE；数据域 length 是线性表的长度；ElemType 是线性表中节点的数据类型，在此可认为它是某种定义过的类型，其含义视具体情况而定。例如，若线性表中的元素都是整型数据，则 ElemType 就是标准类型 int；若线性表是英文字母表，则 ElemType 就是标准类型 char；若线性表是学生成绩表，则 ElemType 就是已定义过的表示学生成绩情况的结构类型。

当 L 定义为"SqList L;"时，L 表示由一维数组 elem 和长度 length 组成的顺序表。L 中第 i 个节点表示为 L.elem[i-1]，L 的长度表示为 L.length。

而当 L 定义为"SqList *L;"时，L 表示指向由一维数组 elem 和长度 length 组成的 SqList 顺序表类型的指针。L 中第 i 个节点表示为 L->elem[i-1]，或(*L).elem[i-1]，L 的长度表示为 L->length，或(*L).length。

总之，顺序表是用向量实现的线性表，向量的下标可以看作节点的相对地址。它的特点是逻辑上相邻的节点其物理位置也相邻。

2.2.2 顺序表的操作实现

定义了线性表的存储结构之后，就可以讨论在该存储结构上如何具体实现定义在逻辑结构上的运算了。

1. 顺序表的初始化

算法 2.1 构造一个空的顺序表。

构造一个空的顺序表，只要把表长置为 0 即可。

```
void InitList(SqList *L)
{
  L->length=0;      //空表,长度为0
}
```

2. 定位(按值查找)

在顺序表 L 中查找一个值为 item 的节点，当存在该节点时，返回该节点的位置；当顺序表 L 中存在多个值为 item 的节点时，返回首次找到的节点位置；当顺序表 L 中不存在值为 item 的节点时，返回 FALSE。

算法 2.2 在顺序表 L 中定位值为 item 的节点。

```
int Locate(SqList  L, ElemType item)
{
  int i;
  if(L.length==0) { printf("空表! "); return FALSE; }
```

```
for(i=0;i<L.length;i++)
    if(L.elem[i]= =item)
        return (i+1);
printf("找不到该值!");
return FALSE;
}
```

在本算法中,可能找到 item,此时平均比较次数为 $n/2$,其中,n 是顺序表的长度;也有可能找不到 item,这时算法的比较次数为 n。因此,本算法的平均时间复杂度为 $O(n)$。

3. 插入数据

线性表的插入运算是指在表的第 $i(1 \leqslant i \leqslant n+1)$ 个位置上,插入一个新节点 e,使长度为 n 的线性表$(a_1, \cdots, a_{i-1}, a_i, \cdots, a_n)$变成长度为 $n+1$ 的线性表$(a_1, \cdots, a_{i-1}, e, a_i, \cdots, a_n)$。

用顺序表作为线性表的存储结构时,由于节点的物理顺序必须和节点的逻辑顺序保持一致,因此必须将表中位置 $n, n-1, \cdots, i$ 上的节点后移到 $n+1, n, \cdots, i+1$ 上,空出第 i 个位置,然后在该位置插入新节点 e,仅当插入位置 $i=n+1$ 时,才无须移动节点,直接将 e 插入表的末尾。

其插入过程如图 2.2 所示。

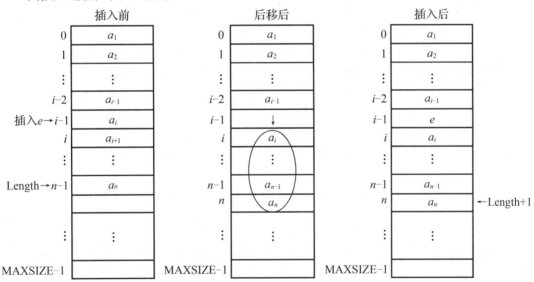

图 2.2 顺序表中插入节点 e 的过程

算法 2.3 顺序表的插入运算。

```
int Insert(SqList *L, int i, ElemType e)
//将新节点e插入顺序表L的第i个位置上
{
    int j;
    if(L->length>=MAXSIZE)
    { printf("表满,溢出!"); return FALSE; }
    else if(i<1 || i>L->length)
```

顺序表的
插入运算

```
        { printf("插入位置不合法!");  return FALSE;  }
        else
        {
            for(j=L->length-1; j>=i-1;j--)
                L->elem[j+1]=L->elem[j];        //节点后移
            L->elem[i-1]=e;                     //插入 e
            L->length++;                        //表长加 1
            return TRUE;
        }
    }
```

注意，算法中节点后移的方向，必须从表中最后一个节点开始后移，直至将第 i 个节点后移为止。

分析算法的时间复杂度。该问题的规模是表的长度 L->length，设它的值为 n。显然该算法的时间主要花费在 for 循环中的节点后移语句上，该语句的执行次数(移动节点的次数，即从 a_i 到 a_n)是 $n-i+1$。由此可以看出，所需移动节点的次数不仅依赖于表的长度 n，还与插入位置 i 有关，当 $i=n+1$ 时，由于循环变量的终值大于初值，节点后移语句将不执行，无须移动节点；当 $i=1$ 时，则节点后移语句将循环执行 n 次，需移动表中所有节点。也就是说，该算法在最好情况下的时间复杂度是 $O(1)$；最坏情况下的时间复杂度是 $O(n)$。由于插入可能在表中任何位置上进行，因此，需分析算法的平均性能。

在长度为 n 的线性表中插入一个节点，令 $E_{IS}(n)$ 表示移动节点次数的期望值(即移动节点的平均次数)，在表中第 i 个位置插入一个节点的移动次数为 $n-i+1$。故

$$E_{IS} = \sum_{i=1}^{n+1} p_i(n-i+1) \tag{2.2}$$

式中，p_i 表示在表中第 i 个位置上插入一个节点的概率。假设在表中任何合法位置($1 \leq i \leq n+1$)上插入节点的机会是均等的，则

$$p_1=p_2=\cdots=p_{n+1}=1/(n+1)$$

因此，在等概率插入的情况下，移动节点的平均次数为

$$E_{IS}(n) = \sum_{i=1}^{n+1} (n-i+1)/(n+1) = n/2 \tag{2.3}$$

也就是说，在顺序表上做插入运算时，平均要移动表中的一半节点。当表长 n 较大时，算法的效率相当低。虽然 $E_{IS}(n)$ 中 n 的系数较小，但就数量级而言，它仍然是线性阶的，因此算法的平均时间复杂度是 $O(n)$。

4. 删除数据

线性表的删除运算是指将表的第 i ($1 \leq i \leq n$)个节点删去，使长度为 n 的线性表($a_1, \cdots, a_{i-1}, a_i, a_{i+1}, \cdots, a_n$)变成长度为 $n-1$ 的线性表($a_1, \cdots, a_{i-1}, a_{i+1}, \cdots, a_n$)。

和插入运算类似，在顺序表上实现删除运算也必须移动节点，才能反映出节点间逻辑关系的变化。若 $i=n$，则只要简单地删除终端节点，无须移动节点；若 $1 \leq i \leq n-1$，则必须将表中节点 $a_{i+1}, a_{i+2}, \cdots, a_n$，依次前移到位置 $i, i+1, \cdots, n-1$ 上，将原有位置上的节点覆盖，以实现删除。其删除过程如图 2.3 所示。

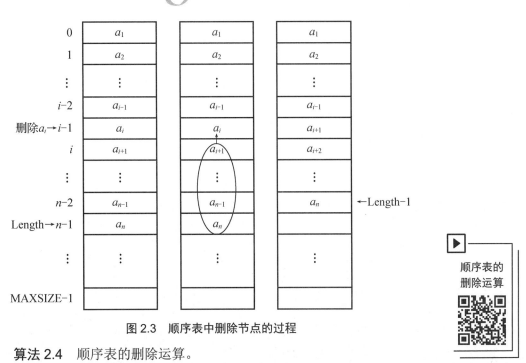

图 2.3　顺序表中删除节点的过程

顺序表的
删除运算

算法 2.4　顺序表的删除运算。

```
int Delete(SqList *L,int i)           //从顺序表中删除第 i 个位置上的节点
{
   int j;
   if(L->length<=0)
   {    printf("表为空,无法删除!");  return FALSE;  }
   else if(i<1 || i>L->length)
   {    printf("删除位置不合法!");  return FALSE;  }
   else
   {
       for(j=i; j<=L->length-1;j++)
          L->elem[j-1]=L->elem[j];        //节点前移
       L->length--;                       //表长减1
       return TRUE;
   }
}
```

　　该算法的时间分析与插入算法类似，节点的移动次数也是由表长 n 和位置决定的。若 $i=n$，则由于循环变量的初值大于终值，前移语句将不执行，无须移动节点；若 $i=1$，则前移语句将循环执行 $n-1$ 次，需移动表中除开始节点外的所有节点。这两种情况下算法的时间复杂度分别是 $O(1)$ 和 $O(n)$。

　　删除算法的平均性能分析与插入算法相似。在长度为 n 的线性表中删除一个节点，令 $E_{DE}(n)$ 表示所需移动节点的平均次数，删除表中第 i 个节点的移动次数为 $n-i$，故

$$E_{DE}(n) = \sum_{i=1}^{n} p_i(n-i) \tag{2.4}$$

式中，p_i 表示删除表中第 i 个节点的概率。在等概率的假设下，$p_1=p_2=\cdots=p_n=1/n$，由此可得

$$E_{\mathrm{DE}}(n) = \sum_{i=1}^{n}(n-i)/n = (n-1)/2 \qquad (2.5)$$

即在顺序表上做删除运算，平均要移动表中约一半的节点，平均时间复杂度也是 $O(n)$。

2.2.3 用顺序表实现粮食收购入库管理问题

(1) 定义粮食收购入库表中数据元素的类型。

```
typedef struct                    //定义粮食收购入库表中数据元素的类型
{
    char id[19];                  //身份证号
    char name[9];                 //姓名
    int appnum;                   //预约号
    char appdate[11];             //预约日期
    char storagedate[11];         //入库日期
    char storagenum[10];          //仓库号
    int quantity;                 //收储数量
    char grin_class[10];          //粮食种类
    char quanlity[9];             //质量等级
} ElemType;                       //粮食收购入库信息

typedef struct
{
    ElemType elem[MAXSIZE];       //存储粮食收购入库信息的数组
    int length;                   //收购笔数
}SqList;                          //顺序表类型
```

(2) 编写程序，实现粮食收购入库管理系统中要求的各项功能。

```
#include<stdio.h>
#include<string.h>
#include<conio.h>
#include<stdlib.h>
#define MAXSIZE 100
#define TRUE 1
#define FALSE 0

typedef struct                    //定义粮食收购入库表中数据元素的类型
{
    char id[19];                  //身份证号
    char name[9];                 //姓名
    int appnum;                   //预约号
    char appdate[11];             //预约日期
    char storagedate[11];         //入库日期
```

```
    char storagenum[10];              //仓库号
    int quantity;                     //收储数量
    char grin_class[10];              //粮食种类
    char quanlity[9];                 //质量等级
}ElemType;                            //粮食收购入库信息

typedef struct
{
    ElemType elem[MAXSIZE];           //存储粮食收购入库信息的数组
    int length;                       //收购笔数
}SqList;                              //顺序表类型

void InitList(SqList  *L)
/*初始化顺序表*/
{
    L->length=0;                      /*空表,长度为0*/
}

void CreateSeqList(SqList *L)
/*从文件里读取数据,构建顺序表*/
{
    FILE *fp;
    int i=0;
    fp=fopen("D:\\StorageInfo.txt","r");
/*数据文件所在的路径,即当前数据文件 StorageInfo.txt 在 D 盘的 SqListAPP
 目录下,请读者根据自己实际存放的路径进行修改,下同*/
    if(!fp)
        printf("\nCan not open file!\n");    /*数据文件无法打开*/
    else
    {
        while(!feof(fp))
        {  fscanf(fp,"%s %s %d %s %s %s %d %s %s",L->elem[i].id,
                L->elem[i].name, &(L->elem[i].appnum),
                L->elem[i].appdate, L->elem[i].storagedate,
                L->elem[i].storagenum, &(L->elem[i].quantity),
                L->elem[i].grin_class, L->elem[i].quanlity);
            L->length++;
            i++;
        }
        if(i>0)
        {
            int n=strlen(L->elem[i-1].quanlity);
            if(n>=9 || n==0)
```

```
        {
            L->length--;       /*L->length 减 1 后才是顺序表的真正长度*/
        }
        else
        {
            for(int j=0; j<n; ++j)
            {
                if(L->elem[i-1].quanlity[j] < '0' || L->elem[i-1].
quanlity[j] > '9')
                {
                    L->length--;
                    break;
                }
            }
        }
        }
        fclose(fp);
    }
}

void FWrite(SqList *L)          /*把顺序表中的数据写回到文件里*/
{
    FILE *fp;
    int i=0;
    fp=fopen("D:\\StorageInfo.txt","w");
    if(!fp)
        printf("\nCan not open file!\n");      /*数据文件无法打开*/
    else
    {
        while(i<L->length)
        {   fprintf(fp,"%s %s %d %s %s %s %d %s %s\n",L->elem[i].id,
                L->elem[i].name,L->elem[i].appnum,
                L->elem[i].appdate,L->elem[i].storagedate,
                L->elem[i].storagenum,L->elem[i].quantity,
                L->elem[i].grin_class,L->elem[i].quanlity);
            i++;
        }
        fclose(fp);
    }
}

void OutPut(SqList *L)    /*输出顺序表*/
    {
```

```
        int i;
        printf("\n 身份证号\t 姓名\t 预约号\t 预约日期\t 入库日期\t 仓库号\t 收储数量\
t 粮食种类\t 质量等级 \n");
        for(i=0;i<L->length;i++)
           printf("%s\t%s\t%d\t%s\t%s\t%s\t%d\t%s\t%s\n", L->elem[i].id,
                   L->elem[i].name,L->elem[i].appnum,
                   L->elem[i].appdate,L->elem[i].storagedate,
                   L->elem[i].storagenum, L->elem[i].quantity,
                   L->elem[i].grin_class,L->elem[i].quanlity);
        printf("\n 数据输出完毕!");
    }


int Insert(SqList *L, int i, ElemType x)/*将新节点 x 插入顺序表 L 的第 i 个位
置上*/
    {
        int j;
        if(L->length==MAXSIZE)
        { printf("表满,溢出! ");  return FALSE;  }
        elseif(i<1 || i>L->length)
        { printf("插入位置不合法! ");  return FALSE;  }
        else
        { for(j=L->length-1; j>=i-1;j--)
                L->elem[j+1]=L->elem[j];  /*节点后移*/
//memcpy(&L->elem[j+1], &L->elem[j], sizeof(ElemType)); /*节点后移*/
                L->elem[i-1]=x;  /*插入 x */
//memcpy(&L->elem[i-1], &x, sizeof(ElemType)); /*插入 x */
                L->length++;       /*表长加 1*/
                return TRUE;
        }
    }


int Delete(SqList *L,int i)          /*从顺序表中删除第 i 个位置上的节点*/
    {
        int j;
        if(L->length==0)
        { printf("表为空,无法删除! ");  return FALSE;  }
        else if(i<1 || i>L->length)
        { printf("删除位置不合法! ");  return FALSE;  }
        else
        { for(j=i; j<=L->length-1;j++)     /*节点前移*/
                //memcpy(&L->elem[j-1], &L->elem[j], sizeof(ElemType));
                L->elem[j-1]=L->elem[j];
                L->length--;        /*表长减 1*/
```

```
            return TRUE;
        }
}

int Locate(SqList L, char number[12])
/*在顺序表中查找身份证号为number节点*/
{
    int i;
    for(i=0;i<L.length;i++)
        if(strcmp(L.elem[i].id,number)==0)
            return (i+1);
        if(i>=L.length)
        { printf("找不到该值！"); return FALSE; }
}

int main( )
{
  SqList Storage;
  ElemType e;
  char number[18],yn;
  int n,loc;
  InitList(&Storage);
  CreateSeqList(&Storage);
  while(1)
  {
    fflush(stdin);
    system("cls");
    printf("\n");
    printf("******* 粮食收购入库管理系统 *******\n");
    printf("*      1-输出所有入库信息          *\n");
    printf("*      2-按身份证号查询入库信息    *\n");
    printf("*      3-修改入库信息              *\n");
    printf("*      4-添加入库信息              *\n");
    printf("*      5-删除入库信息              *\n");
    printf("*      0-退出系统                  *\n");
    printf("*******************************\n");
    printf("请选择(Select):");
    switch(getche())
    {
    case '1':    /*输出所有入库信息*/
            OutPut(&Storage);
            break;
    case '2':    /*按身份证号查询入库信息*/
```

```
        printf("\n请输入待查询农户的身份证号:");
        gets(number);
        loc=Locate(Storage,number);
        if(loc)
        {
                printf("\n找到,该农户粮食收购入库信息为:");
                printf("\n身份证号\t姓名\t预约号\t预约日期\t入库日期\t仓库
号\t收储数量\t粮食种类\t质量等级 \n");
                printf("%s\t%s\t%d\t%s\t%s\t%s\t%d\t%s\t%s\n",
                        Storage.elem[loc-1].id,
                        Storage.elem[loc-1].name,
                        Storage.elem[loc-1].appnum,
                        Storage.elem[loc-1].appdate,
                        Storage.elem[loc-1].storagedate,
                        Storage.elem[loc-1].storagenum,
                        Storage.elem[loc-1].quantity,
                        Storage.elem[loc-1].grin_class,
                        Storage.elem[loc-1].quanlity);
        }
        else  printf("\n该农户粮食收购入库信息不存在! \n");
        break;
    case '3':  /*修改入库信息*/
        printf("\n请输入待修改农户身份证号:");
        gets(number);
        loc=Locate(Storage,number);
        if(!loc)
            printf("\n该农户粮食收购入库信息不存在!");
        else
        {
                printf("\n找到, 该农户粮食收购入库信息为:");
                printf("\n身份证号\t姓名\t预约号\t预约日期\t入库日期\t仓库
号\t收储数量\t粮食种类\t质量等级 \n");
                printf("%s\t%s\t%d\t%s\t%s\t%s\t%d\t%s\t%s\n",
                        Storage.elem[loc-1].id,
                        Storage.elem[loc-1].name,
                        Storage.elem[loc-1].appnum,
                        Storage.elem[loc-1].appdate,
                        Storage.elem[loc-1].storagedate,
                        Storage.elem[loc-1].storagenum,
                        Storage.elem[loc-1].quantity,
                        Storage.elem[loc-1].grin_class,
                        Storage.elem[loc-1].quanlity);
```

```
                        printf("\n 修改粮食收购入库信息为: ");
                        printf("\n 身份证号: ");
                        scanf("%18s",Storage.elem[loc-1].id);
                        printf("\n 姓名: ");
                        scanf("%8s",Storage.elem[loc-1].name);
                        printf("\n 预约号: ");
                        scanf("%d",&(Storage.elem[loc-1].appnum));
                        printf("\n 预约日期: ");
                        scanf("%10s",Storage.elem[loc-1].appdate);
                        printf("\n 入库日期: ");
                        scanf("%10s",Storage.elem[loc-1].storagedate);
                        printf("\n 仓库号: ");
                        scanf("%9s",Storage.elem[loc-1].storagenum);
                        printf("\n 收储数量: ");
                        scanf("%d",&(Storage.elem[loc-1].quantity));
                        printf("\n 粮食种类: ");
                        scanf("%9s",Storage.elem[loc-1].grin_class);
                        printf("\n 质量等级: ");
                        scanf("%8s",Storage.elem[loc-1].quanlity);
                        FWrite(&Storage);
                        puts("\n 修改数据成功!");
                    }
                    break;
        case '4':   /*添加入库信息*/
                    printf("\n 请输入待插入的粮食收购入库信息: ");
                    printf("\n 身份证号: "); scanf("%18s",e.id);
                    printf("\n 姓名: "); scanf("%8s",e.name);
                    printf("\n 预约号: "); scanf("%d",&e.appnum);
                    printf("\n 预约日期: "); scanf("%10s",e.appdate);
                    printf("\n 入库日期: "); scanf("%10s",e.storagedate);
                    printf("\n 仓库号: "); scanf("%9s",e.storagenum);
                    printf("\n 收储数量: "); scanf("%d",&e.quantity);
                    printf("\n 粮食种类: "); scanf("%9s",e.grin_class);
                    printf("\n 质量等级: "); scanf("%8s",e.quanlity);
                    printf("\n 请输入插入位置(1~%d): ",Storage.length);
                    scanf("%d",&loc);
                    Insert(&Storage, loc, e);
                    FWrite(&Storage);
                    puts("\n 数据添加成功!");
                    break;
        case '5':   /*删除入库信息*/
                    printf("\n 请输入待删除农户的身份证号: ");
```

```
            gets(number);
            loc=Locate(Storage,number);
            if(loc)
            {
                printf("\n 找到，该农户粮食收购入库信息为:");
                printf("\n 身份证号\t 姓名\t 预约号\t 预约日期\t 入库日期\t 仓库
号\t 收储数量\t 粮食种类\t 质量等级 \n");
                printf("%s\t%s\t%d\t%s\t%s\t%s\t%d\t%s\t%s\n",
                        Storage.elem[loc-1].id,
                        Storage.elem[loc-1].name,
                        Storage.elem[loc-1].appnum,
                        Storage.elem[loc-1].appdate,
                        Storage.elem[loc-1].storagedate,
                        Storage.elem[loc-1].storagenum,
                        Storage.elem[loc-1].quantity,
                        Storage.elem[loc-1].grin_class,
                        Storage.elem[loc-1].quanlity);
                printf("\n 确定是否删除: (Y/N)");
                yn=getchar( );
                if((yn=='Y'||yn=='y'))
                {
                Delete(&Storage, loc);
                FWrite(&Storage);
                puts("\n 数据删除成功!");
                }
            }
            else  printf("\n 该农户粮食收购入库信息不存在!");
            break;
    case '0':  /*退出系统*/
            printf("\n 感谢使用本粮食收购入库管理系统! \n");
            return 0;
    }
    puts("\n 按任意键返回! \n");
    getche( );
    }
}
```

上述程序首先将表 2.1 的粮食收购入库信息保存在文件 StorageInfo.txt 中，其次用 InitList(&Storage)函数初始化顺序表 Storage，再用 CreateSeqList(&Storage)函数将数据从文件读入顺序表 Storage，最后才能进行查询、修改、插入、删除等操作。

StorageInfo.txt 中的数据如图 2.4 所示。

粮食收购入库管理系统运行演示

图 2.4 StorageInfo.txt 中的数据内容

 **独立实践**

(1) 按姓名查询农户粮食收购入库信息，并考虑能否查询多个相同姓名农户的信息。

(2) 修改上述程序中的"3-修改入库信息"功能，使其能保证输入的身份证号唯一。

2.3 线性表的链式存储、实现和应用

前面研究了线性表的顺序存储结构，其特点是用物理位置上的邻接关系来表示节点间的逻辑关系，这一特点使得顺序存储结构有如下的优缺点。

其优点如下。

(1) 无须为表示节点间的逻辑关系而增加额外的存储空间。

(2) 可以方便地随机存取表中任一节点。

其缺点如下。

(1) 插入或删除运算不方便，除表尾的位置外，在表的其他位置进行插入或删除操作时都必须移动大量的节点，其效率较低。

(2) 由于顺序表要求占用连续的存储空间，存储分配只能预先进行(静态分配)。因此，当表长变化较大时，难以确定合适的存储规模。若按可能达到的最大长度预先分配表存储空间，则可能造成一部分存储空间长期空置而得不到充分利用；若事先对表长估计不足，则插入操作可能使表长超过预先分配的存储空间而造成溢出。

为了克服顺序表的缺点，可以采用链接方式存储线性表，通常将链接方式存储的线性表称为链表(linked list)。它不要求逻辑上相邻的元素在物理位置上也相邻，因此它没有顺序存储结构所存在的缺点。按照指针域的组织及各个节点之间的联系形式，链表又可以分为单链表、单循环链表、双链表等多种类型。

 **问题描述**

病患信息管理问题

实现医院业务的信息化管理，能进一步提升医疗服务质量，实现高质量、高效率、个性化的医疗服务，消除院内信息孤岛、实现区域医疗信息共享，为远程病患信息传输和共

享奠定重要基础。病患信息管理系统是医院信息化管理中最基础的信息化管理系统，如何来实现呢？

病患信息管理系统需要把病患的基本信息输入系统内，然后对其进行增加、删除、查询、修改等操作，这就需要把基本的信息在计算机中存储下来，因病患人数难以确定，故用动态方式来处理较节省空间，往往会用链表的形式来存储这些数据。

2.3.1　单链表

1.　单链表的基本结构

链表用一组任意的存储单元来存储线性表中的数据元素，这组存储单元可以是连续的，也可以是不连续的，甚至可以零散分布在内存中的任何位置。那么，怎么表示两个数据元素逻辑上的相邻关系，即如何表示数据元素之间的线性关系呢？为此，在存储数据元素时，除了存储数据元素本身的信息，还必须存储指示其后继节点的地址(或位置)信息，这个信息称为指针(pointer)或链(link)。这两部分信息组成了单链表中的节点结构，如图 2.5 所示。

data	next

图 2.5　单链表的节点结构

其中，data 是数据域，用来存放节点的值；next 是指针域(也称链域)，用来存放节点的直接后继的地址(或位置)。链表正是通过每个节点的链域将线性表的 n 个节点按其逻辑顺序链接在一起的。由于上述链表的每个节点只有一个链域，故将这种链表称为单链表(single linked list)。

假设有一个线性表{ZHAO, QIAN, SUN, LI, ZHOU, WU, ZHENG, WANG}，在内存中用单链表存储的示意图如图 2.6 所示。从图 2.6 中可以看出，逻辑相邻的两个字符串如"ZHAO"与"QIAN"的存储空间是不连续的，通过在"ZHAO"的指针域存放"QIAN"的存储位置 7 来表示两者逻辑上的邻接关系。另外，"WANG"的后面没有其他数据元素，因此它的指针域值为 NULL。

H

31

存储地址	数据域	指针域
1	LI	43
7	QIAN	13
13	SUN	1
19	WANG	NULL
25	WU	37
31	ZHAO	7
37	ZHENG	19
43	ZHOU	25

图 2.6　单链表的内存示意图

为了方便表示，往往将图 2.6 简化为图 2.7 表示的单链表。

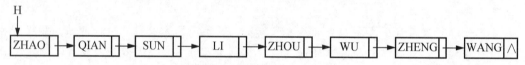

图 2.7　单链表的简化示意图

单链表是最简单的链表，它由头指针唯一确定，因此单链表可以用头指针的名称来命名。例如，头指针名是 H，则把单链表称为表 H。表中每个节点指向链表中的下一个节点，最后一个节点不指向任何其他节点，而指向 NULL，代表单链表结束。如果有 H=NULL，则表示该单链表是一个空表，长度为 0。

用 C 语言描述单链表如下。

```
typedef int ElemType;
typedef struct LNode        //节点类型定义
{
  ElemType data;
  struct LNode *next;
}LNode, *LinkList;
```

值得一提的是，我们一定要严格区分指针变量和节点变量这两个概念。

```
LNode   x;                  //x 是结构体节点变量
LinkList L, p;              //L、p 是结构体指针变量
```

例如，如上定义的变量 x 是结构体 LNode 类型的节点变量，而 p 是类型为 LinkList 的指针变量，也可以用结构体 LNode 类型来定义指针 L、p。

```
LNode   *L,*p;             //相当于 LinkList L,p;
```

通常 p 所指的节点变量并非在变量说明部分明显地定义，而是在程序执行过程中，当需要时才产生，故称为动态变量。实际上，它是通过标准函数生成的，即

```
p=(LinkList)malloc(sizeof(LNode));
```

函数 malloc 分配一个类型为 LNode 的节点变量的空间，并将其地址放入指针变量 p 中。一旦 p 所指向的节点变量不再需要了，又可通过标准函数 free(p) 释放 p 所指的节点变量空间。

有时，为了更方便地判断空表、插入和删除等操作，使空表和非空表的处理一致，在单链表的第一个节点(开始节点)前面加上一个附设的节点，称为头节点。图 2.8 所示即为带头节点的单链表，单链表的头指针 L 指向头节点。如果头节点的指针域为空，即 L->next 等于 NULL，则表示该链表为空表。

2. 单链表的操作

下面讨论用带头节点的单链表作为存储结构时，如何实现线性表的几种基本运算。

1) 建立单链表

假设线性表中节点的数据类型是整型，建立具有 n 个元素的单链表，元素从键盘上输入，输入-999 表示结束。

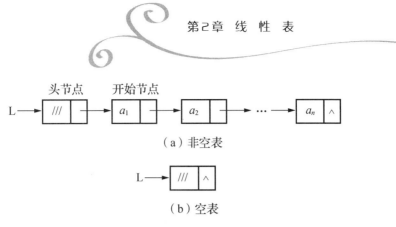

图 2.8　带头节点的单链表

动态地建立单链表的常用方法有以下两种。

(1) 尾插法建立单链表。

尾插法建立单链表的步骤如下。

① 生成一个头节点，由头指针 L 指向该节点，并使指针 p 也指向该节点，如图 2.9(a) 所示。实现语句为：L=(LinkList) malloc(sizeof(LNode));p=L;。

② 从键盘上输入一个整型元素 x，当 x 等于-999 时，转到步骤⑤；当 x 不等于-999 时，生成一个新节点，用 p->next 指针指向该新节点，如图 2.9(b)所示。实现语句为：p->next =(LinkList) malloc(sizeof(LNode));。

③ 将指针 p 移到 p->next 指针指向的节点，语句为"p=p->next;"，并将 x 放入该节点的数据域，语句为"p->data=x;"，如图 2.9(c)所示。

④ 重复步骤②、③，生成有 n 个节点的单链表，如图 2.9(d)所示。

⑤ 当从键盘上输入的值等于-999 时循环结束，到此已建立了如图 2.9(e)所示的单链表。此时，终端节点的指针域没有值，将其置为 NULL，语句为"p->next=NULL;"。

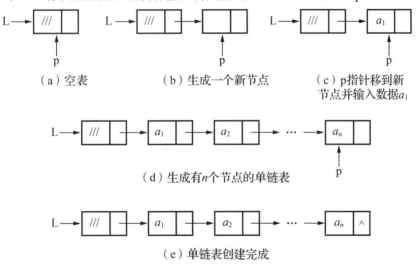

图 2.9　尾插法建立单链表

至此，一个带头节点有 n 个元素的单链表建立完毕。

算法 2.5　尾插法建立单链表。

```
void CreateListR(LinkList  L)
{
```

尾插法建立
单链表

```
int x;    LinkList  p;
L=(LinkList)malloc(sizeof(LNode));          //分配一个节点作为头节点
p=L;
scanf("%d",&x);
while(x!=-999)
{
  p->next=(LinkList)malloc(sizeof(LNode));    //为后继节点创建新空间
  p=p->next;            //指针 p 指向新节点
  p->data=x;            //把 x 放入 p 的数据域中
  scanf("%d",&x);
}
p->next=NULL;          //单链表终端节点的指针域置为空
}
```

尾插法建立单链表比较方便，建成的链表节点顺序与数据输入的顺序一致，因此，它是一种最为常用的建立单链表的方法。有时，需要建成的链表节点顺序与数据输入的顺序相反，这时用头插法建立单链表就能实现。

(2) 头插法建立单链表。

头插法从一个空表开始，重复读入数据，生成新节点，将读入的数据存放到新节点的数据域中，然后将新节点插入到当前链表的表头上，直至读入结束标志。

过程描述如图 2.10 所示。

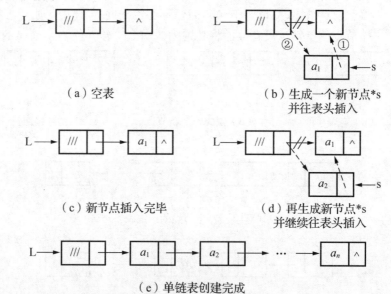

图 2.10　头插法建立单链表

算法 2.6　头插法建立单链表。

头插法建立单链表

```
void CreateListF(LinkList L)
{
  int x;    LinkList  s;
```

```
    L=(LinkList)malloc(sizeof(LNode));
    L->next=NULL;                          //先建立一个带头节点的空表
    scanf("%d",&x);
    while(x!=-999)
    {
      s=(LinkList)malloc(sizeof(LNode));   //生成新节点
      s->data=x;                           //将 x 放入 s 的数据域
      s->next=L->next;   L->next=s;        //插入到表头
      scanf("%d",&x);                      //继续输入元素 x
    }
}
```

以上两个算法的时间复杂度均为 $O(n)$。

2) 定位(按值查找)

定位(按值查找)是在链表中，查找是否有节点值等于给定值 item 的节点，若有，则返回首次找到的其值为 item 的节点的地址；否则，返回 NULL。查找过程从开始节点出发，顺着链表逐个将节点的值和给定值 item 做比较，直到找到 item，即查找成功；如果到链表结束未找到 item，则查找失败，如图 2.11 所示。

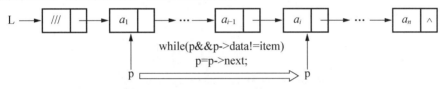

图 2.11   在单链表中查找值为 item 的节点

算法 2.7   按值查找。

```
LinkList Locate(LinkList L,ElemType item)
//在链表中查找值为 item 的节点
{
  LinkList p;
  p=L->next;
  while(p&&p->data!=item)
    p=p->next;
  if(!p) return NULL;
  else return(p);
}
```

在有些应用中，按值查找时需返回找到的 item 的位置，请读者根据上述算法自行编写。

在算法 2.7 中，while 语句的终止条件是搜索到表尾或满足 p->data!=item，它和被寻找元素的所在位置有关。总之，在第 i 个位置找到时最多需要比较次数为 i 次，因此，在等概率假设下，该算法的平均时间复杂度为

$$\sum_{i=1}^{n} i / n = 1/n \sum_{i=1}^{n} i = (n+1)/2 = O(n)$$

3) 插入数据

假设指针 p 指向单链表的某一节点，指针 s 指向待插入的其值为 x 的新节点。若将新节点*s 插入节点*p 之后，则简称"后插"；若将新节点*s 插入节点*p 之前，则简称"前插"。两种插入操作都必须先生成新节点，然后修改相应的指针，再插入。这里以后插算法为例，前插算法请读者自行完成。

后插操作较简单，其插入过程如图 2.12 所示。其算法如下。

```
void InsertAfter(LinkList p, ElemType x)        //将值为 x 的新节点插入*p 之后
{
    LinkList s;
    s=(LinkList)malloc(sizeof(LNode));     //生成新节点*s,图 2.12 中步骤①
    s->data=x;                             //图 2.12 中步骤②
    s->next=p->next;                       //图 2.12 中步骤③
    p->next=s;                             //将*s 插入*p 之后,图 2.12 中步骤④
}
```

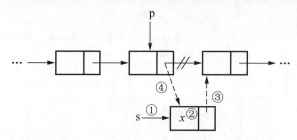

图 2.12　将节点*s 插入节点*p 之后

单链表的插入运算 Insert(L, i, x)是生成一个值为 x 的新节点，并将其插入到单链表 L 中第 i 个节点之前，也就是插入到第 i-1 个节点之后。具体步骤为：首先从头节点开始找到第 i-1 个节点，用指针 p 指向该节点，然后生成一个新节点*s，将值 x 放入节点*s 的数据域，再将节点*s 插入节点*p 之后，完成该运算。其过程如图 2.13 所示。

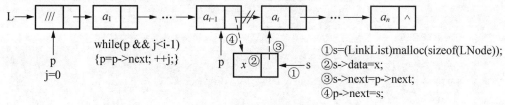

图 2.13　插入过程示意图

算法 2.8　单链表的插入运算。

单链表的插入运算

```
int Insert(LinkList L, int i, ElemType x)
//在单链表 L 中的第 i 个节点前插入元素 x
{
    LinkList p,s; p=L;
    int j=0;
    while(p && j<i-1)   //找到第 i-1 个节点
    { p=p->next; ++j; }
    if( !p || j>i-1) return FALSE;
```

```
        s=(LinkList)malloc(sizeof(LNode));
        s->data=x;
        s->next=p->next;  p->next=s;
        return TRUE;
    }
```

设单链表的长度为 n，合法的前插位置是 $1 \le i \le n+1$，Insert 算法的时间主要耗费在查找操作上，所以时间复杂度为 $O(n)$。

4）删除数据

和插入运算类似，要删除单链表中节点*p 的后继节点很简单，首先用一个指针 r 指向被删节点，然后修改节点*p 的指针域，最后释放节点*r。其删除过程如图 2.14 所示。图 2.14 中的存储池是备用的节点空间，释放节点就是将节点空间归还到存储池中。

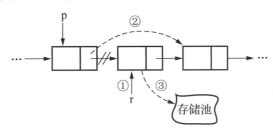

图 2.14　删除*p 之后的节点

该过程的算法如下。

```
    LinkList r;
    r=p->next;              //图 2.14 中步骤①
    p->next=r->next;        //图 2.14 中步骤②,将节点*r 从链表上删除
    free(r);                //图 2.14 中步骤③,释放节点
```

若被删节点就是指针 p 所指的节点本身，则和前插操作类似，必须修改节点*p 的前趋节点*q 的指针域。因此一般情况下也要从头指针开始顺着链表找到节点*p 的前趋节点*q，然后删除*p。其删除过程如图 2.15 所示。

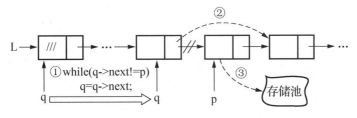

图 2.15　删除节点*p

该过程的算法如下。

```
    int DeleteP(LinkList L,LinkList p)
    //在单链表 L 中删除节点*p 本身
    {
        LinkList q;
        q=L;                          //q 指向头节点,从头开始查找
        while(q->next && q->next!=p)  //找到节点*p 的前趋节点*q
```

```
        q=q->next;
    if(q->next==NULL)  return FALSE;
    else
    {
        q->next=p->next;              //从链表中删除节点*p
        free(p);                      //释放空间,将其归还存储池
        return TRUE;
    }
}
```

另外，还有一种较为简单的方法，即把节点*p 的后继节点的值前移到节点*p 中，然后删除节点*p 的后继节点。此法要求节点*p 有后继节点，节点*p 不是终端节点。请读者自行完成删除节点*p 的算法。

单链表的删除运算 Delete(L, i)是指删除单链表中第 i 个节点，方法类似插入运算：从头节点开始找到第 i-1 个节点，再删除其后继节点。其删除过程如图 2.16 所示。

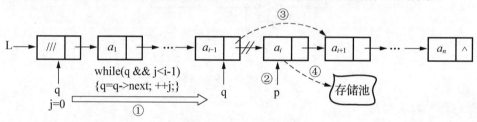

图 2.16　删除过程示意图

算法 2.9　单链表的删除运算。

单链表的删除运算

```
int Delete(LinkList L, int i)
//删除单链表 L 中的第 i 个节点
{
    LinkList p,q;
    int j;
    q=L; j=0;
    while(q && j<i-1)
    {  q=q->next;  ++j;}
    if(!q || j>i-1) return FALSE;
    p=q->next;
    q->next=p->next;
    free(p);
    return TRUE;
}
```

设单链表的长度为 n，则删除第 i ($1\leqslant i\leqslant n$)个节点是合法的。显然 Delete 算法的时间复杂度也是 $O(n)$。

从上面的讨论可以看出，在单链表上实现的插入和删除运算，无须移动节点，仅需修改指针。

2.3.2 用单链表实现病患信息管理问题

下面用带头节点的单链表作为存储结构，来实现病患信息管理系统。

(1) 定义病患信息数据元素的类型。

```c
typedef struct                    //定义病患信息数据元素的类型
{
    char num[5];                  //编号
    char name[9];                 //姓名
    char sex[3];                  //性别
    char phone[13];               //电话
    char addr[31];                //地址
}ElemType;

typedef struct node               //节点类型定义
{
    ElemType data;                //节点数据域
    struct node * next;           //节点指针域
}LNode, *LinkList;
```

(2) 编写程序，实现病患信息管理系统中要求的各项功能。

```c
#include<stdio.h>
#include<string.h>
#include<stdlib.h>

//函数说明
int menu_select();
LinkList CreateList(void);
void InsertNode(LinkList head,LNode *p);
LNode *ListFind(LinkList head);
void DeleteNode(LinkList head);
void PrintList(LinkList head);

//主函数
int main()
{
    LinkList pHead;
    LNode *p;
    for (;;)
    {
        switch(menu_select())
        {
        case 1:
```

```
        printf("***************************************\n");
        printf("*           病患信息链表的建立(按 Tab 键分隔)  *\n");
        printf("***************************************\n");
        pHead=CreateList();
        break;
    case 2:
        printf("***************************************\n");
        printf("*               病患信息的添加              *\n");
        printf("***************************************\n");
        printf("*编号(4) 姓名(8) 性别 电话(11) 地址(31)*\n");
        printf("***************************************\n");
        p=(LNode *)malloc(sizeof(LNode));   //申请新节点
        scanf("%4s\t%8s\t%2s\t%11s\t%31s", p->data.num,p->data.
name,p->data.sex, p->data.phone, p->data.addr);
        fflush(stdin);
        InsertNode(pHead, p);
        break;
    case 3:
        printf("***************************************\n");
        printf("*               病患信息的查询              *\n");
        printf("***************************************\n");
        p=ListFind(pHead);
        if(p!=NULL)
        {
            printf("*编 号  姓 名  性 别  电 话  地 址 *\n");
            printf("------------------------------------------\n");
            printf("%s\t%s\t%s\t%s\t%s\n", p->data.num,
        p->data.name,p->data.sex, p->data.phone, p->data.addr);
            printf("------------------------------------------\n");
        }
        else
            printf("没有查到要查询的病人! \n");
        break;
    case 4:
        printf("***************************************\n");
        printf("*               病患信息的删除              *\n");
        printf("***************************************\n");
        DeleteNode(pHead);    //删除节点
        break;
    case 5:
        printf("***************************************\n");
        printf("*           病患信息链表的输出              *\n");
        printf("***************************************\n");
```

```
                PrintList(pHead);
                break;
            case 0:
                printf("\t 再见!\n");
                return -1;
            }
        }
        return 0;
    }

int menu_select()              //菜单选择函数程序
{
    int sn;
    printf("==============================\n");
    printf("    病患信息管理系统\n");
    printf("==============================\n");
    printf("    1.病患信息链表的建立\n");
    printf("    2.病患信息的添加\n");
    printf("    3.病患信息的查询\n");
    printf("    4.病患信息的删除\n");
    printf("    5.病患信息链表的输出\n");
    printf("    0.退出管理系统\n");
    printf("==============================\n");
    for (;;)
    {
        scanf(" %d", &sn);
        if(sn<0 || sn>5)
            printf("\n\t 输入错误,重选 0-5");
        else
            break;
    }
    return sn;
}

LinkList CreateList(void)              //尾插法建立带头节点的病患信息链表算法
{
    LinkList head=(LNode*)malloc(sizeof(LNode)); //申请表头节点
    LNode *p, *rear;
    int flag=0;                        //结束标志置 0
    rear=head;                         //尾指针初始指向头节点
    while(flag==0)
    {
        p=(LNode*)malloc(sizeof(LNode));            //申请新节点
```

41

```
        printf("编号(4)\t 姓名(8)\t 性别\t 电话(11)\t 地址(31) \n");
        printf("---------------------------------------------\n");
        scanf(" %4s\t%8s\t%2s\t%11s\t%31s", p->data.num, p->data.name,
        p->data.sex,p->data.phone, p->data.addr);
        fflush(stdin);
        rear->next=p;                      //新节点链接到终端节点之后
        rear=p;                            //尾指针指向新节点
        printf("结束建表吗？ (1/0):");
        scanf(" %d", &flag);               //读入一个标志数据
    }
    rear->next=NULL;                       //终端节点指针域置空
    return head;
}
void InsertNode(LinkList head, LNode *p) //在病患信息链表 head 中插入节点
{
    if(head==NULL)
    {
        printf("请先建表\n");
        return;
    }
    LNode *p1, *p2;
    p1=head;
    p2=p1->next;
    while(p2 != NULL && strcmp(p2->data.num, p->data.num)<0)
    {
        p1=p2;                             //p1 指向刚访问过的节点
        p2=p2->next;                       //p2 指向链表的下一个节点
    }
    p1->next=p;                            //插入 p 所指向的节点
    p->next=p2;                            //链接表中剩余部分
}


LNode *ListFind(LinkList head)    //有序病患信息链表上的查找
{
    LNode *p;
    char num[5];
    char name[9];
    int xz;
    if(head==NULL)
    {
        printf("请先建表\n");
        return NULL;
    }
```

```
        printf("================\n");
        printf("  1.按编号查询   \n");
        printf("  2.按姓名查询   \n");
        printf("================\n");
        printf("请选择:");
        p=head->next;                  //假设病患信息链表带头节点
        scanf("%d", &xz);
        fflush(stdin);
        if(xz==1)
        {
            printf("请输入要查找者的编号: ");
            scanf("%4s", num);
            fflush(stdin);
            while(p&&strcmp(p->data.num, num)<0)
                p=p->next;
            if(p==NULL || strcmpi(p->data.num, num)>0)
                p=NULL;                        //没有查到要查找的病患
        }
        else
        {
            if(xz==2)
                printf("请输入要查找者的姓名: ");
            scanf("%8s", name);
            fflush(stdin);
            while (p && strcmp(p->data.name, name)!=0)
                p=p->next;
        }
        return p;
}

void DeleteNode(LinkList head)          //病患信息链表上节点的删除
{
    char jx;
    LNode *p, *q;
    p=ListFind(head);                   //调用查找函数
    if(p==NULL)
    {
        printf("没有查到要删除的病患\n");
        return;
    }
    printf("真的要删除该节点吗?(y/n):");
    scanf(" %c", &jx);     //注意在%c前加上一个空格,这样可以清除输入缓冲
    fflush(stdin);            //这个函数也可以清除输入缓冲区
```

```
        if(jx=='y' || jx=='Y')
        {
            q=head;
            while(q!=NULL && q->next!=p)
                q=q->next;
            q->next=p->next;            //删除节点
            free(p);                    //释放被删除的节点空间
            p=NULL;
            printf("病患信息已被删除\n");
        }
    }

void PrintList(LinkList head)      //病患信息链表的输出函数
{
    LNode *p;
    p=head->next;                        //链表带头节点,使 p 指向链表开始节点
    printf("编号\t 姓名\t 性别\t 电话\t 地址\n");
    printf("-----------------------------------------\n");
    while(p!=NULL)
    {
        printf("%s\t%s\t%s\t%s\t%s\n", p->data.num, p->data.name,
            p->data.sex, p->data.phone, p->data.addr);
        printf("-----------------------------------------\n");
        p=p->next;                  //后移一个节点
    }
}
```

病患信息
管理系统
运行演示

 独立实践

将新病患信息插入到链表的指定位置。

2.3.3　单循环链表

在单链表中，将终端节点的指针域 NULL 改为指向头节点或开始节点，就得到了单链表形式的循环链表，简称单循环链表。在单循环链表中，表中所有节点被链接在一个环上。为了使空表和非空表的处理一致，单循环链表中也可设置一个头节点。这样，空循环链表仅由一个自成循环的头节点表示。带头节点的单循环链表如图 2.17 所示。

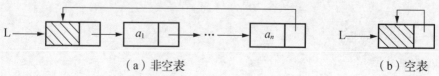

图 2.17　带头节点的单循环链表

在单循环链表上的操作基本上与非循环链表相同，只是将原来判断指针是否为 NULL 变为判断指针是否为头指针而已，其他没有变化。

例 2.2 求单循环链表的长度。

其过程如图 2.18 所示，相应的算法如下。

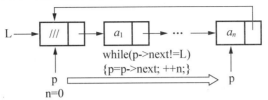

图 2.18 求单循环链表的长度

算法 2.10 求单循环链表的长度。

```
int Length(LinkList L)
{
   int n;
   LinkList p;
   p=L; n=0;
   while(p->next!=L)
   { p=p->next;
     ++n;
   }
   return(n);
}
```

在上述算法中，通过指针 p 从头节点扫描到终端节点，用 n 来计算节点个数，当指针 p 指向终端节点时表示统计结束，条件是 p->next 等于 L(若是单链表，则条件是 p->next 等于 NULL)。该算法的平均时间复杂度为 $O(n)$。

在用头指针表示的单循环链表中，查找开始节点 a_1 的时间复杂度是 $O(1)$，然而要找到终端节点 a_n，则需从头指针开始遍历整个链表，其时间复杂度是 $O(n)$。在很多实际问题中，对表的操作常常是在表的首尾位置上进行的，此时头指针表示的单循环链表就显得不够方便。如果改用尾指针 rear 来表示单循环链表(图 2.19)，则查找开始节点 a_1 和终端节点 a_n 都很方便，它们的存储位置分别是 rear->next->next 和 rear，显然，时间复杂度都是 $O(1)$。因此，实际中多采用尾指针表示单循环链表。

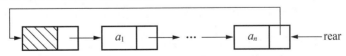

图 2.19 仅设尾指针 rear 的单循环链表

例 2.3 将两个线性表($a_1, a_2, \cdots, a_n$)和($b_1, b_2, \cdots, b_m$)链接成一个线性表($a_1, a_2, \cdots, a_n, b_1, b_2, \cdots, b_m$)。

若在带头指针表示的单循环链表上做这种链接操作，则需要遍历第一个链表，找到节点 a_n，然后将节点 b_1 链接到 a_n 的后面，其时间复杂度是 $O(n)$。若在用尾指针表示的单循环链表上实现，则只需修改指针，无须遍历，其时间复杂度是 $O(1)$，如图 2.20 所示，相应的算法如下。

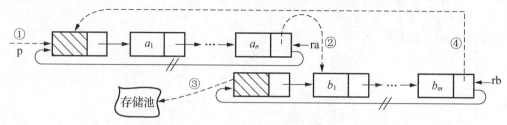

图 2.20 两个单循环链表的链接操作

算法 2.11 将两个线性表链接成一个线性表。

```
LinkList Connect(LinkList ra, LinkList rb)
{
    LinkList *p;
    p=ra->next;              //保存链表 ra 的头节点地址，图 2.20 中步骤①
    ra->next=rb->next->next;
                            //链表 rb 的开始节点链接到链表 ra 的终端节点
之后，图 2.20 中步骤②
    free(rb->next);         //释放链表 rb 的头节点，图 2.20 中步骤③
    rb->next=p;            //返回新单循环链表的尾指针，图 2.20 中步骤④
}
```

2.3.4 双链表

前面讨论的链表的节点中只有一个指向其后继节点的指针域 next，因此找到其后继节点非常方便，若已知某节点的指针为 p，其后继节点的指针则为 p->next，时间复杂度是 $O(1)$，而要找到其前趋节点，就只能从该链表的头指针开始，从前向后遍历，时间复杂度是 $O(n)$。如果希望找到前趋节点的时间复杂度也是 $O(1)$，则可以用空间换取时间，即给每个节点再增加一个指向前趋节点的指针域，节点结构如图 2.21 所示。

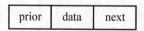

图 2.21 双链表的节点结构

其中，每个节点除了数据域 data 外，包含了两个指针域：一个是 prior 指针，指向该节点的前趋节点；另一个是 next 指针，指向该节点的后继节点。该节点的类型定义如下。

```
typedef struct DLNode
{
    ElemType data;
    struct DLNode *prior,*next;
}DLNode,*DLinkList;
```

这种用两个指针域节点组成的链表称为双向链表，简称双链表。与单链表类似，双链表可以是非循环的，也可以是循环的。本书默认的是带头节点的双循环链表，如图 2.22 所示。

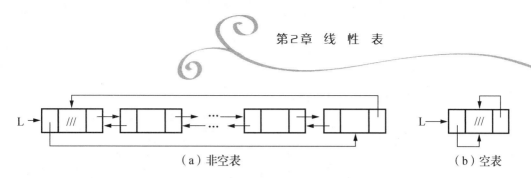

（a）非空表　　　　　　　　　　　　　　　　　（b）空表

图 2.22　带头节点的双循环链表

若定义 p 是 DLinkList 类型的指针变量，设 p 指向双链表中的某个节点，如图 2.23 所示，则 p->next 表示 p 所指向节点的直接后继节点地址，而 p->prior 表示 p 所指向节点的直接前趋节点地址。同时，有如下等价式。

$$p->prior->next \Leftrightarrow p \Leftrightarrow p->next->prior$$

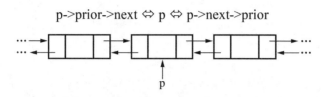

图 2.23　p 指向双链表中的某个节点

在双链表上的操作，如求表长、定位、查找等操作仅涉及一个方向的指针，类似于单链表，这里请读者自行完成。在双链表中完成插入和删除操作则需要修改两个方向的指针，下面分别对其进行讨论。

1. 在双链表中插入节点

在双链表中插入节点有多种方法，与单链表不同的是，在插入节点时无须知道插入位置的前趋节点，可以直接找到相应的节点，在其前面插入。设指针 p 指向链表中的第 i 个节点，指针 s 指向待插入的节点，将节点*s 插入节点*p 之前的过程如图 2.24 所示，语句描述如下。

① s->prior=p->prior;
② s->next=p;
③ p->prior->next=s;
④ p->prior=s;

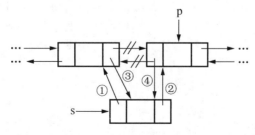

图 2.24　将节点*s 插入节点*p 之前

需要强调的是，上述操作中的指针修改顺序并不是唯一的，但也不是任意的，操作过程中必须确保链表节点不丢失。

在双链表 L 中的第 i 个节点前插入一个元素 e，插入算法如下。

算法 2.12 双链表的插入运算。

```
int ListInsert_DuL(DLinkList L, int i, ElemType e)
{
  DLinkList p;
  int j;
  p=L; j=0;
  while(p && j<i)  //寻找第 i 个节点,并令指针 p 指向它
  { p=p->next;  ++j; }
  if(!p || j>i) return FALSE;
  s=(DLinkList)malloc(sizeof(DLNode));
  s->data=e;
  s->prior=p->prior;   s->next=p;
  p->prior->next=s;    p->prior=s;
  return TRUE;
}
```

该算法的时间主要用在查找第 i 个节点上，时间复杂度为 $O(n)$。

2. 在双链表中删除节点

在双链表中删除节点也有多种方法，与单链表不同的是，在删除节点时无须知道被删除节点的前趋节点，直接找到被删除的节点，然后执行相关的指针修改操作即可。以删除第 i 个节点为例，设指针 p 指向双链表中的第 i 个节点，删除节点*p 的过程如图 2.25 所示，语句描述如下。

① p->prior->next=p->next;

② p->next->prior = p->prior ;

③ free(p);

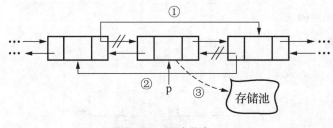

图 2.25　删除节点*p

删除双链表 L 中的第 i 个节点的算法如下。

算法 2.13 双链表的删除运算。

```
int ListDelete_DuL(DLinkList L, int i)
{
  DLinkList p;
  int j;
  p=L; j=0;
```

```
while(p && j<i)
{ p=p->next; ++j;}
if(!p || j>i) return FALSE;
p->prior->next=p->next;
p->next->prior=p->prior;
free(p);
return TRUE;
}
```

同插入运算相似，删除运算的主要时间消耗在查找第 i 个节点上，时间复杂度是 $O(n)$。

2.4 顺序表和链表的比较

2.2 节和 2.3 节介绍了线性表的两种存储结构——顺序表和链表，它们各有优缺点。在实际应用中选用哪一种存储结构主要取决于具体问题的要求和性质，通常从以下两个方面考虑。

1. 从空间上

顺序表的存储空间是静态分配的，在程序执行之前必须明确规定它的存储规模。若线性表的长度变化较大，则存储规模难以预先确定。估计过大将造成存储空间浪费，估计过小又将使存储空间溢出概率增大。而链表的存储空间是动态分配的，只要存储空间尚有空闲，就不会产生溢出。因此，当线性表的长度变化较大，难以估计其存储规模时，采用链表作为存储结构为宜。

2. 从时间上

顺序表是由向量实现的，它是一种随机存取结构，对表中任一节点进行存取的时间复杂度都为 $O(1)$；而链表中的节点，则需从头指针起顺着链表扫描才能取得。因此，当线性表的操作主要是进行查找，很少进行插入和删除操作时，采用顺序表作为存储结构为宜。

在链表中的任何位置进行插入和删除，都需要修改指针；而在顺序表中进行插入和删除，平均要移动表中近一半的节点，尤其是当每个节点的信息量较大时，移动节点的时间开销就相当可观。因此，对于频繁进行插入和删除的线性表，宜采用链表作为存储结构。若表的插入和删除主要发生在表的首尾两端，则采用尾指针表示的单循环链表为宜。

本 章 小 结

线性表是一种最基本、最常用的数据结构。本章介绍了线性表的定义、运算和各种存储结构的描述方法，重点讨论了线性表的两种存储结构——顺序表和链表，以及在这两种存储结构上实现的基本运算。

顺序表是用数组实现的，链表是用指针实现的。在实际应用中，对线性表采用哪种存储结构，要视实际问题的要求而定，主要考虑求解算法的时间复杂度和空间复杂度。因此，建议读者熟练掌握在顺序表和链表上实现的各种基本运算及其时间、空间特性。

本 章 习 题

一、填空题

1. 向一个长度为 n 的向量的第 i 个元素($1 \leq i \leq n+1$)之前插入一个元素时，需向后移动_____个元素。

2. 向一个长度为 n 的向量中删除第 i 个元素($1 \leq i \leq n$)时，需向前移动_____个元素。

3. 在顺序表中访问任意一个节点的时间复杂度均为_____，因此，顺序表也称_____的数据结构。

4. 顺序表中逻辑上相邻的元素的物理位置_____相邻。单链表中逻辑上相邻的元素的物理位置_____相邻。

5. 在 n 个节点的单链表中要删除已知节点*p，需找到它的_____，其时间复杂度为_____。

二、判断题

1. 链表的物理存储结构具有同链表一样的顺序。 (　　)

2. 链表的删除操作很简单，因为当删除链表中的某个节点后，计算机会自动将后续各个节点向前移动。 (　　)

3. 顺序表适宜进行顺序存取，而链表适宜进行随机存取。 (　　)

4. 线性表在物理存储空间中一定是连续的。 (　　)

5. 线性表在顺序存储时，逻辑上相邻的元素未必在存储的物理位置上相邻。 (　　)

6. 线性表的逻辑顺序与存储顺序总是一致的。 (　　)

三、选择题

1. 一个向量第一个元素的存储地址是 100，每个元素的长度为 2，则第 5 个元素的地址是(　　)。

A. 110　　　　　　B. 108　　　　　　C. 100　　　　　　D. 120

2. 在 n 个节点的顺序表中，算法的时间复杂度是 $O(1)$ 的操作是(　　)。

A. 访问第 i 个节点($1 \leq i \leq n$)和求第 i 个节点的直接前趋($2 \leq i \leq n$)

B. 在第 i 个节点后插入一个新节点($1 \leq i \leq n$)

C. 删除第 i 个节点($1 \leq i \leq n$)

D. 将 n 个节点从小到大排序

3. 链式存储的存储结构所占存储空间(　　)。

A. 分两部分，一部分存放节点值，另一部分存放表示节点间关系的指针

B. 只有一部分，存放节点值

   C．只有一部分，存储表示节点间关系的指针

   D．分两部分，一部分存放节点值，另一部分存放节点所占单元数

4．线性表若采用链式存储结构时，要求内存中可用存储单元的地址(   )。

   A．必须是连续的   B．部分地址必须是连续的

   C．一定是不连续的   D．连续或不连续都可以

5．线性表 L 在(   )情况下适用于使用链式结构实现。

   A．需经常修改 L 中的节点值   B．需不断对 L 进行删除和插入

   C．L 中含有大量的节点   D．L 中节点结构复杂

6．线性表是(   )。

   A．一个有限序列，可以为空   B．一个有限序列，不能为空

   C．一个无限序列，可以为空   D．一个无序序列，不能为空

7．用链表表示线性表的优点是(   )。

   A．便于随机存取

   B．花费的存储空间较顺序存储少

   C．便于插入和删除

   D．数据元素的物理顺序与逻辑顺序相同

8．对顺序存储的线性表，设其长度为 n，在任何位置上插入或删除操作都是等概率的，插入一个元素时平均要移动表中的(   )个元素。

   A．$n/2$ B．$(n+1)/2$ C．$(n-1)/2$ D．n

四、简答题

1．试比较顺序存储结构和链式存储结构的优缺点。在什么情况下用顺序表比链表好？

2．描述以下三个概念的区别：头指针、头节点、开始节点。在单链表中设置头节点的作用是什么？

五、编程题

1．设顺序表 L 中的数据元素递增有序。请设计算法，将元素 x 插入顺序表的适当位置，以保持该表的有序性。

2．分别用顺序表和单链表存储结构实现线性表的就地逆置。线性表的就地逆置就是在原表的存储空间内将线性表 $(a_1, a_2, a_3, \cdots, a_n)$ 逆置为 $(a_n, a_{n-1}, \cdots, a_2, a_1)$。

3．设指针 s 指向单循环链表的一个节点，请设计算法，删除该节点的前趋节点。

第 2 章习题
参考答案

第3章 栈与队列

问题描述

地铁网络两站点间最佳换乘问题

随着国家经济的强劲发展，许多城市都建成了纵横交错的地铁网络，截至 2022 年 12 月，我国拥有轨道交通的城市有 58 个，通车线路 317 条。乘坐地铁出行已经成为越来越受人们欢迎的出行方式。从城市的一个地点到另一个地点往往有多种地铁线路换乘方式可以到达，但哪一种线路换乘方式才是路径(或时长)最短、最快捷的方式呢?

3.1 栈

3.1.1 栈的定义

堆栈(stack)简称栈，是限定仅在表的一端进行插入和删除操作的线性表。通常将允许插入和删除的一端(表尾)称为栈顶(top)，不允许插入和删除的另一端(表头)称为栈底(bottom)，不含任何元素的栈称为空栈。

插入数据元素的操作称为进栈，也称压栈、入栈。删除数据元素的操作称为出栈，也称退栈。由于堆栈元素的插入和删除只是在栈顶进行的，总是后进去的元素先出来，因此堆栈又称后进先出(Last In First Out, LIFO)线性表。堆栈在生活中也能见到，如影视剧中，将子弹装入弹夹式的手枪，弹夹的一端是封闭的，子弹的放入和取出都是从弹夹的一端进行的，它就是一个堆栈。

理解堆栈的定义时需要注意：它是一个线性表，也就是说，栈元素具有线性关系，即前趋与后继关系；在线性表的表尾进行插入和删除操作，这里的表尾是指栈顶，而不是栈底，可以用图 3.1 来形象地说明。

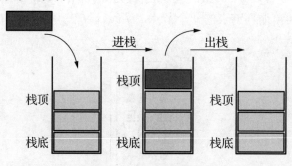

图 3.1　进出栈示意图

3.1.2 栈的基本操作

对于栈的基本操作，常见的有以下几种。

```
InitStack(&S)        //初始化栈:构造一个空栈 S
ClearStack(&S)       //置空栈:把 S 置为空栈
StackLength(S)       //求栈的长度:返回栈 S 中的元素个数
StackEmpty(S)        //判断栈是否为空:若栈 S 为空,则返回真;否则返回假
Push(&S,e)           //进栈:插入元素 e, 将其作为新的栈顶元素
Pop(&S,&e)           //出栈:若栈 S 不空,则删除栈顶元素,用 e 返回其值
GetTop(S,&e)         //取栈顶元素:返回当前的栈顶元素,并将其赋值给 e
DispStack(S)         //显示元素:从栈底到栈顶依次显示栈中每个元素
```

栈有两种存储方式：顺序存储(顺序栈)和链式存储(链栈)。在实际应用中，以顺序存储的栈为主，故下面主要介绍顺序栈。

3.1.3 栈的顺序存储和实现

1. 栈的顺序存储

顺序栈类似于顺序表，用一维数组来存放栈中元素，栈底一般固定设在下标为 0 的一端，用一个变量 top 指示当前栈顶元素所在单元的位置。

通常情况下，把空栈的判定条件设置为 top=-1；当栈中有一个元素时，top=0；当栈满时，top=MAXSIZE-1，栈的长度等于 top+1，如图 3.2 所示。其进出栈的算法实现见算法 3.7 和算法 3.8。

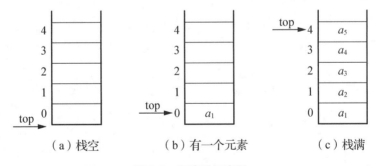

图 3.2　顺序栈示意图

顺序栈的结构定义如下。

```
#define MAXSIZE 100      /* 设顺序栈的最大长度为 100,可根据实际情况修改 */
typedef int DataType;
typedef struct
{
    DataType data[MAXSIZE];
    int top;             /* 用于定义栈顶指针 */
}SqStack;
```

2. 栈的运算实现

(1) 初始化栈。

建立一个新的空栈 S，实际上将栈顶指针指向-1 即可。

算法 3.1 栈的顺序存储的初始化操作。

```
int InitStack(SqStack *S)
{
    S->top=-1;
    return TRUE;
}
```

(2) 清空栈。

清空栈中的元素，此时栈顶指针指向-1。

算法 3.2 栈的顺序存储的置空操作。

```
int ClearStack(SqStack *S)
{
    S->top=-1;
    return TRUE;
}
```

(3) 判断栈是否为空。

判断栈是否为空，若栈 S 为空栈，则返回 TRUE，否则返回 FALSE。

算法 3.3 栈的顺序存储的判空操作。

```
int StackEmpty(SqStack S)
{
    if(S.top==-1)
        return TRUE;
    else
        return FALSE;
}
```

(4) 求栈的长度。

返回 S 的元素个数，即栈的长度。

算法 3.4 栈的顺序存储求栈的长度操作。

```
int StackLength(SqStack S)
{
    return S.top+1;
}
```

(5) 返回栈顶元素。

若栈不空，则用 e 返回 S 的栈顶元素，并返回 TRUE，否则返回 FALSE。

算法 3.5　栈的顺序存储返回栈顶元素操作。

```
int GetTop(SqStack S, DataType *e)
{
    if(S.top==-1)
     {
         printf("栈空!");
         return FALSE;
     }
    else
    {
        *e=S.data[S.top];
        return TRUE;
    }
}
```

(6) 显示元素。

从栈底到栈顶依次显示栈中每个元素。

算法 3.6　栈的顺序存储显示栈元素操作。

```
int DispStack(SqStack S)
{
    int i=0;
    if(S.top==-1)
    {   prinft("栈空!");
        return FALSE;
    }
    while(i<=S.top)
    {
        printf("%d", S.data[i++]);
    }
    printf("\n");
    return TRUE;
}
```

(7) 入栈操作。

对于栈的插入，即入栈操作，其算法步骤描述如下。

① 判断栈是否已满。

② 如果栈没满，则让栈顶指针上移一个位置。

③ 数据元素入栈。

对于入栈操作 push，插入元素 e 为新的栈顶元素。

算法 3.7　栈的顺序存储的入栈操作。

```
int Push(SqStack *S, DataType e)
 {
```

栈的顺序
存储的入栈
操作

```
    if(S->top==MAXSIZE -1)              //栈满
    {
        printf("栈满!");
        return FALSE;
    }
    S->top++;                           //栈顶指针增加1
    S->data[S->top]=e;                  //将新插入的元素赋值给栈顶空间
    return TRUE;
}
```

(8) 出栈操作。

出栈操作的算法步骤描述如下。

① 判断栈是否为空。

② 如果栈不为空，则取出栈顶元素。

③ 栈顶指针下移。

对于出栈操作 pop，若栈不空，则删除 S 的栈顶元素，用 e 返回其值，并返回 TRUE，否则返回 FALSE。

算法 3.8 栈的顺序存储的出栈操作。

栈的顺序
存储的出栈
操作

```
int Pop(SqStack *S, DataType *e)
{
    if(S->top==-1)
    {
        printf("栈空!");
        return FALSE;
    }
    *e=S->data[S->top];              // 将要删除的栈顶元素赋值给 e
    S->top--;                        // 栈顶指针减1
    return TRUE;
}
```

通过比较顺序栈入栈和出栈的过程可以看出，入栈是先移动栈顶指针后插入元素，出栈是先取出原栈顶元素后移动栈顶指针。

3.1.4 用栈实现地铁网络两站点间最佳换乘问题

地铁两站点间的最佳换乘问题，即两站点间的最短路径问题，可以采用回溯法来解决。从起始站点开始，先把该站点压入路径堆栈，再依次探测与该站点直接相邻的所有站点。选中一个相邻站点，把该相邻站点压入路径堆栈，再以该相邻站点为出发点，依次探测与其直接相邻的所有站点。如此反复，如果遇到了目的地站点，此时相当于找到了一条可行路径。如果没有下一个站点可以前进，相当于此条路径不能通达目的地站点；如果遇到了路径中已经走过的站点，相当于绕回了某个站点。以上两种情况都表示本次探测结束，需要回到上一层站点，接着去探测上一层剩余的直接相邻站点。直到所有探测完成。

当探测到目的地站点时，把目的地站点压入路径堆栈，此时堆栈中的信息就是探测到的一条完整路径,通过把该完整路径上两两站点间的距离相加,得到本路径的总距离。通过与之前找到的最短路径进行比较,如果新路径更短,则把新路径记录为已发现的最短路径。如果这是找到的第一条路径,就直接把这条路径记录为已发现的最短路径。当所有探测结束,输出已发现的最短路径数据即可。

在探测的过程中,把选中的站点压入路径堆栈,然后逐一探测该选中站点的所有直接相邻站点,当其所有直接相邻站点都探测完时,需要回到上一层的下一相邻站点继续探测,此时需要将路径堆栈的最后一个数据出栈。

(1) 表示地铁网络的数据结构。

地铁网络的核心信息有两个:一是站点信息;二是每个站点和哪些站点直接相邻以及它们之间的距离信息。将这两个核心信息编辑成两个文件,作为程序的输入。一个文件是站点信息文件,列出整个地铁网络的所有站点,每一行就是一个站点名称,该站点名称在这个文件中的行号(从 0 计数)就作为其对应的站点编号。另一个文件是相邻站点信息,列出每一个地铁站点的每一个直接相邻站点及相互距离,为了方便,该文件的每行设置 3 个字段,分别为站点编号、直接相邻站点编号和两站间距离,以 "," 分隔。例如,"3,8,2",即代表 3 号站点和 8 号站点直接相邻,需要 2 千米(或 2 分钟)可以到达,3 号站点即站点信息文件中第 4 行的站点,8 号站点即站点信息文件中第 9 行的站点。为了更易于理解和实现,用一个二维数组来保存上述信息,假设总共有 m 个站点,则利用 DistanceArr[m][m] 来表示整个地铁网络,总共存放 $m \times m$ 个数据,数组的第一个下标表示源站点,第二个下标表示直接相邻站点,具体的数值表示这两个站点之间的距离,如果数值为 0,则表示这两个站点不是直接相邻站点。前面例子中的 "3,8,2" 用二维数组表示就是将 DistanceArr[3][8] 赋值为 2(站点编号从 0 开始)。

下面是地铁网络的数据结构的定义。

```
/*车站相邻信息,数字为相邻距离,0表示两站不相邻*/
int g_iDistanceArr[MAXSTATIONNUM][MAXSTATIONNUM]=
{
  /*        A0   ,B1   ,C2   ,D3   ,E4   ,F5   ,G6   ,H7   ,I8*/
  /*A0*/   {0    ,0    ,0    ,0    ,0    ,0    ,0    ,0    ,0},
  /*B1*/   {0    ,0    ,0    ,0    ,0    ,0    ,0    ,0    ,0},
  /*C2*/   {2    ,4    ,0    ,0    ,0    ,0    ,0    ,0    ,0},
  /*D3*/   {2    ,0    ,1    ,0    ,0    ,0    ,0    ,0    ,0},
  /*E4*/   {0    ,0    ,0    ,3    ,0    ,0    ,0    ,0    ,0},
  /*F5*/   {0    ,0    ,0    ,0    ,0    ,0    ,0    ,0    ,0},
  /*G6*/   {0    ,0    ,4    ,0    ,0    ,2    ,0    ,0    ,0},
  /*H7*/   {0    ,0    ,3    ,2    ,0    ,0    ,3    ,0    ,0},
  /*I8*/   {0    ,0    ,0    ,0    ,0    ,4    ,0    ,2    ,0}
};
```

(2) 地铁站点到下一相邻站点的逐级试探。

假设起始站点为 i,目标站点为 j。从起始站点 i 开始,先找到 DistanceArr[i][],对这行数据从第一个下标(0 下标)开始逐一遍历,直至 m-1 下标。在该过程中,如果对应的值等于

0，则表示不通，继续试探下一个数据，如果对应的值大于 0，则表示可以通达，把该下标站点入栈，并根据该站点下标找到对应行数据，从 0 下标重复前面类似的遍历，如此循环，直至遇到目的地站点或 m-1 下标遍历完成。

为了防止路径进入站点之间的循环，定义一个 mark[m]数组，下标为对应站点编号，对应的值为 0 表示还没有走过，对应的值为 1 表示已经走过。当一个站点没有走过时，对这个路径进行探测，在把该站点下标压栈的同时，把对应下标的 mark 数据对应的值设置为 1。当一个站点已经走过，即对应下标的 mark 数据对应的值已经为 1 时，这个路径不能继续前进，应直接进行下一个探测。mark 数组在寻找路径开始的时候全部置为 0，即没有一个站点走过。当一个站点的下一级全部遍历完后，需要退出该站点，回到上一级尝试下一条路径，此时会把该站点出栈，同时把该站点下标对应的 mark 数据对应的值复原成 0。

(3) 最短路径的保存与比较。

由于从起始站点到目的地站点可能有多条通道，因此需要定义一个变量 pStackResult 保存已经找到的最短路径，初始值为空，定义一个变量 iPrevDistance 保存最短路径对应的距离，初始值无穷大。每次找到新的路径时，把新路径的距离和之前保存的最短路径距离进行比较，如果新路径更长，则保留原有最短路径数据不变，如果新路径更短，则把新路径设置为已经找到的最短路径。所有路径探测完成后，输出找到的最短路径结果。

程序具体实现如下。

```c
#include <stdio.h>
#include <math.h>
#include <string.h>
#include <errno.h>
#include <stdlib.h>
#include <ctype.h>

#define TRUE 1
#define FALSE 0

#define MAXSIZE 1000        /*设顺序栈的最大长度为 1000 */

#define STATIONNUM 9               /*默认地铁站数量*/
#define MAXSTATIONNUM MAXSIZE        /*默认文件读取地铁站最大数量*/
#define CHECKRANGE(a) (a<0||a>=g_iCurrentStationCount)

/*车站相邻信息，数字为相邻距离，0 表示两站不相邻*/
int g_iDistanceArr[MAXSTATIONNUM][MAXSTATIONNUM]=
{
    /*       A0  ,B1  ,C2  ,D3  ,E4  ,F5  ,G6  ,H7  ,I8*/
    /*A0*/ { 0   ,0   ,0   ,0   ,0   ,0   ,0   ,0   ,0},
    /*B1*/ { 0   ,0   ,0   ,0   ,0   ,0   ,0   ,0   ,0},
    /*C2*/ { 2   ,4   ,0   ,0   ,0   ,0   ,0   ,0   ,0},
    /*D3*/ { 2   ,0   ,1   ,0   ,0   ,0   ,0   ,0   ,0},
```

```
    /*E4*/  { 0    ,0    ,0    ,3    ,0    ,0    ,0    ,0    ,0},
    /*F5*/  { 0    ,0    ,0    ,0    ,0    ,0    ,0    ,0    ,0},
    /*G6*/  { 0    ,0    ,4    ,0    ,0    ,2    ,0    ,0    ,0},
    /*H7*/  { 0    ,0    ,3    ,2    ,0    ,0    ,3    ,0    ,0},
    /*I8*/  { 0    ,0    ,0    ,0    ,0    ,4    ,0    ,2    ,0}
};

char g_szStationName[MAXSTATIONNUM][64] = {"A","B","C","D","E","F","G",
"H","I"};
int g_iCurrentStationCount=STATIONNUM;        /*当前站点数量*/

typedef int DataType;
typedef struct{
    DataType data[MAXSIZE];
    int top;                    /* 设置栈顶指针 */
}SqStack;

int InitStack(SqStack *pStack)
{
    pStack->top=-1;
    return TRUE;
}

int ClearStack(SqStack *pStack)
{
    pStack->top=-1;
    return TRUE;
}

int StackEmpty(SqStack *pStack)
{
    if(pStack->top==-1)
        return TRUE;
    else
        return FALSE;
}

int StackLength(SqStack *pStack)
{
    return pStack->top+1;
}

int DispStack(SqStack *pStack)
```

```
{
    int i=0;
    if(pStack->top==-1)
    {
        printf("栈空!\n");
        return FALSE;
    }
    while(i<=pStack->top)
    {
        printf("%d\n", pStack->data[i++]);
    }
    return TRUE;
}

int GetTop(SqStack *pStack, DataType *e)
{
    if(pStack->top==-1)
    {
        printf("栈空!\n");
        return FALSE;
    }
    else
        *e=pStack->data[pStack->top];
    return TRUE;
}

int Push(SqStack *pStack, int e)
{
    if(pStack->top==MAXSIZE-1)    /*栈满*/
    {
        printf("栈满!\n");
        return FALSE;
    }
    pStack->top++;                          /*栈顶指针增加1*/
    pStack->data[pStack->top]=e;  /*新插入的元素赋值给栈顶空间 */
    return TRUE;
}

int Pop(SqStack *pStack, int *e)
{
    if(pStack->top==-1)
    {
        printf("栈空!\n");
```

```
        return FALSE;
    }
    *e=pStack->data[pStack->top];        /* 将要删除的栈顶元素赋值给 e */
    pStack->top--;                        /* 栈顶指针减 1*/
    return TRUE;
}


/*根据用户输入，获取站点编号*/
int GetStationNo(const char *pName)
{
    int i;
    if(strlen(pName)<=0)
        return 0;
    if(isdigit(pName[0]))
        return atoi(pName);
    for(i=0; i<g_iCurrentStationCount; i++)
        if(0==strcmp(g_szStationName[i], pName))
            return i;
    return 0;
}
/*读取输入数据之后，清除这一行上可能的多余数据*/
void ClearStream(FILE * pFileHandle)
{
    char c;
    while((c=getc(pFileHandle))!='\n'&&EOF!=c);
}
/*读取站点信息，返回站点数目，读取失败，返回-1*/
/*文件每行为站点名称，第一行为序号 0，不能带空行*/
int ReadStationName(const char * pFileName)
{
    printf("ReadStationName opening file=%s\n", pFileName);
    FILE * pFileHandle=fopen(pFileName, "r");
    if(pFileHandle==NULL)
    {
        printf("Error opening file,errno=%d,msg=%s\n", errno, strerror(errno));
        return -1;
    }
    memset(g_szStationName, 0, sizeof(g_szStationName));

    int i;
    for(i=0; i<MAXSTATIONNUM&&fgets(g_szStationName[i], 64, pFileHandle)!=
NULL; i++)
    {
```

```
        if('\n' == g_szStationName[i][strlen(g_szStationName[i])-1])
            g_szStationName[i][strlen(g_szStationName[i])-1] = '\0';
        printf("one station %d=%s\n", i, g_szStationName[i]);
    }
    fclose(pFileHandle);
    return g_iCurrentStationCount=i;
}

/*读取站点连通信息，读取成功返回 0，读取失败，返回-1
 *文件内容每行(中间用逗号分隔)：起始节点,结束节点,距离*/
int ReadWays(const char *pFileName)
{
    printf("ReadWays opening file=%s\n", pFileName);
    FILE * pFileHandle=fopen(pFileName, "r");
    if(pFileHandle==NULL)
    {
        printf("Error opening file,errno=%d,msg=%s\n", errno, strerror
(errno));
        return -1;
    }
    memset(g_iDistanceArr, 0, sizeof(g_iDistanceArr));
    int iStart, iEnd, iDistance, i;
    for(i=0; i<MAXSTATIONNUM && fscanf(pFileHandle, "%d,%d,%d" ,&iStart,
&iEnd, &iDistance)!=EOF; i++)
    {
        if(CHECKRANGE(iStart)||CHECKRANGE(iEnd))
        {
            printf("ReadWays one record error:%d,%d,%d\n", iStart, iEnd,
iDistance);
            continue;
        }
        printf("ReadWays one record :%d,%d,%d\n", iStart, iEnd, iDistance);
        g_iDistanceArr[iStart][iEnd]=iDistance;
        g_iDistanceArr[iEnd][iStart]=iDistance;
    }
    fclose (pFileHandle);
    return 0;
}
/* 操作菜单 */
int ShowMenu()
{
    int iCmd=0;
    printf("====================================================\n");
    printf("  地铁换乘\n");
```

```
        printf("=================================================\n");
        printf("    1.地铁信息初始化\n");
        printf("    2.显示地铁信息\n");
        printf("    3.查询最佳路径\n");
        printf("    4.退出系统\n");
        printf("=================================================\n");
        printf("请选择对应操作的序号：\n");
        for(;;)
        {
            scanf("%d", &iCmd);
            ClearStream(stdin);
            if(iCmd<=0||iCmd>4)
            {
                printf("输入错误,重选1~4:\n");
                continue;
            }
            break;
        }
        return iCmd;
}
/* 获取开始和结束站点，名称不能太长，会导致内存越界*/
int GetStartAndEndPoint(int *pStart,int *pEnd)
{
    char szStart[128]="", szEnd[128]="";
    printf("=====================================\n");
    printf("请输入开始和停止站点序号或者名称,用空格分隔。比如：1 3 或者 A D\n");
    printf("=====================================\n");
    while(1)
    {
        *pStart=*pEnd=0;
        scanf("%s %s", szStart, szEnd);
        *pStart=GetStationNo(szStart);
        *pEnd=GetStationNo(szEnd);
        if(CHECKRANGE(*pStart) || CHECKRANGE(*pEnd) || *pStart == *pEnd)
            printf("输入车站范围错误！请重输！\n");
        else
            break;
    }
    printf("get request:start=%d[%s] goto end=%d[%s]\n", *pStart,
g_szStationName[*pStart], *pEnd, g_szStationName[*pEnd]);
    return 0;
}
```

```
/*从外部文件读取信息，重新初始化站点数据*/
int ReinitStationInfo()
{
    char szStationFile[1024]="",szDistanceFile[1024]="";
    printf("=============================================\n");
    printf("请输入站点名称文件和站点距离说明文件,用空格分隔！比如：station.txt
subway.txt\n");
    printf("=============================================\n");
    scanf("%s %s", szStationFile, szDistanceFile);
    ClearStream(stdin);
    if(ReadStationName(szStationFile) < 0 || ReadWays(szDistanceFile) < 0)
        printf("初始化站点信息文件出错\n");
    else
        printf("初始化站点信息文件成功\n");
    return 0;
}


/*显示堆栈中的路径信息*/
int DispStations(SqStack *pStack)
{
    int i;
    if(pStack->top==-1)
    {
        printf("栈空!\n");
        return FALSE;
    }
    for(i=0; i<=pStack->top; i++)
    {
        printf("站点[%d]%s", pStack->data[i], g_szStationName[pStack->data[i]]);
        if(i!=pStack->top)
            printf("=>");
         else
            printf("\n");
    }
    return TRUE;
}


/*非递归函数实现寻找最短路径,返回最终路径输出 pStackResult*/
int GetWay(SqStack *pStackResult, int iStart, int iEnd)
{
    /*分配和初始化需要的变量*/
    SqStack sStackTemp; /*存放寻径过程中的路径*/
    int iPrevDistance =99999999;/*存放之前最优方案总距离，无方案时设置超大值*/
```

```
        char mark[g_iCurrentStationCount];  /*存放已经经过的站点,防止循环*/
        memset(mark, 0, g_iCurrentStationCount);
        InitStack(&sStackTemp);
        InitStack(pStackResult);
        int iCurrentDistance=0;  /*存储当前路径距离,即栈中路径距离总和*/
        int iCurrentPoint=iStart;  /*当前扫描的节点进入堆栈,位于top*/
        int iNextDistance;  /*存放当前距离加上(iCurrentPoint,i)距离的临时变量*/
        int i=0;      /*存放当前节点扫描下一个节点的位置,(iCurrentPoint,i)为当前试
探的路径*/
        /*设置起始节点*/
        mark[iCurrentPoint]=1;
        Push(&sStackTemp, iCurrentPoint);
        while(!StackEmpty(&sStackTemp))
        {
            while(i<g_iCurrentStationCount)
            {
                if(0==mark[i]&&0!=g_iDistanceArr[iCurrentPoint][i])
                {
                    iNextDistance=iCurrentDistance+g_iDistanceArr[iCurrent
Point][i];

                    if(i==iEnd)
                    {/*找到一条路径*/
                        Push(&sStackTemp, i);
                        if(iNextDistance<iPrevDistance)
                        {/*如果距离更短,替换之前的方案*/
                            memcpy(pStackResult, &sStackTemp, sizeof(SqStack));
                            iPrevDistance=iNextDistance;
                        }
                        Pop(&sStackTemp, &i);
                    }
                    else
                    {/*开始一个节点的扫描*/
                        iCurrentDistance+=g_iDistanceArr[iCurrentPoint][i];
                        iCurrentPoint=i;
                        Push(&sStackTemp, iCurrentPoint);
                        mark[iCurrentPoint]=1;
                        i=0;
                        continue;
                    }
                }
                i++;
            }
            /*一个节点扫描结束,取出上一个节点,恢复上次循环的状态*/
```

```
        mark[iCurrentPoint]=0;
        Pop(&sStackTemp, &i);
        if(!StackEmpty(&sStackTemp)&&GetTop(&sStackTemp, &iCurrentPoint))
            iCurrentDistance-=g_iDistanceArr[iCurrentPoint][i];
        i++;        /*试探下一个节点*/
    }
    return iPrevDistance;
}

/*程序入口*/
int main()
{
    int iStart, iEnd, i, j, iDistance, iCmd;
    SqStack sFinalStack;      /*存放最终的路径*/
    /*默认站点距离数据，只填了左下一半，需要填上另外一半*/
    for(i=1; i<g_iCurrentStationCount; i++)/*连通属性复制到另外一半*/
        for(j=0; j<i; j++)
            g_iDistanceArr[j][i]=g_iDistanceArr[i][j];
    while(4!=(iCmd=ShowMenu()))
    {
        switch(iCmd)
        {
        case 1:/*使用外部配置文件，重新初始化地铁信息*/
            ReinitStationInfo();
            break;
        case 2:/*打印当前地铁站点和连通信息*/
            for(i=0; i<g_iCurrentStationCount; i++)
            {
                if(0==i)
                {/*打印行头*/
                    printf("####\t");
                    for(j=0; j<g_iCurrentStationCount; j++)
                    {
                        printf("%d\t", j);
                    }
                    printf("\n");
                }
                printf("%d[%s]:\t", i, g_szStationName[i]);
                for(j=0; j<g_iCurrentStationCount; j++)
                {
                    printf("%d\t", g_iDistanceArr[i][j]);
                }
                printf("\n");
```

```
        }
        break;
    case 3:/*查询最短路径*/
        GetStartAndEndPoint(&iStart, &iEnd);
        iDistance=GetWay(&sFinalStack, iStart, iEnd);
        printf("开始输出最短路径,距离=%d!\n", iDistance);
        DispStations(&sFinalStack);
    }
}
printf("\t 再见!\n");
return 0;
}
```

系统运行过程中涉及 station.txt 和 subway.txt 文件，其内容如图 3.3 所示。

station - 记事本

文件　编辑　查看

```
A
B
C
D
E
F
G
H
I
J
K
L
```

subway - 记事本

文件　编辑　查看

```
0, 2, 2
0, 3, 2
1, 2, 4
2, 3, 1
2, 7, 3
2, 6, 4
3, 4, 3
3, 7, 2
5, 6, 2
5, 8, 4
6, 7, 3
7, 8, 2
0, 11, 4
4, 11, 2
4, 10, 1
10, 7, 1
10, 9, 3
9, 8, 1
```

地铁网络
两站点间最
佳换乘系统
运行演示

图 3.3　station.txt 和 subway.txt 文件内容

 独立实践

请尝试修改本例的算法，实现以递归的方式求出所有可行的路径。

3.2　队　　列

 **问题描述**

医院排队叫号问题

医疗卫生事业关系千家万户的幸福安康。党的二十大报告指出，"人民健康是民族昌盛和国家强盛的重要标志。把保障人民健康放在优先发展的战略位置，完善人民健康促进政策。"在医院，排队叫号系统已成为解决"看病慢""看病难"问题的有力手段。排队叫号系统完全模拟了人群排队的过程，通过取票进队、排队等待、叫号服务等功能，大大减少了人们在医院从挂号、检查到取药的过程中所遇到的各种排队拥挤和混乱现象。

3.2.1 队列的概念

队列(queue)是一种运算受限制的线性表，它只允许在表的一端进行插入，在表的另一端进行删除。允许插入元素的一端称为队尾(rear)，允许删除元素的一端称为队头(front)。不含元素的空表称为空队列。向队列中添加元素称为入队，从队列中删除元素称为出队。由于新入队的元素只能添加到队尾，出队的元素只能从队头删除，因此队列的特点是先进入队列的元素先出队，故队列也称先进先出表(First In First Out, FIFO)表。

在日常生活中有很多这样的例子，如企业的客服电话服务，客服人员与客户相比人数少，在所有的客服人员都占线的情况下，客户会被要求等待，直到某个客服人员空闲，才能让最先等待的客户接通电话。这里就是将所有当前拨打客服电话的客户进行了排队处理。假设队列是 $q=(a_1, a_2, \cdots, a_n)$，那么 a_1 就是队头元素，a_n 就是队尾元素，出队列时，总是从 a_1 开始，入队列时，则放在 a_n 之后，如图 3.4 所示。

图 3.4　队列

3.2.2 队列的基本操作

队列的基本操作主要包括以下几部分。

```
InitQueue(&Q)          //初始化空队列 Q
ClearQueue(&Q)         //释放队列 Q 占用的存储空间
QueueEmpty(Q)          //判断队列是否为空
QueueLength(Q)         //返回队列的长度
GetHead(Q,&e)          //用 e 返回队列 Q 的队头元素
EnQueue(&Q,e)          //将元素 e 入队作为队尾元素
DeQueue(&Q,&e)         //从队列 Q 中出队一个元素,用 e 返回
QueueTraverse(Q)       //从队头到队尾依次将队列 Q 中的所有元素输出
```

队列也有两种存储方式：顺序存储(顺序队列)和链式存储(链队列)。

3.2.3 队列的顺序存储和实现

1. 顺序队列

顺序存储的队列称为顺序队列。顺序队列类似于顺序表，用一维数组来存放队列元素，实际上就是运算受限的顺序表。但由于队头和队尾都是活动的，因此设有两个指针：头指针(front)和尾指针(rear)。为了操作上的方便，规定头指针 front 总是指向当前队头元素的位置，尾指针 rear 总是指向当前队尾元素的后一个位置，如图 3.5 所示。

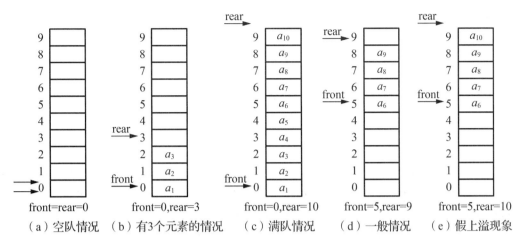

图 3.5　顺序队列示意图

当队列中无元素时,则称其为空队列,并规定此时队头指针和队尾指针均为 0,即 front =rear=0。每当插入新的队尾元素时,队尾指针加 1;每当删除队头元素时,队头指针加 1。

顺序队列的存储结构定义如下。

```
#define MAXSIZE 100
typedef int DataType;
typedef struct
{
    DataType data[MAXSIZE];
    int front;             //头指针
    int rear;              //尾指针,若队列不空,则指向队尾元素的下一个位置
}SqQueue;
```

图 3.5 说明了在顺序队列中进行出队和入队运算时队列中的元素及头尾指针的变化情况。一开始,队列的头尾指针都指向向量空间下标为 0 的位置,若不考虑溢出,则入队运算可描述如下。

```
sq->data[sq->rear]=x;     /*x 入队*/
sq->rear++;               /*尾指针加 1*/
```

出队运算可描述如下。

```
sq->front++;              /*头指针加 1*/
```

显然, 当 前 队 列 中 的 元 素 个 数 (即 队 列 的 长 度) 是 (sq->rear)-(sq->front)。 若 sq->front=sq->rear,则队列长度为 0,即当前队列是空队列,如图 3.5(a)所示。空队时再做出队操作会产生“下溢”。

若(sq->rear)-(sq->front)=MAXSIZE,则当前队列长度等于向量空间的大小,即当前队列是满队列,如图 3.5(c)所示。满队时再做入队操作会产生“上溢”。但是,如果当前尾指针等于向量的上界(即 sq->rear=MAXSIZE),即使队列不满(即当前队列长度小于MAXSIZE),再做入队操作也会引起上溢。如图 3.5(e)所示队列的状态,即 MAXSIZE=10, sq->rear=10，sq->front=5，因为 sq->rear=MAXSIZE，故此时不能做入队操作，但当前队列并不满，这种现象称为"假上溢"。产生假上溢现象的原因是，被删元素的空间在该元素删除以后就永远使用不到。为了克服这一缺点，可以在每次出队时将整个队列中的元素向前移动一个位置，也可以在发生假上溢时将整个队列中的元素向前移动直至头指针为 0。但这两种方法都会引起大量元素的移动，所以在实际应用中很少采用。通常采用循环队列的方法来解决假上溢问题。

2. 循环队列

将向量 sq->data[MAXSIZE] 设想成一个首尾相接的圆环，即 sq->data[0] 接在 sq->data[MAXSIZE-1]之后，我们将这种意义下的向量称为循环向量，并将循环向量中的队列称为循环队列，如图 3.6 所示。若当前尾指针等于向量的上界，则再做入队操作时，令尾指针等于向量的下界，这样就能利用到已被删除的元素空间，避免出现假上溢现象。

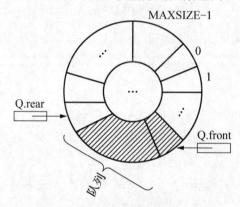

图 3.6　循环队列

因此在入队操作时，循环队列中尾指针加 1 的操作可描述如下。

```
if(sq->rear+1>=MAXSIZE )
    sq->rear=0;
else sq->rear++;
```

如果利用模运算，则上述循环队列中尾指针加 1 的操作可以更简洁地描述如下。

```
sq->rear=(sq->rear+1) % MAXSIZE
```

同样，在出队操作时，循环队列中头指针加 1 的操作，也可利用"模运算"来实现。

```
sq->front=(sq->front+1) % MAXSIZE
```

因为出队和入队分别要将头指针和尾指针在循环队列下加 1，所以若某一元素出队后，头指针已从后面追上尾指针，即 sq->front=sq->rear，则当前队列为空；若某一元素入队后，尾指针已从后面追上头指针，即 sq->rear=sq->front，则当前队列为满。因此，仅凭等式 sq->front=sq->rear 是无法区别循环队列是空还是满的。对此，有两种解决方法：一种是引入一个标志变量以区别是空队还是满队；另一种更为简单的方法是，在入队前，测试尾指针在循环意义下加 1 后是否等于头指针，若相等则认为是满队，即判断满队的条件为

```
(sq->rear+1)%MAXSIZE=sq->front
```

从而保证了 sq->rear=sq->front 是空队的判断条件。应当注意,这里规定的满队条件使得循环向量中,始终有一个元素的空间(即 sq->data[sq->rear])是空的,即有 MAXSIZE 个分量的循环向量只能表示长度不超过 MAXSIZE-1 的队列。这样做避免了由于判断另设的标志而造成时间上的损失。

循环队列在数据结构的定义上同普通顺序队列一样,只是在运算上有些差异。

循环队列的存储结构定义如下。

```
#define MAXSIZE 100
typedef int DataType;
typedef struct
{
    DataType data[MAXSIZE];
    int front;          //头指针
    int rear;           //尾指针,若队列不空,则指向队尾元素的下一个位置
}SqQueue;
```

在循环队列上实现的基本操作如下。

(1) 置空队。

初始化一个空循环队列 sq,即将 sq 的 front 指针和 rear 指针设置为 0。

算法 3.9 循环队列的初始化。

```
int InitQueue(SqQueue *sq)      /*置队列 sq 为空队*/
{
    sq->front=0;
    sq->rear=0;
    return TRUE;
}
```

(2) 判空队。

若循环队列 sq 为空队列,则返回 TRUE,否则返回 FALSE。

算法 3.10 循环队列的判空。

```
int QueueEmpty(SqQueue sq)
{
    if(sq.front==sq.rear)          /*空队列的标志*/
        return TRUE;
    else
        return FALSE;
}
```

(3) 循环队列的长度计算。

返回队列 sq 的元素个数,也就是队列的当前长度。

循环队列的
长度计算

算法 3.11 循环队列的长度计算。

```
int QueueLength(SqQueue sq)
{
    return (sq.rear-sq.front+MAXSIZE)%MAXSIZE;
}
```

（4）返回循环队列的队头元素。

若队列不空，则用 e 返回 sq 的队头元素，并返回 TRUE，否则返回 FALSE。

算法 3.12 返回循环队列的队头元素。

```
int GetHead(SqQueue sq,DataType *e)
{
    if(sq.front==sq.rear)    /*判断队列是否为空*/
    { printf("空队列!\n");
      return FALSE;
    }
    *e=sq.data[sq.front];
    return TRUE;
}
```

（5）循环队列的入队。

将待添加的元素变量 e 插入队列 sq 中。需要特别注意的是，要将元素 e 先插入尾指针所指向的位置，再将尾指针加 1。

循环队列的
入队

算法 3.13 循环队列的入队。

```
int EnQueue(SqQueue *sq, DataType e)
{
    if(sq->front==(sq->rear+1)%MAXSIZE)
                            /*判断队列是否已满*/
    {   printf("溢出!\n");
        return FALSE;
    }
    sq->data[sq->rear]=e;            /*插入元素e*/
    sq->rear=(sq->rear+1)%MAXSIZE;
    return TRUE;
}
```

（6）循环队列的出队。

循环队列的
出队

当从队列删除元素时，头指针 front 后移而尾指针 rear 不动，做出队运算时，假设要求将出队的元素值赋给变量 e。若队列不空，出队操作是先把被删除的队头元素用 e 返回其值，再将头指针加 1，表明队头元素出队。

算法 3.14 循环队列的出队。

```
int DeQueue(SqQueue *sq, DataType *e)
```

```
    {
        if(sq->front==sq->rear)                    /*判断队列是否为空*/
        {
            printf("队列空!\n");
            return FALSE ;
        }
        *e=sq->data[sq->front];                     /*将队头元素赋值给 e*/
        sq->front=(sq->front+1) % MAXSIZE;          /*front 指针向后移一个位置*/
        return TRUE;
    }
```

(7) 循环队列的遍历。

从队头到队尾依次输出队列 sq 中的每个元素。

算法 3.15 循环队列的遍历。

```
    int QueueTraverse(SqQueue sq)
    {
        int i;
        if(sq.front==sq.rear)
        {
            printf("队列空!\n");
            return FALSE
        }
        i=sq.front;                        /*i 最初指向队头元素*/
        while(i!=sq.rear)
        {
            printf("%d ", sq.data[i]);
            i=(i+1)%MAXSIZE;               /*i 指向下一个元素*/
        }
        printf("\n");
        return TRUE;
    }
```

从本小节中可以发现，如果只用顺序队列，不用循环队列，算法的时间性能不高，但循环队列又面临着数组可能会溢出的问题，所以可以用链式存储结构来实现队列。

3.2.4　队列的链式存储和实现

1. 链队列

链式存储的队列称为链队列。链队列的结构和各种基本操作均类似于线性链表，只是要注意它的插入和删除操作受限，只允许在队尾插入、队头删除。所以链队列其实就是只允许尾进头出的单链表。为了操作上的方便，将头指针指向链队列的头节点，而尾指针指向终端节点，如图 3.7 所示。

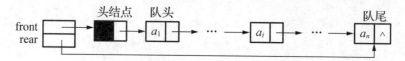

（a）非空链队列

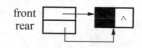

（b）空链队列

图 3.7　链队列示意图

链队列的存储结构定义如下。

```
typedef struct QNode              //节点结构
{
    DataType data;
    struct QNode *next;
}QNode,*QueuePtr;

typedef struct                    //队列的链表结构
{
    QueuePtr  front,rear;         //队头、队尾指针
}LinkQueue;
```

2. 链队列的操作实现

(1) 链队列的入队操作。

入队操作就是在链队列的尾部插入节点，如图 3.8 所示。

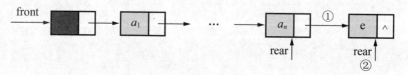

图 3.8　链队列的入队

假设插入元素 e 为队列 Q 的新队尾元素，则该链队列的入队算法实现如下。

算法 3.16　链队列的入队。

链队列的
入队

```
int EnQueue(LinkQueue *Q,int e)
{                          //①产生新节点,用Q->rear ->next 来指向
    Q->rear->next=(QueuePtr)malloc(sizeof(QNode));
    if(!Q->rear->next)
    {
        printf("存储分配失败!\n");
        return FALSE;
```

```
    }
    Q->rear=Q->rear->next;         //②将 Q->rear 移到新节点
    Q->rear->data=e;
    Q->rear->next=NULL;
    return TRUE;
}
```

(2) 链队列的出队操作。

出队操作就是将链队列头节点的后继节点出队，将头节点的后继节点改为已出队节点后面的节点，如图 3.9 所示。

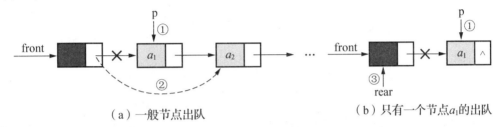

（a）一般节点出队　　　　　　　（b）只有一个节点a_1的出队

图 3.9　链队列的出队

若链队列不空，则删除队头元素，用 e 返回其值，并返回 TRUE，否则返回 FALSE，如图 3.9(a)所示。当链队列除头节点外只剩下一个元素时，则需将 rear 指向头节点，如图 3.9(b)所示。其相应的算法实现如下。

算法 3.17　链队列的出队。

```
int DeQueue(LinkQueue *Q, int *e)
{
    QueuePtr p;
    if(Q->front==Q->rear)
    {
        printf("队列空! \n");
        return FALSE;
    }
    p=Q->front->next;           // ①将欲删除的头节点暂存给 p
    *e=p->data;                 // 将欲删除的头节点的值赋值给 e
    Q->front->next=p->next;     // ②将原头节点的后继 p->next 赋值给头节点后继
    if(Q->rear==p)             // ③若队头就是队尾,则删除后将 rear 指向头节点
        Q->rear=Q->front;
    free(p);
    return TRUE;
```

对上述出队算法进行优化，每次出队操作均删除头节点，把第一个节点看作新的头节点，如图 3.10 所示。

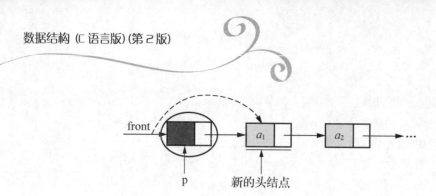

front

p

新的头结点

图 3.10 链队列的出队优化

当最后只剩下一个节点时，则不需要修改尾指针。

算法 3.18 链队列的出队优化。

```
int  DeQueueOp(LinkQueue *Q,DataType *e)
{
    QueuePtr p;
    if(Q->front==Q->rear)
    {
        printf("队列空! ");
        return FALSE;
    }
    p=Q->front;
    Q->front=Q->front->next;
    free(p);
    return  TRUE;
}
```

(3) 显示链队列的元素。

从队头到队尾依次输出队列中每个元素的算法实现如下。

算法 3.19 显示链队列的元素。

```
int QueueTraverse(LinkQueue Q)
{
    QueuePtr p;
    if(Q.front==Q.rear)
    {
        printf("队列空!\n");
        return FALSE;
    }
    p=Q.front->next;
    while(p)
    {
        printf("%d ",p->data);
        p=p->next;
    }
    printf("\n");
    return TRUE;
}
```

循环队列与链队列可以从以下两个方面来比较。

(1) 从时间上来说，它们的基本操作都是常数时间，即都是 $O(1)$，但是循环队列是事先申请好空间，使用期间不释放；而链队列每次申请和释放节点都会存在一些时间开销。如果出入队频繁，则两者还是有细微差异的。

(2) 从空间上来说，循环队列必须有一个固定的长度，所以就有了存储元素个数和空间浪费的问题；而链队列不存在这个问题，尽管它需要一个指针域，会产生一些空间上的开销，但也可以接受。所以从空间上来说，链队列更加灵活。

总的来说，在可以确定长度最大值的情况下，建议用循环队列，如果无法预估队列的长度，则建议用链队列。

3.2.5 用队列实现医院排队叫号问题

下面用队列实现医院排队叫号问题，其主要包括排队管理、呼叫患者、打印患者信息、查找患者、删除患者、清空队列等功能。

(1) 用链队列存储病患信息的定义如下。

```
typedef struct QNode
{
    char name[10];          //患者姓名
    struct QNode *next;     //下一个节点
}QNode;                     //链队列节点类型


typedef struct
{
    QNode *front,*rear;
}LinkQueue;                 //排队队列的链表结构
```

(2) 主程序和各函数定义如下。

```
#include <stdio.h>
#include <stdlib.h>
#include <string.h>
#define FALSE 0
#define TRUE 1

//初始化队列,置为空
LinkQueue* InitQueue()
{
    LinkQueue *queue;
    QNode *node;
    queue=(LinkQueue*)malloc(sizeof(QNode));//为队列头指针分配空间
    node=(QNode*)malloc(sizeof(QNode));     //为头节点分配空间
    node->next=NULL;
    queue->front=queue->rear=node;          //令队头和队尾指针均指向头节点
```

```
        return queue;
    }

    //入队操作,通过strcpy()函数进行复制,在队尾插入姓名
    void InQueue(LinkQueue *Q, char *x)
    {
        QNode *p;
        p=(QNode *)malloc(sizeof(QNode));       //创建新节点 p
        if(p==NULL)
        {
            printf("内存不足");
            exit(1);
        }
        strcpy(p->name, x);              //将患者姓名存入新节点的数据域 name 中
        p->next=NULL;                    //将节点 p 的 next 域置为空
        Q->rear->next=p;
        Q->rear=p;
    }


    //通过strcpy()函数进行复制,并通过指针在队头插入患者姓名
    void HeadInQueue(LinkQueue *Q,const char *x)
    {
        QNode *p;
        p=(QNode *)malloc(sizeof(QNode));
        strcpy(p->name, x);              //创建新节点并将患者姓名存入数据域 name 中
        p->next=Q->front->next;          //修改 front 指针,在队头插入
        Q->front->next=p;
        if(Q->front==Q->rear)
            Q->rear=p;
    }


    //出队操作
    int OutQueue(LinkQueue *Q,char *x)
    {
        QNode *p;
        if(Q->front==Q->rear)            //队空的情况
        {
            printf("队列为空! ");
            return FALSE;
        }
        p=Q->front->next;                //令 p 指向队头元素
        if(p==NULL)
            return FALSE;
```

```
    strcpy(x, p->name);              //读取队头元素,并保存到 x 中
    Q->front->next=p->next;          //出队
    if(p->next==NULL)                //最后一个元素出队的情况
    {
        Q->rear=Q->front;
    }
    free(p);                         //释放空间
    return TRUE;
}


int QueueIsEmpty(LinkQueue *Q)
{
    if(Q->front==Q->rear)
        return TRUE;                 //队空,返回 1
    else
        return FALSE;
}


 //判定队列是否为空,不为空则把第一个元素删除,即呼叫第一个患者
int QueueEmpty(LinkQueue *Q)
{
    if(Q->front==Q->rear)
        return TRUE;                 //队空,返回 1
    else
    {
        QNode* p=Q->front->next;
        while(p!=NULL&&p!=Q->rear)
        {
            QNode*q=p;
            p=p->next;
            free(q);
        }
        QNode *t=Q->rear;
        Q->rear=Q->front;
        Q->front->next=NULL;
        free(t);
        return FALSE;                //队不空,返回 0
    }
}


//通过 while 循环将队列输出,显示队列内容
void QueueTraverse(LinkQueue *Q)
{
```

```
        QNode *p=Q->front->next;        //令 p 指向队头元素
        while(p!=NULL)
        {
            printf("%s",p->name);       //显示当前元素的内容
            p=p->next;                  //令 p 指向下一个元素
        }
        printf("\n");
}


//通过 while 循环将队列元素与输入姓名进行比较,将查到的元素的位置输出
void  Search(LinkQueue *Q, char  x[])
{
    QNode *p;
    int i=0;
    p=Q->front->next;                   //令 p 指向队头元素
    while(p!=NULL && strcmp(p->name,x )!=0 && p->next!=NULL)
                                        //比较 x 和当前元素的内容是否相等
    {
        p=p->next;                      //令 p 指向下一个元素
        i++;                            //改变位置 i 的值,加 1
    }
    if(p==NULL||strcmp(p->name,x )!=0 )
        printf("没有这个人\n");          //遍历完队列,没有找到 x
    else
        printf("前边有%d 人等待\n",i);    //找到 x,并显示前面等待的人数 i
}


//通过 while 循环将队列遍历,将输入姓名的元素通过指针删除
int  Delete(LinkQueue *Q,char  x[])
{
    QNode *p,*q;
    int bfound=FALSE;
    p=Q->front->next;                       //初始时,p 指向队头元素
    q=Q->front;                             //初始时,q 指向头节点
    while(p!=NULL)                          //当前节点存在
    {
        if(strcmp(p->name, x)==0)           //在队列中找到元素 x
        {
            q->next=p->next;                //令 q 指向 p 的下一个节点
            free(p);                        //释放当前节点
            p=NULL;
            if(q->next==NULL)               //判断是不是末尾
                Q->rear=q;
```

```
            return TRUE;                    //返回删除成功的信息
        }
        else
        {
            q=p;
            p=p->next;
        }
    }
  if(p==NULL)
  {
    printf("队列为空! ");
    return FALSE;
  }
}

//以菜单方式显示功能列表,从终端读取输入,实现对应的功能
int main()
{
    char sel,x;
    char name[10];
    LinkQueue *Q=InitQueue();   //初始化队列
    while(1)
    {
        printf("\n*********************************************\n");
        printf("   1.   排 队 管  理\n");
        printf("   2.   呼 叫 患  者\n");
        printf("   3.   打印患者信息\n");
        printf("   4.   查 找 患  者\n");
        printf("   5.   删 除 患  者\n");
        printf("   0.   清 空 队  列\n");
        printf("*********************************************\n 请选择
(操作的序号): ");
        scanf("%c",&sel); _flushall();
        switch(sel)
        {
        case '0':
            printf("系统结束, 感谢您的使用, 早日康复!\n");
            exit(0);
        case '1':
            printf("输入患者姓名: ");
            scanf("%9s",name);
            flushall();
            printf("是否优先? (y/n): ");
```

```
            scanf("%c",&x);
            getchar();
/*读入优先级,若是优先者,则调用 HeadInQueue()函数,否则调用 InQueue()函数*/
            if(x=='y')
                HeadInQueue(Q,name);        //插入队头
            else
                InQueue(Q,name);            //入队,插入队尾
            break;
        case '2':
            if(!OutQueue(Q,name))           //出队
                printf("没有排队的患者\n");
            else
                printf("请患者%s 办理\n",name);
            break;
        case '3':
            if(QueueIsEmpty(Q))             //队空
            {
                printf("没有排队的患者\n");
            }
            else
            {
                printf("排队者:");
                QueueTraverse(Q);
            }
            break;
        case '4':
            printf("输入患者姓名: ");
            scanf("%s",name);
            _flushall();
            Search(Q,name);
            break;
        case'5':
            printf("输入患者姓名: ");
            scanf("%s",name);
            _flushall();
            if(Delete(Q,name)==1)
                printf("已取消\n");
            else
                printf("未找到该人\n");
            break;
        default:
            printf("选择错误,请重新选择。\n");
            break;
```

```
            }
        }
        return 0;
    }
```

排队叫号系
统运行演示

 独立实践

上例中优先级高的用户将直接加到队列的前面，因此只用了一个队列，请试着用两个队列来实现优先功能，即优先的用户进优先队列，正常的用户进正常队列。

本 章 小 结

本章主要介绍栈与队列的基本概念、顺序存储表示、链式存储表示与基本操作。

栈是仅在表的一端进行插入和删除运算的线性表，又称后进先出表(LIFO 表)，允许插入、删除的一端称为栈顶，另一端称为栈底。表中无元素称为空栈。当栈满时，做入栈运算必定产生空间溢出，称为"上溢"；当栈空时，做出栈运算必定产生空间溢出，称为"下溢"。上溢是一种错误应设法避免，下溢常用作程序控制转移的条件。

队列是一种运算受限的线性表，允许删除的一端称为队首，允许插入的一端称为队尾。队列又称先进先出表(FIFO 表)。顺序队列中存在"假上溢"现象，即入队和出队操作使头尾指针只增不减，导致被删元素的空间无法利用，队尾指针超过向量空间的上界而不能入队。为克服假上溢问题，将向量空间想象为首尾相连的循环向量，存储在其中的队列称为循环队列。

本 章 习 题

一、填空题

1. 栈是_____的线性表，其运算遵循_____的原则。

2. 当两个栈共享一个存储区时，栈利用一维数组 s[N]表示，两栈顶指针为 top1 与 top2(栈顶指针均指向当前栈顶元素所在单元的位置)，则当栈 1 空时，top1 为_____，栈 2 空时，top2 为_____，栈满时为_____。

3. 用 S 表示入栈操作，X 表示出栈操作，若元素入栈的顺序为 1234，为了得到 1342 出栈顺序，相应的 S 和 X 的操作串为_____。

4. 顺序栈 S 用 data[N]存储数据，栈顶指针是 top(栈顶指针指向当前栈顶元素所在单元的位置)，则值为 x 的元素入栈的操作是_____。

5. 用下标 0 开始的 N 元数组实现循环队列时，为实现下标变量 M 加 1 后在数组有效下标范围内循环，可采用的表达式是_____。

6. 已知链队列 Q 的头指针和尾指针分别是 f 和 r，则将值 x 入队的操作序列是_____。

7. 区分循环队列的满与空有两种方法，分别是_____和_____。

8．引入循环队列的目的是克服_____。

9．一个栈的输入序列是 1, 2, 3，则不可能的栈的输出序列是_____。

10．队列是插入只能在表的一端，而删除在表的另一端进行的线性表，其特点是_____。

二、选择题

1．在做入栈运算时，应先判断栈是否（　①　），在做出栈运算时，应先判断栈是否（　②　）。当栈中元素为 n 个时，做入栈运算时发生上溢，则说明该栈的最大容量为（　③　）。为了增加内存空间的利用率和减少溢出的可能性，由两个栈共享一片连续的内存空间，将两栈的（　④　）分别设在这片内存空间的两端，这样，当（　⑤　）时，才会产生上溢。

①，②：A．空　　　　　B．满　　　　　C．上溢　　　　　D．下溢

③：A．$n-1$　　　　B．n　　　　　C．$n+1$　　　　　D．$n/2$

④：A．长度　　　　B．深度　　　　C．栈顶　　　　　D．栈底

⑤：A．两个栈的栈顶同时到达栈空间的中心点

　　B．其中一个栈的栈顶到达栈空间的中心点

　　C．两个栈的栈顶在栈空间的某一位置相遇

　　D．两个栈均不空，且一个栈的栈顶到达另一个栈的栈底

2．若一个栈的输入序列为 1, 2, 3, …, n，输出序列的第一个元素是 n，则第 $i(1 \leqslant i \leqslant n)$ 个输出元素是（　　）。

A．不确定　　　　B．$n-i+1$　　　　C．i　　　　　D．$n-i$

3．若一个栈的输入序列为 1, 2, 3, …, n，输出序列的第一个元素是 i，则第 $j(1 \leqslant j \leqslant n)$ 个输出元素是（　　）。

A．$i-j-1$　　　　B．$i-j$　　　　C．$i-j+1$　　　　D．不确定的

4．有 7 个元素，分别为 7, 6, 5, 4, 3, 2, 1，从元素 7 开始顺序进栈，则（　　）不是合法的出栈序列。

A．7, 5, 4, 3, 6, 1, 2　　　　　　　B．4, 5, 3, 1, 2, 6, 7

C．7, 3, 4, 6, 5, 2, 1　　　　　　　D．2, 3, 4, 1, 5, 6, 7

5．若一个栈的输入序列为 1, 2, 3, 4, 5，则栈的合法输出序列是（　　）。

A．5, 1, 2, 3, 4　　B．4, 5, 1, 3, 2　　C．4, 3, 1, 2, 5　　D．3, 2, 1, 5, 4

6．若栈采用顺序存储方式存储，现两栈共享空间 V[m]，top[i] 代表第 i 个栈(i=1, 2) 的栈顶，栈 1 的栈底在 V[0]，栈 2 的栈底在 V[m-1]，则栈满的条件是（　　）。

A．top[2]-top[1]=0　　　　　　　B．top[1]+1=top[2]

C．top[1]+top[2]=m　　　　　　D．top[1]=top[2]

7．执行完下列语句段后，i 值为（　　）．

```
int f(int x)
{ return((x>0) ? x*f(x-1):2); }
int i;
i=f(f(1));
```

A．2　　　　　　B．4　　　　　　C．8　　　　　　D．无限递归

8．用链式存储方式存储的队列(不带头节点)，在进行删除运算时(　　)。

　　A．仅修改头指针　　　　　　　　　　　B．仅修改尾指针

　　C．头、尾指针都要修改　　　　　　　　D．头、尾指针可能都要修改

9．假设以数组 A[m]存放循环队列的元素，其头指针和尾指针分别为 front 和 rear，则当前队列中的元素个数为(　　)。

　　A．$(rear-front+m)\%m$　　　　　　　　B．$rear-front+1$

　　C．$(front-rear+m)\%m$　　　　　　　　D．$(rear-front)\%m$

10．若用一个大小为 6 的数组来实现循环队列，且当前 rear 和 front 的值分别为 0 和 3，当从队列中删除一个元素，再加入两个元素后，rear 和 front 的值分别为(　　)。

　　A．1 和 5　　　　　B．2 和 4　　　　　C．4 和 2　　　　　D．5 和 1

11．设栈 S 和队列 Q 的初始状态为空，元素 $e_1, e_2, e_3, e_4, e_5, e_6$ 依次通过栈 S，一个元素出栈后即进入队列 Q，若 6 个元素出队的序列是 $e_2, e_4, e_3, e_6, e_5, e_1$，则栈 S 的容量至少应该是(　　)。

　　A．6　　　　　　　B．4　　　　　　　C．3　　　　　　　D．2

三、简答题

1．什么是栈？什么是队列？它们各自的特点是什么？

2．线性表、栈、队列有什么异同？

四、应用题

1．请设计算法判断一个算术表达式的圆括号是否正确配对。(提示：对表达式进行扫描，凡遇"("就进栈，遇")"就退掉栈顶的"("，表达式扫描完毕，栈应为空，否则圆括号不配对。)

2．假设以带头节点的循环链表表示队列，并且只设一个尾指针指向队尾元素节点(不设头指针)，请设计相应的置空队、入队列和出队列的算法。

3．如果用一个循环数组 q[m]表示队列时，该队列只有一个头指针 front，不设尾指针 rear，而用计数器 count 来记录队列中节点的个数。

(1) 设计实现队列判空、入队、出队的 3 个基本运算算法。

(2) 队列中能容纳元素的最多个数是多少？

4．假设以数组 Sq[MAX]存放循环队列的元素，同时设置变量 rear 和 len 分别表示循环队列中队尾元素的位置和内含元素的个数。请给出判断此循环队列的满队条件，并设计相应的入队列和出队列的算法。

第 3 章习题
参考答案

第4章　串

 **问题描述**

手机通信录之字符串搜索

手机通信录是每部手机的必备功能，如何在手机通信录里快速地找到联系人？方法之一是当输入任意一个字符时，系统都会通过字符串匹配自动搜索整个通信录，以找到和输入信息相关的条目，从而快捷地找到需要查找的联系人。那么，如何实现这样的搜索功能呢？

4.1　串的类型与基本运算

4.1.1　串的类型定义

串是由零个或多个字符组成的有限序列。一般记为

$$s="c_0c_1c_2\cdots c_{n-1}" \qquad (n\geqslant 0)$$

其中，s 为串名，用双引号括起来的字符序列是串的值；$c_i (0\leqslant i\leqslant n-1)$可以是字母、数字或其他字符；双引号为串值的定界符，不是串的一部分；串字符的数目 n 称为串的长度。

零个字符的串称为空串，通常以两个相邻的双引号来表示空串，如 s="",它的长度为零。

注意：要区分空串和空格串(也称空白串)，空格串仅由空格组成，如 s=" ",长度不为零。

由串中任意个连续字符组成的序列称为该串的子串，包含子串的串称为主串。通常将子串在主串中首次出现时，该子串的首字符对应的主串中的序号，定义为子串在主串中的序号(或位置)。

例如，有两个串 A 和 B。

A="This is a string."

B="is"

显然，B 是 A 的子串，B 在 A 中的序号是 3 而不是 6。

特别地，空串是任意串的子串，任意串是其自身的子串。

当且仅当两个串的值相等时称这两个串是相等的。也就是说，只有当两个串的长度相等，并且各个对应位置的字符都相等时这两个串才相等。

4.1.2　串的基本运算

串的基本运算主要包括以下几种。

假设用大写字母 S、T 等表示串，用小写字母表示组成串的字符，并且假设

$$S_1="a_1a_2\cdots a_n"$$
$$S_2="b_1b_2\cdots b_m"$$

1. 赋值(StrAssign)

StrAssign(S, *chars)是生成一个其值等于字符串 chars 的串 S，即给串 S 赋值，其中*chars 可为串变量、串常量或经过适当运算所得到的串值。例如：

```
StrAssign(S, "abc");
StrAssign(S, S₁);
StrAssign(S, "");
```

2. 联接(Strcat)

Strcat(S_1, S_2)是将串 S_2 紧接着放在串 S_1 的末尾，组成一个新的串 S_1。
例如：

```
Strcat(S₁,S₂);
```

则

$$S_1="a_1a_2\cdots a_nb_1b_2\cdots b_m"$$

思考题：Strcat(S_2, S_1)的结果，与 Strcat(S_2, S_1)的结果相同吗？

3. 求串长(Strlen)

Strlen(S)是求串 S 的长度，它是一个整型函数。
例如：

```
Strlen(S₁)=n
Strlen("abc")=3
Strlen("")=0
```

4. 求子串(Substr)

Substr(S, pos, len, Sub)是在串 S 中截取从第 pos 个字符开始的连续 len 个字符，构成一个新串 Sub。其中参数应满足 $1 \leqslant pos \leqslant Strlen(S)$，$1 \leqslant len \leqslant Strlen(S)-pos+1$。
例如：

```
SubStr("abcd",2,2,Sub);
SubStr("a₁a₂···aₙ",i,j, Sub);
```

有时对参数 len 的限制可以放宽到 len≥0，当 len=0 时，规定对任何串 S，有 Substr(S, pos, 0, Sub)，得到 Sub=" "；当 len＞Strlen(S)−pos+1 时，规定取 S 的第 pos 个字符直到 S 的最后一个字符作为子串，该子串共有 Strlen(S)−pos+1 个字符。

5. 比较串的大小(Strcmp)

Strcmp(S, T)是一个函数，它的功能是比较两个串 S 和 T 的大小，其中函数值小于、等于和大于 0 时，分别表示 S＜T、S=T 和 S＞T。

串中可能出现的字符，依赖于 ASCII 码及国标码的字符集，字符的大小是由该字符在字符集中出现的顺序确定的。若用函数 ord() 表示字符在字符集中的序号，当 ord(ch1)＜ord(ch2) 时，则 ch1＜ch2。常用的字符集都规定：数字字符 0～9 在字符集中是顺序排列的，字母字符 A～Z(或 a～z) 在字符集中也是顺序排列的。因此有

$$ord('a')＜ord('b')＜\cdots＜ord('z')$$
$$ord('0')＜ord('1')＜\cdots＜ord('9')$$

定义了字符的大小之后，就可以定义两个串的大小。串的大小通常是按字典序定义的，即从两个串的第一个字符起，逐个比较相应的字符，直到找到两个不等的字符，通过这两个不等的字符即可确定串的大小。例如，"this"＞"there"，这是因为"i"＞"e"。若找不到两个不等的字符，就必须由串长来决定大小。例如，"there"＞"the"，这是因为两个串的前三个字符均相等，但前者长度大于后者。由此可知，当且仅当两个串的长度相等，以及各个对应位置上的字符也相等时，两个串相等。

6. 插入(StrInsert)

StrInsert(S, pos, T) 是将串 T 插入到串 S 的第 pos 个字符后。例如，执行 StrInsert(S_1, 3, "abc")后，结果为

$$S_1="a_1a_2abca_3\cdots a_n"$$

7. 删除(StrDelete)

StrDelete(S, pos, len) 是从串 S 中删除从第 pos 个字符开始的连续 len 个字符。例如，执行 StrDelete(S_1, 3, n-3)后，结果为

$$S_1="a_1a_2a_n"$$

8. 子串定位(Index)

Index(S, T) 是一个求子串在主串中位置的定位函数，它是在主串 S 中查找是否有等于 T 的子串，若有，则函数值为 T 在 S 中首次出现的位置；若无，则函数值为零。

例如：

```
Index("abcdbc","bc")=2
Index("abcdbc","ac")=0
```

子串定位函数也可用 Index(S, T, pos) 形式，表示返回子串 T 在主串 S 中第 pos 个字符之后的位置；若不存在，则返回零。

例如：

```
Index("This is a book!","is",4)=6
```

9. 置换(Replace)

Replace(S, T, V) 是用子串 V 替换所有在主串 S 中出现的子串 T。例如，设 S="abcdbca"，T="bc"，V="E"，则执行结果为

S="a E d E a"

上述串运算都是基本运算,类似于数值计算中的四则运算,频繁地用于串处理。因此,在引进串变量的高级语言中,一般都将串运算以基本运算符或基本内部函数的形式来提供,当然不同语言的串运算,其种类和符号有所不同。

4.2 串 的 存 储

由于串实际上是一种特殊的线性表,它的元素仅由一个字符组成,因此串的存储方法就是线性表的存储方法,常见的有顺序存储和链式存储两种方法。

4.2.1 串的顺序存储

和线性表的顺序存储一样,串的顺序存储结构与其逻辑结构相对应,即串的各个字符按顺序存入连续的存储单元,逻辑上相邻的字符在内存中也是相邻的,有时称为顺序串。

串的最简单的存储格式是非紧缩格式,即每一个存储单元存放一个字符,所占存储单元数目即为串的长度。采用这种存储格式,随机读/写串中指定的第 i 个字符最方便,存取的速度最快。但每一个存储单元原本可以放多个字符,只放一个字符显然不能充分利用存储空间。

为了充分利用存储空间,可以采用紧缩格式,即根据存储单元的容量在每个存储单元中存入多个字符,最末一个存储单元如果没有占满,则填充空格。这种存储格式根据所占存储单元的数目不能准确求出串长度(末尾单元可能有空格),故需要对串的长度进行设置。

在串的顺序存储结构中,设置串的长度通常有两种方法:一种方法是设置一个串的长度参数,这种方法的优点是便于在算法中用长度参数控制循环过程;另一种方法是在串值的末尾添加结束标记\0',这种方法的优点是便于系统自动判断到字符串的末尾。

例如,定义一个串变量“String s”,采用这种存储方法可以直接得到串的实际长度,即s.length,如图 4.1 所示。

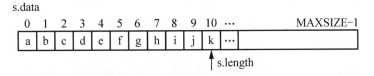

图 4.1 串的顺序存储方法 1

在串尾存储一个不会在串中出现的特殊字符作为串的终止符,以此表示串的结尾,如用\0'来表示串的结束,如图 4.2 所示。这种存储方法不能直接得到串的长度,它通过判断当前字符是不是\0'来确定串是否结束,从而求得串的长度。

char s[MAXSIZE]

0	1	2	3	4	5	6	7	8	9	10	...		MAXSIZE-1
a	d	c	d	e	f	g	h	i	j	k	\0	...	

图 4.2 串的顺序存储方法 2

串的顺序存储结构是用数组存放串的所有字符,数组有静态数组和动态数组两种。

1. 静态数组结构

静态数组结构也称定长顺序结构，其数据结构类型定义如下。

```
typedef struct
{
    char str[MAXSIZE];
    int length;
}String;
```

2. 动态数组结构

动态数组结构也称堆分配存储结构，其数据结构类型定义如下。

```
typedef struct
{
    char *str;
    int maxLength;
    int length;
}DString;
```

动态数组结构体比静态数组结构体增加了一个指定动态数组长度的域，为动态存储空间提供了增加量。同时，动态数组结构下串的基本操作增加了初始化操作和撤销操作。

4.2.2　串的链式存储

串的链式存储结构与线性表的链式存储结构类似，是将存储空间分成许多节点，每个节点包含一个存放字符的数据域和一个存放指向下一个节点的指针的指针域。采用链式存储结构的串称为链串。每个节点可以存放一个字符，也可以存放多个字符。图 4.3 和图 4.4 分别表示存储 4 个和 1 个字符节点串的链式存储结构。

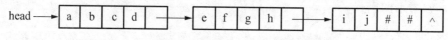

图 4.3　存储 4 个字符节点串的链式存储结构

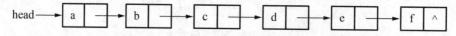

图 4.4　存储 1 个字符节点串的链式存储结构

当节点中存放多于 1 个字符(如存放 4 个字符)时，则链串的最后一个节点的数据域不一定能被字符占满。此时，应在未被占用的空间里补上特殊符号(如 "#")，以示区别，如图 4.3 中的最后一个节点所示。

为了实现链串的基本操作，串的链式存储结构类型定义如下。

```
typedef struct node
{
    char data;
    struct node *next;
```

```
}LinkStrNode;
typedef LinkStrNode *LinkString;        //链串的指针
```

为了便于进行串的操作，当以链表存储串时，除头指针外还可附设一个尾指针指示链表的最后一个节点，并给出当前串的长度，称如此定义的串存储结构为块链结构。串的块链结构类型定义如下。

```
#define SIZE 60                         //可由用户定义的块大小
typedef struct ChunkNode
{
    char data[SIZE];
    struct ChunkNode *next;
}ChunkNode;

typedef struct
{
    int curlen;                         //块链串的当前长度
    ChunkNode *head,*tail;              //块链串的头指针和尾指针
}ChunkLinkStr;

typedef ChunkLinkStr *ChunkLinkString;  //块链串的指针
```

在链式存储中，存储密度(节点大小)的选择和顺序存储的格式选择一样重要，它直接影响串处理的效率。在各种软件系统中，所处理的串往往很长或很多，如一本书有几百万个字符，数据库中有成千上万条记录等，这就要求我们考虑串的存储密度。存储密度可定义为

$$存储密度 = \frac{串所占的存储位}{实际分配的存储位} \tag{4.1}$$

显然，存储密度小(如节点大小为1)时，串的运算处理更方便，但占用存储空间大。如果在串的处理过程中需要进行内外存交换，则会因为内外存交换操作次数过多而影响处理的总效率。同时，串所用的字符集也是一个重要因素。一般地，字符集越小，则字符的机内编码越短，占用的存储空间越小。

4.3 串的模式匹配

串的模式匹配即子串定位，是一种重要的串运算。设 S 和 T 是给定的两个串，在主串 S 中找到子串 T 的过程称为模式匹配(其中 T 称为模式串)，如果在 S 中找到 T，则匹配成功，函数返回 T 在 S 中首次出现的存储位置(或序号)，否则匹配失败，返回-1。

为了运算方便，设串的长度存放在 0 号存储单元，串值从 1 号存储单元开始存放，这样字符序号与存储位置一致。本节主要介绍模式匹配的简单算法和一种改进的算法(KMP 算法)。

4.3.1 模式匹配的简单算法

模式匹配简单算法的基本思想是利用计数指针 i 和 j 分别指示主串 S 和模式串 T 当前比较的位置。首先将 S[1]和 T[1]进行比较，若不同，则将 S[2]和 T[1]进行比较，以此类推，直到 S 中的某一个字符 S[i]和 T[1]相同，再对它们之后的字符进行比较，若也相同，则继

续向后比较，当 S 中的某一个字符 S[*i*]与 T 中的字符 T[*j*]不同时，则 S 的指针退回到本趟开始字符的下一个字符，即 S[*i*−*j*+2]，T 的指针退回到 T[1]，继续开始下一趟的比较，重复上述过程。若 T 中的字符全部比较完，则匹配成功，否则匹配失败。

设主串 S="ababcabcacbab"，模式串 T="abcac"，匹配过程如图 4.5 所示。

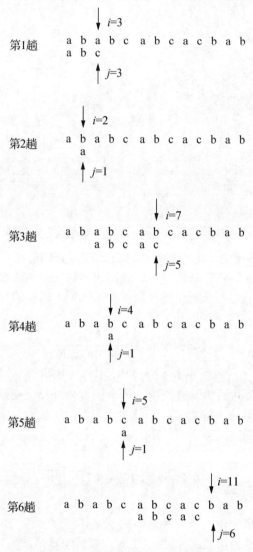

图 4.5　模式匹配的匹配过程示例

模式匹配简单算法的实现步骤如下。

(1) 判断匹配位置是否到串的末尾。

(2) 如果主串与模式串对应字符相等，则继续匹配下一个字符。

(3) 否则主串、模式串指针回溯，重新开始下一趟匹配。

(4) 判断是否匹配成功。

在算法 4.1 中，这里假设主串 S 和要匹配的模式串 T 的长度都存放在 S[0]和 T[0]中，i 为主串 S 中当前位置下标值，若 pos 不为 1，则从 pos 位置开始匹配，j 为模式串 T 中当前位置下标值，当 i 小于 S 的长度并且 j 小于 T 的长度时，循环继续。

算法 4.1 模式匹配的简单算法。

模式匹配的
简单算法

```
int Index(char S[], char T[], int pos)
{
    int i=pos;
    int j=1;
    while(i<=S[0]&&j<=T[0])        //0 号存储单元存放串的长度
    {
        if(S[i]==T[j])
        {
            ++i;
            ++j;
        }
        else
        {
            i=i-j+2;               //i 退回到上次匹配首位的下一位
            j=1;                   //j 退回到模式串 T 的首位
        }
    }
    if(j>T[0])
        return i-T[0];
    else
        return 0;
}
```

下面分析该算法的时间复杂度，设主串 S 的长度为 n，模式串 T 的长度为 m，匹配成功的情况下考虑两种极端情况。

(1) 在最好的情况下，每趟不成功的匹配都发生在 T 的第一个字符。

例如，S="aaaaabc"，T="bc"，设匹配成功发生在 S[i]处，则字符比较次数在前面 $i-1$ 趟匹配中共比较了 $i-1$ 次，第 i 趟成功的匹配共比较了 m 次，所以总共比较了 $i-1+m$ 次，所有匹配成功的可能共有 $n-m+1$ 种，设从 S[i]开始与 T 匹配成功的概率为 p_i，在等概率情况下 $p_i=1/(n-m+1)$，因此在最好的情况下平均比较次数为

$$\sum_{i=1}^{n-m+1} p_i \times (i-1+m) = \sum_{i=1}^{n-m+1} \frac{1}{n-m+1} \times (i-1+m) = \frac{n+m}{2} \qquad (4.2)$$

即在最好的情况下算法的时间复杂度为 $O(n+m)$。

(2) 在最坏的情况下，每趟不成功的匹配都发生在 T 的最后一个字符。

例如，S="aaaaaaaaaabc"，T="aaab"，设匹配成功发生在 S[i]处，则字符比较次数在前面 $i-1$ 趟匹配中共比较了 $(i-1)\times m$ 次，第 i 趟成功的匹配共比较了 m 次，所以总共比较了 $i\times m$ 次，因此在最坏的情况下平均比较次数为

$$\sum_{i=1}^{n-m+1} p_i \times (i\times m) = \sum_{i=1}^{n-m+1} \frac{1}{n-m+1} \times (i\times m) = \frac{m\times(n-m+2)}{2} \qquad (4.3)$$

即在最坏的情况下算法的时间复杂度为 $O(n\times m)$。在 4.3.2 节，我们将介绍另一种改进的模式匹配算法——KMP 算法。

当模式串为"00000001"，主串为"000000000000000000000000000000000000000000000000000000000000000"时，由于模式串中前 7 个字符均为"0"，主串中前 52 个字符也均为"0"，每趟不成功的匹配都发生在模式串的最后一个字符，从而将主串指针退回到 i-6 的位置上，并从模式串的第一个字符开始重新比较，整个匹配过程中主串指针需要回溯 45 次，则 while 循环次数为 46×8(index×m)。由此可见，算法 4.1 在最坏的情况下的时间复杂度为 $O(n \times m)$。这种情况在只有 0、1 两个字符的文本串处理中经常出现，在二进制计算机上实际处理的都是 01 串，一个字符的 ASCII 码也可以看作 8 个二进制的 01 串，而汉字在计算机中的处理也是作为 01 串和其他的字符串一样看待的。因此，有必要介绍一种改进的模式匹配算法。

4.3.2 KMP 算法

KMP 算法是由 D. E. Knuth、J. H. Morris 和 V. R. Pratt 同时发现的，因此人们用三位发现者名字的首字母来命名这种算法。KMP 算法可以在 $O(n+m)$ 的时间数量级上完成串的模式匹配操作。其改进在于：每当一趟匹配过程中出现字符比较不等时，不需回溯主串指针，而是利用已经得到的部分匹配的结果将模式串向右移动尽可能远的一段距离后，继续进行比较。下面举例介绍。

回顾图 4.5 中的匹配过程，在第 3 趟的匹配中，当 i=7、j=5 字符比较不等时，又从 i=4、j=1 重新开始比较。然而经仔细观察可以发现，i=4 和 j=1，i=5 和 j=1，i=6 和 j=1 这 3 次比较都不必进行。因为从第 3 趟部分匹配的结果就可以得出，主串中第 4~6 个字符必然是 b、c 和 a (即模式串中的第 2~4 个字符)。因为模式串中的第一个字符是 a，因此它无须再和这 3 个字符进行比较，而仅需将模式串向右移动 3 个字符的位置进行 i=7、j=2 时的字符比较即可。同理，在第 1 趟匹配中出现字符比较不等时，仅需将模式串向右移动两个字符的位置继续进行 i=3、j=1 时的字符比较。因此，在整个匹配过程中，i 指针没有回溯，如图 4.6 所示。

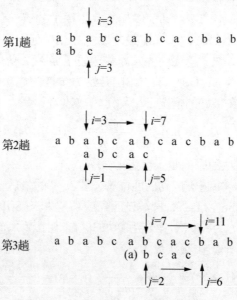

图 4.6　KMP 算法的匹配过程示例

当主串中第 i 个字符与模式串中第 j 个字符"失配"(即字符比较不等)时，主串中第 i

个字符(i 指针不回溯)应与模式串中哪个字符比较呢？

假设应与模式串中第 $k(k<j)$ 个字符继续比较，则模式串中前 $k-1$ 个字符的子串必须满足下列关系

$$p_1p_2\cdots p_{k-1}=s_{i-k+1}s_{i-k+2}\cdots s_{i-1} \tag{4.4}$$

而已经得到的匹配结果是

$$p_{j-k+1}p_{j-k+2}\cdots p_{j-1}=s_{i-k+1}s_{i-k+2}\cdots s_{i-1} \tag{4.5}$$

由式(4.4)和式(4.5)推得下列等式

$$p_1p_2\cdots p_{k-1}=p_{j-k+1}p_{j-k+2}\cdots p_{j-1} \tag{4.6}$$

反之，若模式串中存在满足式(4.6)的两个子串，则匹配过程中，主串中第 i 个字符与模式串中第 j 个字符比较不等时，仅需将模式串向右移动至模式串中第 k 个字符与主串中第 i 个字符对齐，此时，模式串中前 $k-1$ 个字符的子串 $p_1p_2\cdots p_{k-1}$ 必定与主串中第 i 个字符之前长度为 $k-1$ 的子串 $s_{i-k+1}s_{i-k+2}\cdots s_{i-1}$ 相等，由此，匹配仅需从模式串中第 k 个字符与主串中第 i 个字符处继续进行比较。

若令 next[j]=k，则 next[j] 表明当前模式串中第 j 个字符与主串中相应字符"失配"时，在模式串中需重新和主串中该字符进行比较的字符位置。由此可引出模式串的 next 函数的定义。

$$next[j]=\begin{cases}0 & j=1 \\ \text{Max}\{k|1<k<j\ \text{且}p_1p_2\cdots p_{k-1}=p_{j-k+1}p_{j-k+2}\cdots p_{j-1}\} \\ 1 & \text{其他情况}\end{cases} \tag{4.7}$$

由定义可推出模式串"abaabcac"的 next 值如下。

j	1 2 3 4 5 6 7 8
模式串	a b a a b c a c
next[j]	0 1 1 2 2 3 1 2

在求得模式串的 next 值之后，匹配可按如下过程进行。

假设以指针 i 和 j 分别指示主串和模式串中待比较的字符，令 i 的初值为 pos，j 的初值为 1。若在匹配过程中 $s_i=p_j$，则 i 和 j 分别增 1，否则 i 不变，而 j 退回到 next[j]的位置再比较，若相等，则指针各自增 1，否则 j 再退回到下一个 next 值的位置，以此类推，直到下列两种可能：一种是 j 退回到某个 next 值(next[next[$\cdots$next[j]$\cdots$]])时字符比较相等，则指针各自增 1，继续进行匹配；另一种是 j 退回到 next 值为零(即模式串的第 1 个字符"失配")时，则此时需将模式串继续向右滑动一个位置，即主串的下一个字符 s_{i+1} 起和模式串重新开始匹配。图 4.7 所示为上述匹配过程的一个示例。

当匹配过程中产生"失配"时，指针 i 不变，指针 j 退回到 next[j]所指示的位置上重新进行比较，当指针 j 退回至零时，指针 i 和指针 j 需同时增 1，即若主串的第 i 个字符和模式串中的第 1 个字符不等，则应从主串的第 $i+1$ 个字符起重新进行匹配。对应 KMP 算法的实现见算法 4.2，其中 i 为主串 S 中当前位置下标值，若 pos 不为 1，则从 pos 位置开始匹配，j 为模式串 T 中当前位置下标值。

第1趟　主串 a c a b a b a a b c a c a a b c
　　　模式串 a b

（i=2 above 主串, j=2 next[2]=1 below）

第2趟　主串 a c a b a a b a a b c a c a a b c
　　　模式串 a

（i=2 above, j=1 next[1]=0 below）

第3趟　主串 a c a b a a b a a b c a c a a b c
　　　模式串　　a b a a b c

（i=3 → i=8 above, j=1 → j=6 next[6]=3 below）

第4趟　主串 a c a b a a b a a b c a c a a b c
　　　模式串　　　　　(a b)a a b c a c

（i=8 → i=14 above, j=3 → j=9 below）

图 4.7　利用模式串的 next 函数进行匹配的过程示例

算法 4.2　模式匹配的 KMP 算法。

模式匹配的
KMP 算法

```c
int Index_KMP(char S[], char T[], int pos)
{
    int i=pos;
    int j=1;
    int next[100];
    GetNextValue(T, next);
    while(i<=S[0]&&j<=T[0])
    {
        if(j==0||S[i]==T[j])
        {
            ++i;
            ++j;
        }
        else                    //指针后退重新开始匹配
            j=next[j];          //j 退回到合适的位置,i 值不变
    }
    if(j>T[0])
        return i-T[0];
    else
        return 0;
}
```

该算法返回模式串 T 在主串 S 中第 pos 个字符之后的位置，若不存在，则 next 函数返回值为 0。其中 T 非空，pos 区间为[1, StrLength(S)]。

KMP 算法是在已知模式串的 next 值的基础上执行的，那么，如何求得模式串的 next 值呢？next 值的求解方法是第 1 位的 next 值为 0，第 2 位的 next 值为 1，后面求解每一位的 next 值时，根据与前一位进行比较得出。首先将前一位与其 next 值对应位的内容进行比较，如果相等，则该位的 next 值就是前一位的 next 值加 1；如果不等，则向前继续将 next 值对应位的内容与前一位进行比较，直到找到某个 next 值对应位的内容与前一位的内容相等，则这个位对应的 next 值加 1 即为需求位的 next 值；如果找到第 1 位仍然没有找到与前一位相等的内容，那么需求位的 next 值即为 1。例如，求解模式串"abaabcac"的 next 值的具体过程表述如下。

j	1 2 3 4 5 6 7 8
模式串	a b a a b c a c
next[j]	0 1 1 2 2 3 1 2

(1) 前两位必定为 0 和 1。

(2) 计算第 3 位的 next 值时，要根据第 2 位 b 的 next 值决定，其值为 1，则将 b 与第 1 位对应的 a 进行比较；结果不同，则第 3 位 a 的 next 值为 1，因为一直比较到最前一位，都没有发生比较相同的现象。

(3) 计算第 4 位的 next 值时，要根据第 3 位 a 的 next 值决定，其值为 1，则将 a 与第 1 位对应的 a 进行比较；结果相同，则第 4 位 a 的 next 值为第 3 位 a 的 next 值加 1，即为 2。因此，在第 3 位实现了其 next 值对应位的内容与第 3 位的内容相同。

(4) 计算第 5 位的 next 值时，要根据第 4 位 a 的 next 值决定，其值为 2，则将 a 与第 2 位对应的 b 进行比较；若结果不同，第 2 位 b 的 next 值为 1，则将第 1 位对应的 a 与第 4 位对应的 a 进行比较；若结果相同，则第 5 位 a 的 next 值为第 2 位 b 的 next 值加 1，即为 2。因此，在第 2 位实现了其 next 值对应位的内容与第 4 位的内容相同。

(5) 计算第 6 位的 next 值时，要根据第 5 位 b 的 next 值决定，其值为 2，则将 b 与第 2 位对应的 b 进行比较；若结果相同，则第 6 位 c 的 next 值为第 5 位 b 的 next 值加 1，即为 3。因此，在第 5 位实现了其 next 值对应位的内容与第 5 位的内容相同。

(6) 计算第 7 位的 next 值时，要根据第 6 位 c 的 next 值决定，其值为 3，则将 c 与第 3 位对应的 a 进行比较；若结果不同，第 3 位 a 的 next 值为 1，则将第 1 位对应的 a 与第 6 位对应的 c 进行比较；若结果仍不同，则第 7 位的 next 值为 1。

(7) 计算第 8 位的 next 值时，要根据第 7 位 a 的 next 值决定，其值为 1，则将 a 与第 1 位对应的 a 进行比较；若结果相同，则第 8 位 c 的 next 值为第 7 位 a 的 next 值加 1，即为 2。因此，在第 7 位实现了其 next 值对应位的内容与第 7 位的内容相同。

求 next 值的代码见算法 4.3。

算法 4.3 模式串的 next 函数。

```
void GetNextValue(String T, int *next)
{
```

```
            int i,j;
            i=1;
            j=0;
            next[1]=0;
            while(i<T[0])
            {
                if(j==0||T[i]==T[j])
                {
                    ++i;
                    ++j;
                    next[i]=j;
                }
                else
                    j=next[j];              //若字符不相同,则 j 值回溯
            }
        }
```

注意：虽然简单模式匹配算法的时间复杂度为 $O(n \times m)$，但在一般情况下，其实际的执行时间近似于 $O(n+m)$。KMP 算法仅当模式串与主串之间存在许多“部分匹配”的情况下才显得比简单模式匹配算法快得多。

4.3.3　KMP 改进算法

前面定义的 next 函数在某些情况下尚有缺陷。例如，当模式串"aaaab"在和主串"aaabaaaab"匹配时，若 $i=4$、$j=4$，则 S[4]≠T[4]，由 next[j]的指示还需进行 $i=4$ 和 $j=3$、$i=4$ 和 $j=2$、$i=4$ 和 $j=1$ 这 3 次比较。实际上，因为模式串中的第 1～4 个字符都相等，因此不需要再和主串中的第 4 个字符比较，而可以将模式串向右移动 4 个字符的位置，直接进行 $i=5$、$j=1$ 时的字符比较。这就是说，若按上述定义得到 nextval[k]=k，而模式串中 p_i=p_k，即此时的 next[j]应和 next[k]相同，由此可计算 next 函数的修正值 nextval。上述模式串的 next 值和 nextval 值如下。

j	1	2	3	4	5
模式串	a	a	a	a	b
next[j]	0	1	2	3	4
nextval[j]	0	0	0	0	4

KMP 算法改进后求 next 值的代码见算法 4.4，其中 T[0]表示串 T 的长度。

算法 4.4　模式匹配的 KMP 改进算法。

模式匹配的
KMP 改进
算法

```
        void GetNextValueImp(String T, int *nextval)
        {
            int i,j;
            i=1;
            j=0;
            nextval[1]=0;
            while(i<T[0])
```

```
        {
            if(j==0||T[i]==T[j])  /*T[i]表示后缀的单个字符,T[j]表示前缀的单个字符*/
            {
                ++i;
                ++j;
                if(T[i]!=T[j])                //若当前字符与前缀字符不同
                    nextval[i]=j;             //则当前的j为nextval在i位置的值
                else
                    nextval[i]=nextval[j];    /*若当前字符与前缀字符相同,则将前缀
字符的nextval值赋给nextval在i位置的值*/
            }
            else
                j=nextval[j];                 //若字符不相同,则j值回溯
        }
    }
```

4.4 用串实现手机通信录管理系统

手机通信录管理系统包含字符串赋值、修改、拼接、删除、精确匹配和子串查找等多个功能。

先定义一个联系人的数据类型。

```
/* 联系人的数据类型 */
typedef struct
{
    char szUserName[MAX_USER_NAME_SIZE];    //联系人姓名
    char szPhoneNumber[MAX_PHONE_SIZE];     //联系人电话
    char szAddress[MAX_ADDRESS_SIZE];       //联系人通信地址
} UserInfo;

/* 通信录列表 */
typedef struct
{
    UserInfo elem[MAX_USER];      //存放联系人信息
    int length;                   //联系人数量
} SqList;                         //顺序表类型
```

为了方便调试,程序通过读取运行目录下的address.txt文件来初始化联系人信息列表,这个文件中的每一行是一个联系人信息,依次是联系人姓名、手机号码、地址,用空格隔开。最初的通信录为空,如果没有该文件,则需要通过添加联系人菜单来增加联系人。

具体代码实现如下。

```
#include <stdio.h>
#include <stdlib.h>
```

```c
#define MAX_PHONE_SIZE 15
#define MAX_USER_NAME_SIZE 10
#define MAX_ADDRESS_SIZE 50
#define MAX_USER 100

/* 联系人的数据类型 */
typedef struct
{
    char szUserName[MAX_USER_NAME_SIZE];        //联系人姓名
    char szPhoneNumber[MAX_PHONE_SIZE];         //联系人电话
    char szAddress[MAX_ADDRESS_SIZE];           //联系人通信地址
} UserInfo;

/* 通信录列表 */
typedef struct
{
    UserInfo elem[MAX_USER];        //存放联系人信息
    int length;                     //联系人数量
} SqList;                           //顺序表类型

/* 字符串长度计算 */
int Strlen(const char *s)
{
    int len;
    len=0;
    while(*s++!=0)
        ++len;
    return len;
}

/* 字符串的赋值操作 */
void StrAssign(char *dst, const char *src)
{
    int len;
    int i;
    len=Strlen(src)+1;
    for(i=0; i<len; ++i)
    {
        dst[i]=src[i];
    }
    dst[len]='\0';
}
```

```
/* 字符串的拼接 */
void Strcat(char *dst, const char *src)
{
    int start, len, i;
    start=Strlen(dst);
    len=Strlen(src)+1;
    for(i=0; i<len; ++i, ++start)
    {
        dst[start]=src[i];
    }
    dst[start]='\0';
}


/* 字符串的删除 */
void StrDelete(char *dst, int pos, int len)
{
    int strLen, i;
    strLen=Strlen(dst)+1;
    i=pos;
    if(pos+len>strLen)
    {
        dst[pos]=0;
    }
    for(; i<strLen-len; ++i)
    {
        dst[i]=dst[i+len];
    }
}


/*将新的联系人添加到通信录*/
int Append(SqList *L, UserInfo x)
{
    if(L->length>=MAX_USER)
    {
        printf("通信录联系人存储达到上限！\n");
        return 0;
    }
    L->elem[L->length]=x;
    ++L->length;
    return 1;
}
```

```
/* 删除联系人 */
int Delete(SqList *L, int pos)
{
    int i;
    if(L->length<=0)
    {
        printf("通信录为空,无法删除! \n");
        return 0;
    }
    if(pos<0||pos>=L->length)
    {
        printf("无法删除不存在的联系人! \n");
        return 0;
    }
    for(i=pos; i<L->length-1; ++i)
    {
        L->elem[i]=L->elem[i+1]; /* 节点前移 */
    }
    --L->length; /* 联系人减少 1 */
    return 1;
}


/* 初始化通信录 */
void InitList(SqList *L, const char *path)
{
    FILE *fp;
    UserInfo stUser;
    fp=fopen(path, "r");
    L->length=0;
    if(fp)
    { /* 读取文件内容进行通信录初始化 */
        while(!feof(fp))
        {
            if(EOF==fscanf(fp,"%s    %s    %s",stUser.szUserName,stUser.
szPhoneNumber, stUser.szAddress))
            {
                printf("加载通信录完毕! \n");
                fclose(fp);
                return;
            }
            if(!Append(L, stUser))
                break;
        }
```

```
            fclose(fp);
        }
    }

/* 子串的查找 */
const char *Strstr(const char *str, char *sub)
{
    const char *bp, *sp;
    bp=str;
    sp=sub;
    while(*str)
    {
        bp=str;
        sp=sub;
        do
        {
            if(!*sp) /* 子串全部匹配到了，返回匹配开始的地方 */
                return str;
        } while(*bp++==*sp++);
        str++; /* 去掉第一位，继续搜索子串 */
    }
    return NULL;
}

/* 全文搜索联系人 */
void Search(SqList *L, const char *s)
{
    int len, bMatch;
    char *szSearchString;
    len=Strlen(s);
    szSearchString=(char*)malloc(len+1);
    StrAssign(szSearchString, s);
    while(1)
    {
        bMatch=0;
        for(int i=0; i<L->length; ++i)
        {
            /* 将联系人的全部信息拼接成一个字符串 */
            char szInfo[MAX_USER_NAME_SIZE + MAX_PHONE_SIZE + MAX_ADDRESS_
SIZE]={0};
            Strcat(szInfo, L->elem[i].szUserName);
            Strcat(szInfo, L->elem[i].szPhoneNumber);
            Strcat(szInfo, L->elem[i].szAddress);
```

```
                    /* 将要搜索的内容当成子串，到拼接的字符串中进行搜索 */
                    if (Strstr(szInfo, szSearchString))
                    {
                        printf("匹配到联系人 : %s %s %s\n",
                                L->elem[i].szUserName,
                                L->elem[i].szPhoneNumber,
                                L->elem[i].szAddress);
                        bMatch=1;
                    }
                }
            if(bMatch)
                break;
            /*如果以上没有匹配到数据，那么截取掉一位，重新模糊匹配*/
            StrDelete(szSearchString, len--, 1);
            if(szSearchString[0]=='\0')
                break;
        }
        free(szSearchString);
        printf("\n\n");
}

/* 将通信录内容保存到文件中 */
void Dump(SqList *L, const char *path)
{
    FILE *fp;
    int i;
    fp=fopen(path, "w+");
    if(!fp)
    {
        printf("Can not open file : %s\n", path);
        return;
    }
    for(i=0; i<L->length; ++i)
    {
        fprintf(fp, "%6s %12s %s\n", L->elem[i].szUserName,
                L->elem[i].szPhoneNumber,
                L->elem[i].szAddress);
    }
    fclose(fp);
}

/* 打印通信录中的所有联系人 */
void Show(SqList *L)
```

```
{
    int i;
    printf("********************************************\n");
    printf("| %6s | %6s | %15s | %s \n", "编号", "姓名", "电话号码", "地址");
    for(i=0; i<L->length; ++i)
    {
        printf("%6d %6s %15s %s\n", i + 1, L->elem[i].szUserName,
                L->elem[i].szPhoneNumber,
                L->elem[i].szAddress);
    }
    printf("********************************************\n");
}


/* 清理输入, 如输入 1 2, 但是 scanf 只取了一个数字时,
下一次 scanf 就可能会有问题了, 所以每次取完都清理一下 */
void ClearStdin()
{
    char c;
    while((c=getchar())!='\n'&&c!=EOF)
        ;
}


/* 添加联系人 */
void AddContact(SqList *L)
{
    int flag;
    UserInfo u;
    flag=1;
    while(flag)
    {
        printf("请输入联系人(姓名 电话号码 地址): ");
        scanf("%s %s %s", u.szUserName, u.szPhoneNumber, u.szAddress);
        ClearStdin();
        if(!Append(L, u))
        {
            break;
        }
        printf("添加成功! \n");
        printf("是否继续添加? (1/0): ");
        scanf("%d", &flag);
        ClearStdin();
    }
}
```

```c
/* 查找联系人 */
void FindContact(SqList *L)
{
    char input[64]={0};
    printf("请输入需要查找的内容：");
    scanf("%s", input);
    ClearStdin();
    Search(L, input);
}


/* 删除联系人 */
void DeleteContact(SqList *L)
{
    printf("请输入需要删除的联系人编号：");
    int i;
    if(scanf("%d", &i)!=1)
    {
        printf("输入错误，删除取消！\n");
        ClearStdin();
    }
    else
    {
        if(Delete(L, i - 1))
            printf("删除成功！\n");
    }
}


/* 操作菜单 */
int ShowMenu()
{
    int sn;
    printf("==============================\n");
    printf("    通信录\n");
    printf("==============================\n");
    printf("    1.通信录初始化\n");
    printf("    2.显示所有联系人\n");
    printf("    3.添加联系人\n");
    printf("    4.删除联系人\n");
    printf("    5.查找联系人\n");
    printf("    6.退出系统\n");
    printf("==============================\n");
    printf("请选择对应操作的序号：\n");
```

```
    for (;;)
    {
        scanf(" %d", &sn);
        if(sn<=0||sn>6)
        {
            printf("输入错误,重选1~6:\n");
            ClearStdin();
        }
        break;
    }
    ClearStdin();
    return sn;
}


int main()
{
    SqList L;
    const char *szDataFile="address.txt";
    for(;;)
    {
        switch(ShowMenu())
        {
            case 1:
                printf("*****************************************\n");
                printf("开始初始化通信录 *\n");
                InitList(&L, szDataFile);
                printf("初始化通信录完毕\n\n\n");
                break;
            case 2:
                printf("*****************************************\n");
                Show(&L);
                break;
            case 3:
                printf("*****************************************\n");
                AddContact(&L);
                break;
            case 4:
                printf("*****************************************\n");
                DeleteContact(&L);
                break;
            case 5:
                printf("*****************************************\n");
                FindContact(&L);
```

```
            break;
        case 6:
            Dump(&L, szDataFile);
            printf("\t 再见!\n");
            return 0;
        default:
            printf("不支持的操作!\n");
            ClearStdin();
            break;
        }
    }
    return 0;
}
```

手机通信录
管理系统
运行演示

独立实践

1. 子串查找是字符串搜索中的核心功能，算法众多，请读者尝试修改本节案例程序，用 KMP 模式匹配算法来实现程序中的 Strstr 函数。

2. 2020 年 9 月，OpenAI 授权微软使用 GPT-3 模型，微软成为全球首个享有 GPT-3 能力的公司。2022 年，Open AI 发布 ChatGPT 模型用于生成自然语言文本。2023 年 3 月 15 日，Open AI 发布了多模态预训练大模型 GPT 4.0。2023 年 2 月 7 日，百度正式宣布将推出文心一言，2023 年 3 月 16 日正式上线。文心一言的底层技术基础为文心大模型，吸引企业和机构客户使用 API 和基础设施，共同搭建 AI 模型、开发应用，实现产业 AI 普惠。请思考：大语言模型的基本原理有哪些？

本 章 小 结

本章向读者介绍了串类型的定义及其实现方法，并重点讨论了串操作中最常用的串定位操作(又称模式匹配)的两个算法。

串有两个显著特点：其一，它的数据元素都是字符，因此它的存储结构和线性表有着很大的不同，大多数情况下，实现串类型采用的是"堆分配"的存储结构，而当用链表存储串值时，节点中数据域的类型不是字符，而是串，这种块链结构通常只在应用程序中使用；其二，串的基本操作通常以"串的整体"作为操作对象，而不像线性表以数据元素作为操作对象。

串匹配的简单算法的思想直截了当，简单易懂，适合在一般的文档编辑中应用，但在某些情况下，如只有 0 和 1 两种字符构成的文本串中应用时效率很低。KMP 算法是串匹配简单算法的一种改进方法，其特点是利用匹配过程中已经得到的主串和模式串对应字符之间"相等与不相等"的信息，以及模式串本身具有的特性来决定之后进行的匹配过程，从而减少了简单算法中进行的不必要的字符比较。

本 章 习 题

一、填空题

1. _____称为空串；_____称为空白串。

2. 设 S="C:\\document\\datastructure.doc"，则 Strlen(S)=_____，Index(S,"\")=_____。

3. 当且仅当两个串_____，称两串相等。

4. 子串的定位运算称为串的模式匹配，_____称为主串，_____称为模式串。

5. 设主串 T="abccdcdccbaa"，模式串 P="cdcc"，则第_____次匹配成功。

6. 若 n 为主串长度，m 为模式串长度，则串匹配的简单算法在最坏的情况下需要比较字符的总次数为_____。

二、选择题

1. 下面关于串的叙述中，不正确的是(   )。
   A．串是字符的有限序列
   B．空串即空白串
   C．模式匹配是串的一种重要运算
   D．串既可以采用顺序存储，又可以采用链式存储

2. 若串 S1="ABCDEFG"，S2="9898"，S3="###"，S4="012345"，执行 concat(replace(S1,substr (S1,length(S2),length(S3)),S3),substr(S4,index(S2,"8"),length(S2)))语句的结果为(   )。
   A．ABC###G0123   B．ABCD###2345
   C．ABC###G2345   D．ABC###2345
   E．ABC###G1234   F．ABCD###1234
   G．ABC###01234

3. 设有两个串 p 和 q，其中 q 是 p 的子串，求 q 在 p 中首次出现的位置的算法称为(   )。
   A．求子串   B．连接   C．模式匹配   D．求串长

4. 若串 S="abbdded"，其子串的数目是(   )。
   A．8   B．28   C．29   D．7

5. 串的长度是指(   )。
   A．串中所含不同字母的个数   B．串中所含字符的个数
   C．串中所含不同字符的个数   D．串中所含非空格字符的个数

6. 串"abcabcaaa"的 next 值为(   )。
   A．-100123410   B．-101212110   C．-100012341   D．-100123012

7. 计算上题中串的 nextval 值为(   )。
   A．(-1,0,0,-1,0,0,-1,4,1)   B．(-1,0,1,0,1,0,2,1,1)
   C．(-1,0,1,0,1,0,0,0,0)   D．(-1,1,0,1,0,1,0,1,1)

三、简答题

1. 空串与空格串有何区别？
2. 串是一种特殊的线性表，其特殊体现在什么地方？
3. 串的两种基本存储方法是什么？
4. 两个串相等的充分必要条件是什么？
5. 如果两个串含有相等的字符，能否说它们相等？

四、应用题

1. 已知：s="(xyz)+*"，t="(x+z)*y"。试利用连接、求子串和置换等基本运算，将 s 转化为 t。

2. 两个字符串 S1 和 S2 的长度分别为 m 和 n。求这两个字符串最大共同子串算法的时间复杂度为 $T(m,n)$。估算最优的 $T(m,n)$，并简要说明理由。

3. 函数 void insert(char*s,char*t,int pos)将字符串 t 插入字符串 s 中，插入位置为 pos。请用 C 语言实现该函数。假设分配给字符串 s 的空间足够让字符串 t 插入。(说明：不得使用任何库函数)。

4. S="S₁S₂…Sₙ"是一个长度为 N 的字符串，存放在一个数组中，编写程序将 S 进行如下修改之后输出。

(1) 将 S 的所有第偶数个字符按照其原来的下标从大到小的次序放在 S 的后半部分。
(2) 将 S 的所有第奇数个字符按照其原来的下标从小到大的次序放在 S 的前半部分。
例如，S="ABCDEFGHIJKL"，则修改后的 S="ACEGIKLJHFDB"。

第4章习题
参考答案

第 5 章 多 维 数 组

 **问题描述**

如何利用用户喜好的相似度进行商品推荐

当前，为了提供个性化的服务，一些应用平台(如淘宝等)提供了商品推荐功能。其中一种商品推荐功能是根据不同用户的喜好特性，把最合适的商品推荐给用户，从而让用户获得更好的购物体验。其中一种模式是利用相似度高的人会喜欢同一类型商品的原理，先计算出用户与用户之间的相似度，再把相似度高于某个门限的用户组合取出，把其中一方购买了但另外一方没有购买的商品推荐给另外一方，以促成交易。

简单的用户喜好相似度商品推荐系统大体包含以下功能。

(1) 用户喜好数据初始化。

(2) 用户喜好数据展示。

(3) 用户喜好相似度计算及相似度高用户之间的交叉商品推荐。

用户喜好相似度商品推荐程序界面如图 5.1 所示。

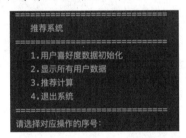

图 5.1 用户喜好相似度商品推荐程序界面

5.1 数 组

线性表、栈、队列和串都是线性的数据结构，它们具有相似的逻辑特征，即每个数据元素至多有一个直接前趋和直接后继。而下面要介绍的多维数组是一种复杂的非线性结构，其逻辑特征是一个数据元素可能有多个直接前趋和多个直接后继。

5.1.1 数组的概念

1. 数组的定义

数组(array)是在程序设计中，为了方便处理,把具有相同类型的若干数据元素 $a_0, a_1, \cdots, a_i, \cdots, a_{n-1}$ 按有序的形式组织起来的一种形式，其中 n 是数组的长度。这些有序排列的同类数据元素的集合称为数组。

2. 数组的分类

根据数组中数据元素 a_i 的组织形式不同，可以将数组分为一维数组、二维数组及多维（n 维）数组。

(1) 一维数组记为 A[n]，由(a_0, a_1, …, a_{n-2}, a_{n-1})n 个具有相同类型的数据元素组成，每个数据元素除了值还有一个约定数据元素位置的下标。

(2) 二维数组记为 A[m][n]，由 $m \times n$ 个数据元素组成，数据元素之间有规则的排列，每个数据元素由值和两个能约定数据元素位置的下标组成，假设 A 是一个有 m 行和 n 列的二维数组，则 A 的表示形式如图 5.2 所示。

$$A[m][n] = \begin{pmatrix} a_{00} & a_{01} & \cdots & a_{0,n-1} \\ a_{10} & a_{11} & \cdots & a_{1,n-1} \\ \vdots & \vdots & \ddots & \vdots \\ a_{m-1,0} & a_{m-1,1} & \cdots & a_{m-1,n-1} \end{pmatrix}$$

图 5.2 m 行 n 列的二维数组

二维数组可以定义为每个数据元素都是相同类型的一维数组，也可以把二维数组看作由 m 个行向量组成的向量，或者看作由 n 个列向量组成的向量。其中，每个数据元素 a_j 可以看作一个列向量形式的线性表

$$a_j = (a_{0j}, a_{1j}, \cdots, a_{m-1,j}) \qquad 0 \leqslant j \leqslant n-1$$

或者看作一个行向量形式的线性表

$$a_i = (a_{i0}, a_{i1}, \cdots, a_{i,n-1}) \qquad 0 \leqslant i \leqslant m-1$$

由此可见，二维数组就是一个具有 m 个或 n 个数据元素的特殊线性表，其中每个数据元素又是一个线性表。因此，每个数据元素 a_{ij}（除边界外）有两个直接前趋和两个直接后继，即行向量的直接前趋 $a_{i,j-1}$ 和直接后继 $a_{i,j+1}$，列向量的直接前趋 $a_{i-1,j}$ 和直接后继 $a_{i+1,j}$。

(3) 多维数组即 n 维数组是"数据元素为 $n-1$ 维数组"的线性表，每个数据元素均属于 n 个向量，每个数据元素最多可以有 n 个直接前趋和 n 个直接后继。

5.1.2 数组的存储结构和实现

根据数组的定义可知，数组一旦被定义，其维数和存储空间将不再发生变化，因此，一般不对数组进行插入或删除操作，而只对其进行查找或修改操作。

对于数组的基本运算，常见的有以下几种。

(1) 初始化 InitArray(&A, n)：若维数 n 和各维长度合法，则构造相应的数组 A。

(2) 销毁 DestroyArray(&A)：销毁数组。

(3) 取节点 GetElem(A, i)：当数组 A 已存在时，若各个下标不超界，则结果返回 A 中第 i 个数据元素的值，否则返回 FALSE。

(4) 赋值 Assign(&A, i, e)：若下标不超界，则将 e 的值赋给所指定的 A 的元素。

并非任何时候都需要同时执行以上运算。首先，不同问题中的数组所需要执行的运算

可能不同；其次，不可能也没有必要给出一组适合各种需要的运算，可以用基本运算的组合来实现。

数组中的元素关系是线性关系，元素之间的位置关系是有规律的，并且数组一般不进行插入或删除操作，所以，采用顺序存储结构存储数组比较合适。

一维数组的存储方式为：假设用一组连续的存储单元存放一个一维数组，并且数组的第一个元素 a_0 的存储地址为 $\text{LOC}(a_0)$，每个元素占用 c 字节，则数组其他元素 a_i 的存储地址 $\text{LOC}(a_i)$ 为

$$\text{LOC}(a_i)=\text{LOC}(a_0)+i\times c$$

对于多维数组的存储，由于计算机的内存空间是一维的，没法直接用一组连续的存储空间来表示多维数组，因此，必须按某种顺序将多维数组元素排成一个线性序列，然后将这个线性序列顺序存放在一维的内存空间中。

多维数组通常有以下两种顺序存储方式。

1. 行优先顺序存储

将数组元素按行向量排列，根据行递增的顺序访问数组元素，同一行根据列递增的顺序访问数组元素，访问完第 i 行的所有元素之后，再访问第 $i+1$ 行的所有元素。以图 5.2 所示的二维数组为例，按行优先顺序存储的线性序列为

$$a_{00},a_{01},a_{02},\cdots,a_{0,n-1},a_{10},a_{11},\cdots,a_{1,n-1},\cdots,a_{2n},\cdots,a_{m-1,0},a_{m-1,1},\cdots,a_{m-1,n-1}$$

在 Java、C 语言中，数组就是按行优先顺序存储的。

2. 列优先顺序存储

将数组元素按列向量排列，根据列递增的顺序访问数组元素，同一列根据行递增的顺序访问数组元素，访问完第 j 列的所有元素之后，再访问第 $j+1$ 列的所有元素。以图 5.2 所示的二维数组为例，按列优先顺序存储的线性序列为

$$a_{00},\cdots,a_{10},a_{20},\cdots,a_{m-1,0},a_{01},a_{11},\cdots,a_{m-1,1},\cdots,a_{0,n-1},a_{1,n-1},\cdots,a_{m-1,n-1}$$

在 FORTRAN 语言中，数组就是按列优先顺序存储的。

根据数组的特性可知，数组的维数及各维的长度被指定后，操作系统会为其分配一片连续的存储空间，并按照上述两种方式中的一种进行存储(具体由程序设计语言决定)。因此，若给出一组下标便可求得相应数组元素的存储位置。

例如，如图 5.2 所示的二维数组按行优先顺序存储，假设每个元素占 L 个存储单元，则数组中的任意元素 a_{ij} 的存储地址计算函数为

$$\text{LOC}(a_{ij})=\text{LOC}(a_{00})+(n\times i+j)\times L$$

其中，$\text{LOC}(a_{00})$ 为数组的首地址，也称基地址或基址。

若数组按列优先顺序存储，则数组中的任意元素 a_{ij} 的存储地址计算函数为

$$\text{LOC}(a_{ij})=\text{LOC}(a_{00})+(m\times j+i)$$

根据上述行优先顺序存储公式，可以推广得到 n 维数组 $A[0\cdots c_1-1,0\cdots c_2-1,\cdots,0\cdots c_i-1,\cdots,0\cdots c_n-1]$ 的存储公式，其中 c_i 是第 i 维的长度，因此，对于任意的 $a_{j1j2\cdots jn}$ 的地址计算函数为

$$LOC(a_{j1j2\cdots jn})= LOC(a_{00\cdots 0})+(c_2\times\cdots\times c_n\times j_1+c_3\times\cdots\times c_n\times j_2+\cdots+c_n\times j_{n-1}+j_n)\times L$$

n 维数组的地址计算公式又称 n 维数组的影像函数。从该函数可以得出，数组元素的存储位置是其下标的线性函数，即给定相应的下标值，计算元素地址的时间复杂度为 $O(1)$，所以数组是一种随机存储结构。

5.1.3 用二维数组解决用户喜好相似度商品推荐的问题

(1) 定义一个二维数组来存放用户喜好度数据。

二维数组的每一行表示一个用户的喜好度数据，其中第一列为用户编号，后 N 列为该用户每个商品种类的喜好度，用户喜好度用数字来表示，0 为最低，10 为最高；商品种类预先定义。本例中，定义用户数量 USER_NUM 为 10，商品种类 PROD_NUM 为 7。

```
/* 计算最大用户数 */
#define USER_NUM 10
/*产品种类信息*/
#define PROD_NUM 7
char *ProdClass[PROD_NUM]=
{"零食", "手机", "电脑", "化妆品", "水果", "玩具", "服装"};
```

定义二维数组 userInfo 变量保存用户数据，具体如下。

```
int userInfo[USER_NUM][PROD_NUM+1];
```

程序运行时，先读入运行目录下的一个名叫 user.data 的文件，然后初始化 userInfo 二维数组，通过编辑该文件来设置用户喜好度，文件的格式和下面的二维数组一一对应，用空格分开。当目录下这个文件不存在时，程序采用随机数的方式初始化二维数组。

(2) 编写程序实现用户喜好相似度商品推荐的各项功能。

```
#include <stdio.h>
#include <math.h>
#include <stdlib.h>


/*
 * 基于用户的协同过滤算法：
 * 通过不同用户对各类商品的喜好程度计算用户之间的相似度
 * 相似度高的用户浏览不同商品时，可以进行相互推荐
 * 1. 首先需要定义一个二维数组来表示不同用户对于不同商品的喜好度，如下表所示
 * 用户ID | 零食 | 手机 | 电脑 | 化妆品 | 水果 | 玩具 | 服装
 * 100       2      4      5       3        0      2      0
 * 101       3      5      5       1        1      0      3
 * 102       8      7      0       5        4      0      0
 * 103       5      2      6       0        4      0      0
 * 104       10     7      5       4        0      6      6
 * 105       7      4      8       5        4      0      0
 *
```

```
    * 注：表格中的数字是用户对该商品"兴趣程度"的一个量化值，0 为没兴趣，10 为非常有兴趣
    * 2．用余弦相似度来评估两个用户之间的相似度，余弦值的值域为[-1,1]
    * 系数越靠近 1，向量夹角越小，两个人的喜好相似度越高。
    */

/* 计算最大用户数 */
#define USER_NUM 10

/* 相似推荐的系数门槛，超过该值表明两个用户的喜好比较相似 */
#define SIMILARITY_THRESHOLD 0.8

/* 推荐的喜好度门槛，喜好度超过该值的商品才会进行推荐 */
#define RECOMMEND_THRESHOLD 5

/*商品种类信息*/
#define PROD_NUM 7
char *ProdClass[PROD_NUM] =
    {"零食", "手机", "电脑", "化妆品", "水果", "玩具", "服装"};

/* 初始化用户喜好度矩阵数据，返回实际初始化用户数，若异常返回-1 */
    int InitUserInfo(const char *path, int pUserInfo[USER_NUM][PROD_NUM + 1],
int row, int col)
    {
        FILE *fp;
        int i, j;
        int iUserId;
        int iUserCount;
        int iScore;
        fp=fopen(path, "r");
        if(!fp)
        { /* 没有文本数据时，随机一个版本数据 */
            for(i=0; i<row; ++i)
            {
                pUserInfo[i][0]=100+i;
                for(j=1; j<col; ++j)
                {
                    pUserInfo[i][j]=rand()%10;
                }
            }
            return row;
        }
        else
        { /* 读取文件内容进行矩阵初始化 */
```

```
                iUserCount=0;
                while(!feof(fp))
                {
                    if(EOF==fscanf(fp, "%d", &iUserId))
                    {
                        printf("读取文件内容完毕! \n");
                        fclose(fp);
                        return iUserCount;
                    }
                    if(iUserCount>=row)
                    {
                        printf("超过最大用户数%d 个\n", row);
                        fclose(fp);
                        return iUserCount;
                    }
                    pUserInfo[iUserCount][0]=iUserId;
                    j=1;
                    for(i=0; i<PROD_NUM; ++i)
                    {
                        if(EOF==fscanf(fp, "%d", &iScore))
                        {
                            printf("读取文件内容失败\n");
                            fclose(fp);
                            return -1;
                        }
                        pUserInfo[iUserCount][j]=iScore;
                        ++j;
                    }
                    ++iUserCount;
                }
                fclose(fp);
                return iUserCount;
            }
        }


    /* 将当前用户喜好度矩阵保存到文件中 */
    void Dump(const char *path, int pUserInfo[USER_NUM][PROD_NUM+1], int row,
int col)
        {
        FILE *fp;
        int i, j;
        fp=fopen(path, "w+");
        if(!fp)
```

```
    {
        printf("Can not open file : %s\n", path);
        return;
    }
    for(i=0; i<row; ++i)
    {
        for(j=0; j<col; ++j)
        {
            fprintf(fp, "%d ", pUserInfo[i][j]);
        }
        fprintf(fp, "\n");
    }
    fclose(fp);
}


/*显示所有用户的喜好度*/
void Show(int pUserInfo[USER_NUM][PROD_NUM+1], int row, int col)
{
    int i, j;
    printf("-------------------用户喜好度------------------------\n");
    printf("| 用户 ID |");
    for(i=0; i<PROD_NUM; ++i)
    {
        printf(" %6s |", ProdClass[i]);
    }
    printf("\n");
    for(i=0; i<row; ++i)
    {
        for(j=0; j<col; ++j)
        {
            printf("%7d", pUserInfo[i][j]);
        }
        printf("\n");
    }
    printf("------------------------------------------------------\n");
}


/*把用户 A 喜好度高的商品推荐给用户 B*/
void Recommend(int pUserInfo[USER_NUM][PROD_NUM+1], int col, int iIdxA,
int iIdxB)
{
    int i;
    /* 得到比较的两个用户对应的行号 */
```

```c
        printf("用户%d喜欢的(", pUserInfo[iIdxA][0]);
        for(i=1; i<col; ++i)
        {
            /* 喜好度需要大于可以推荐的门槛 */
            if(pUserInfo[iIdxA][i]>RECOMMEND_THRESHOLD)
            {
                printf("%s,", ProdClass[i-1]);
            }
        }
        printf(")可以推荐给用户%d", pUserInfo[iIdxB][0]);
    }


/*计算所有用户之间的相似度*/
    void CalculateSimilarityAll(int pUserInfo[USER_NUM][PROD_NUM+1], int
row, int col)
    {
        int i,j;
        double score;
        int a2, b2, ab;
        for(i=0; i<row; ++i)
        {
            for(j=i+1; j<row; ++j)
            {
                /* 遍历两个用户都有评分的品类计算余弦相似度: */
                /* = A·B / (|A| x |B|) */
                ab=0; /* A·B */
                a2=0; /* |A| */
                b2=0; /* |B| */
                for(int k=1; k<col; ++k)
                {
                    ab+=pUserInfo[i][k]*pUserInfo[j][k];
                    a2+=pUserInfo[i][k]*pUserInfo[i][k];
                    b2+=pUserInfo[j][k]*pUserInfo[j][k];
                }
                if(a2+b2==0)
                {
                    continue;
                }
                score=ab/(sqrt(a2)*sqrt(b2));
                printf("用户%d与用户%d之间相似度 : %lf, ", pUserInfo[i][0],
pUserInfo[j][0], score);
                if(score>SIMILARITY_THRESHOLD)
                {
```

```
                        /* 高度相似的两个用户之间，可以相互推荐各自喜欢的品类 */
                        Recommend(pUserInfo, col, i, j);
                        printf(",");
                        Recommend(pUserInfo, col, j, i);
                        printf("\n");
                    }
                    else
                    {
                        printf("相似度比较低，暂时没有推荐商品！\n");
                    }
                }
            }
        }


/* 清理输入，有时候输入 1 2，但是 scanf 只取了一个数字时，
下一次 scanf 就可能会有问题，所以每次取完都清理一下 */
void ClearStdin()
{
    char c;
    while((c=getchar())!='\n'&&c!=EOF)
        ;
}


/* 操作菜单 */
int ShowMenu()
{
    int sn;
    printf("=============================\n");
    printf("   推荐系统\n");
    printf("=============================\n");
    printf("  1.用户喜好度数据初始化\n");
    printf("  2.显示所有用户数据\n");
    printf("  3.推荐计算\n");
    printf("  4.退出系统\n");
    printf("=============================\n");
    printf("请选择对应操作的序号：\n");
    for(;;)
    {
        scanf(" %d", &sn);
        if(sn<=0||sn>4)
        {
            printf("输入错误,重选1~4:\n");
            ClearStdin();
```

```
        }
        break;
    }
    ClearStdin();
    return sn;
}


int main()
{
    int userInfo[USER_NUM][PROD_NUM+1];
    int iRow=USER_NUM;
    int iCol=PROD_NUM + 1;
    const char *szDataFile="user.data";
    for(;;)
    {
        switch(ShowMenu())
        {
            case 1:
                printf("*****************************************\n");
                printf("开始初始化用户后台数组 *\n");
                iRow=InitUserInfo(szDataFile, userInfo, iRow, iCol);
                if(iRow<0)
                    return -1;
                printf("初始化用户后台数组完毕\n\n\n");
                break;
            case 2:
                printf("*****************************************\n");
                Show(userInfo, iRow, iCol);
                break;
            case 3:
                printf("*****************************************\n");
                printf("开始计算 *\n");
                CalculateSimilarityAll(userInfo, iRow, iCol);
                printf("计算完毕\n\n\n");
                break;
            case 4:
                Dump(szDataFile, userInfo, iRow, iCol);
                printf("\t再见!\n");
                return 0;
            default:
                printf("不支持的操作!\n");
                ClearStdin();
```

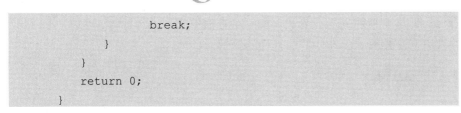

```
                    break;
        }
    }
    return 0;
}
```

 独立实践

本节案例程序通过余弦相似度算法找到喜好相似度高的用户以进行商品推荐，请尝试实现如下算法：当 80% 的购买 A 品类商品的用户都会购买 B 品类商品时，给购买 A 品类商品但没有购买 B 品类商品的用户推荐 B 品类商品。

5.2　矩阵的压缩存储

 **问题描述**

查询城市之间距离的问题

对于浙江省的任意 6 个城市：杭州(hz)，温州(wz)，舟山(zs)，台州(tz)，嘉兴(jx)和金华(jh)，如果将这 6 个城市从 1～6 进行编号，则任意两个城市之间的距离可以用一个 6×6 的矩阵来表示。矩阵的第 i 行和第 i 列代表第 i 个城市，distance(i, j)代表城市 i 和城市 j 之间的距离，如图 5.3 所示。由于对于所有的 i 和 j 而言，有 distance (i, j)= distance (j, i)，因此该矩阵是一个对称矩阵。

$$
\begin{array}{c}
\begin{array}{cccccc} \text{hz} & \text{wz} & \text{zs} & \text{tz} & \text{jx} & \text{jh} \end{array} \\
\begin{array}{c} \text{hz} \\ \text{wz} \\ \text{zs} \\ \text{tz} \\ \text{jx} \\ \text{jh} \end{array}
\begin{bmatrix}
0 & 321 & 229 & 273 & 89 & 183 \\
321 & 0 & 354 & 124 & 380 & 232 \\
229 & 354 & 0 & 265 & 220 & 325 \\
273 & 124 & 265 & 0 & 325 & 216 \\
89 & 380 & 220 & 325 & 0 & 242 \\
183 & 232 & 325 & 216 & 242 & 0
\end{bmatrix}
\end{array}
$$

图 5.3　城市之间的距离矩阵

要求设计一个简单的查询城市之间距离的系统，实现以下功能：输入任意两个城市的名称后，输出两个城市之间的距离值。

在科学与工程计算问题中，矩阵是一种常用的数学对象，通常将矩阵描述为一个二维数组，矩阵在这种存储表示之下，可以对其元素进行随机存取，相应的运算也会较为简单。当矩阵中有很多零元素或部分非零元素具有某种分布规律时，称这种矩阵为特殊矩阵，对于特殊矩阵往往要进行压缩存储，以节省存储空间。

所谓压缩存储，即多个值相同的元素只分配一个存储空间，不存储零元素。

特殊矩阵主要有对称矩阵、三角矩阵、对角矩阵等。

5.2.1 特殊矩阵的逻辑结构

1. 对称矩阵

假如 A 是一个 n 阶矩阵，若其元素满足如下性质。

$$a_{ij} = a_{ji} \quad 0 \leq i, j \leq n-1$$

则称 A 为 n 阶对称矩阵。图 5.4 所示是一个 4 阶对称矩阵。

$$\begin{bmatrix} 2 & 4 & 6 & 0 \\ 4 & 1 & 9 & 5 \\ 6 & 9 & 4 & 7 \\ 0 & 5 & 7 & 0 \end{bmatrix}$$

图 5.4 4 阶对称矩阵

对称矩阵中的元素关于主对角线对称，故只需要为每一对对称的元素分配一个存储空间，对于 n 阶矩阵中的 n^2 个元素只需要 $n(n+1)/2$ 个存储单元，这样能节约近一半的存储空间。对于 n 阶矩阵，通常按行优先顺序存储其主对角线(包括对角线)以下的元素，其存放形式如图 5.5 所示。

0	1	2	3	...	$\frac{n(n-1)}{2}-1$	...	$\frac{n(n+1)}{2}-1$
a_{00}	a_{10}	a_{11}	a_{20}	...	$a_{n-1,0}$	...	$a_{n-1,n-1}$

图 5.5 n 阶对称矩阵的压缩存储

在这个下三角矩阵中，第 i 行($0 \leq i \leq n-1$)恰有 $i+1$ 个元素，元素总数为

$$\sum_{i=0}^{n-1}(i+1) = \frac{n(n+1)}{2}$$

以此类推，假设将 n 阶对称矩阵存放在一个一维数组 $\mathrm{sa}\left[\frac{n(n+1)}{2}\right]$ 中，那么矩阵中的任意元素 a_{ij}(设每个元素占 d 个字节)和数组元素 $\mathrm{sa}[k]$ 之间的对应关系为

$$\mathrm{LOC}(a_{ij}) = \begin{cases} \mathrm{LOC}(a_{00}) + \left[\dfrac{i(i+1)}{2} + j\right] \times d & 0 \leq j \leq i \leq n-1 \\ \mathrm{LOC}(a_{00}) + \left[\dfrac{j(j+1)}{2} + i\right] \times d & 0 \leq i \leq j \leq n-1 \end{cases}$$

2. 三角矩阵

以主对角线划分，三角矩阵有上三角矩阵和下三角矩阵两种。上三角矩阵是指其对角线以下的元素为常数 c 或零的 n 阶矩阵；下三角矩阵与之相反，是指其对角线以上的元素为常数 c 或零的 n 阶矩阵，如图 5.6 所示。

$$A_{n \times n} = \begin{bmatrix} a_{0,0} & a_{0,1} & \cdots & a_{0,n-1} \\ c & a_{1,1} & \cdots & a_{1,n-1} \\ \vdots & \vdots & \ddots & \vdots \\ c & c & c & a_{n-1,n-1} \end{bmatrix} \qquad B_{n \times n} = \begin{bmatrix} a_{0,0} & c & \cdots & c \\ a_{0,1} & a_{1,1} & \cdots & c \\ \vdots & \vdots & \ddots & \vdots \\ a_{0,n-1} & a_{1,n-1} & \cdots & a_{n-1,n-1} \end{bmatrix}$$

（a）上三角矩阵　　　　　　　　　　（b）下三角矩阵

图 5.6　三角矩阵

三角矩阵的压缩存储与对称矩阵基本一样，只是除了存储其上三角或下三角的元素，还要加一个存储常数 c 的存储空间。因此，三角矩阵可压缩存储到向量 $sa\left[\dfrac{n(n+1)}{2}+1\right]$ 中，c 存放在向量的最后一个存储单元中。

因此，sa[k] 和 a_{ij} 的对应关系式如下。

(1) 上三角矩阵的 sa[k] 和 a_{ij} 的对应关系为

$$\text{LOC}\left(a_{ij}\right) = \text{LOC}\left(a_{00}\right) + \left[\frac{i(i+1)}{2}+j\right] \times d \quad 0 \leqslant j \leqslant i \leqslant n-1$$

(2) 下三角矩阵的 sa[k] 和 a_{ij} 的对应关系为

$$\text{LOC}\left(a_{ij}\right) = \text{LOC}\left(a_{00}\right) + \left[\frac{j(j+1)}{2}+i\right] \times d \quad 0 \leqslant i \leqslant j \leqslant n-1$$

3. 对角矩阵

对角矩阵是指所有的非零元素都集中在以主对角线为中心的带状区域中，即除了主对角线上和主对角线相邻两侧的若干条对角线上元素，所有其他的元素均为零。常见的对角矩阵有三对角矩阵、五对角矩阵、七对角矩阵等。图 5.7 所示是一个三对角矩阵。

三对角矩阵压缩存储的地址计算

$$\begin{bmatrix} a_{00} & a_{01} & 0 & \cdots & 0 \\ a_{10} & a_{11} & a_{12} & & 0 \\ 0 & a_{21} & a_{22} & \cdots & 0 \\ \vdots & \vdots & \vdots & \ddots & \vdots \\ 0 & 0 & 0 & \cdots & a_{n-1,\ n-1} \end{bmatrix}$$

图 5.7　三对角矩阵

对角矩阵的第一行和最后一行都只有 2 个元素，其他每行有 3 个元素，因此，对角矩阵可压缩存储到向量 sa[$3n-2$] 中。

因此，sa[k] 和 a_{ij} 的对应关系式如下。

$$\text{LOC}\left(a_{ij}\right) = \text{LOC}\left(a_{00}\right) + \left(2i+j\right) \times d \quad 0 \leqslant i \leqslant j \leqslant n-1$$

5.2.2　用特殊矩阵解决查询城市之间距离的问题

查询城市之间距离的问题可用以下算法描述。

```
#include "stdafx.h"
#include "stdlib.h"
#include "string.h"
#include "stdio.h"

int main()
{
    /*初始化城市名称数组*/
    char cityname[6][3]={{'h','z','\0'},{'w','z','\0'},{'z','s','\0'},
{'t','z','\0'},{'j','x','\0'},{'j','h','\0'}};
    int i=0,j=0;
    int distance[15];
    printf("请输入城市矩阵的下三角矩阵:");
    for(int m=0; m<15; m++)
    {
        scanf("%d",&distance[m]);
    }

    char* from=(char*)malloc(sizeof(char)*3);
    char* to=(char*)malloc(sizeof(char)*3);
    char flag=' ';
    do
    {
        printf("请输入起点城市的简写名称:");
        scanf("%s",from);
        for(int m=0; m<6;m++ )
        {
            if(strcmp(cityname[m],from)==0)
            {
                i=m;
                break;
            }
        }

        printf("请输入目的城市的简写名称:");
        scanf("%s",to);
        for(int m=0; m<6; m++)
        {
            if(strcmp(cityname[m],to)==0)
            {
                j=m;
                break;
            }
        }
    }

    printf("%s 到%s 的距离是:%d\n",cityname[i],cityname[j],i>j?
        distance[i*(i-1)/2+j]:i==j?0:distance[j*(j-1)/2+i]);
```

```
                      /*计算城市间距离*/
        printf("还要继续查询吗(y/n)?");
        getchar();
        flag=getchar();
    }while(flag=='y'||flag=='Y');
    return 0;
}
```

 独立实践

查找离给定城市距离最近的城市。

5.3　稀疏矩阵

5.3.1　稀疏矩阵的逻辑结构

稀疏矩阵是指矩阵($A_{m×n}$)中非零元素的个数(s)远远小于矩阵中元素的总数($s=m×n$)，且非零元素分布无规律。$\delta = \dfrac{s}{m×n}$ 为矩阵的稀疏因子，通常 $\delta \leqslant 0.05$ 的矩阵称为稀疏矩阵。图 5.8 所示为一个稀疏矩阵。

$$A_{4×5}=\begin{bmatrix} 5 & 0 & 0 & 0 & 3 \\ 0 & 0 & 0 & 2 & 0 \\ 0 & 0 & 7 & 0 & 0 \\ 4 & 0 & 0 & 0 & 0 \end{bmatrix}$$

图 5.8　稀疏矩阵

5.3.2　稀疏矩阵的压缩存储

根据稀疏矩阵的定义可知，稀疏矩阵的压缩存储会失去随机存取功能。因此，对于稀疏矩阵有两种常用的存储方法：三元组表和十字链表。

1. 三元组表

在存储稀疏矩阵时，为了节省存储单元，压缩存储方式可只存储非零元素。但由于非零元素的分布一般是没有规律的，因此，在存储非零元素的同时，还必须存储适当的辅助信息，才能迅速确定这个非零元素是矩阵中的哪一个元素。最简单的方法是将非零元素的值和它所在的行号、列号作为一个节点存放在一起，于是矩阵中的每一个非零元素都由一个三元组(i,j,a_{ij})唯一确定。三元组的结构如下。

行号	列号	元素值
row	column	value

因此，图 5.8 所示的稀疏矩阵可以用如下三元组进行描述。

$$((0,0,5),(0,4,3),(1,3,2),(2,2,7),(3,0,4))$$

显然，要唯一确定一个稀疏矩阵，还必须存储该矩阵的行数和列数。为了运算方便，将非零元素的个数与三元组表存储在一起。因此，有如下的类型说明。

```
#define MAXSIZE 100                    /*非零元素的个数*/
typedef struct
{
    int i,j;                          /*非零元素的行号、列号*/
    DataType e;                       /*非零元素值*/
}TripleNode;
typedef struct
{
    int m,n,r;                        /*稀疏矩阵的行数、列数及非零元素的个数*/
    TripleNode data[MAXSIZE+1];  /*三元组顺序表*/
}TMatrix
```

三元组表可以采用顺序存储结构或链式存储结构进行存储。

若将稀疏矩阵中的非零元素按行优先(或列优先)的顺序存放在一个由三元组组成的数组中进行存储，则得到一个节点均是三元组的线性表，称该表为三元组顺序表。该表是稀疏矩阵的一种顺序存储结构。图 5.8 所示的稀疏矩阵的三元组表如图 5.9 所示。

i	j	e
0	0	5
0	4	3
1	3	2
2	2	7
3	0	4

图 5.9　稀疏矩阵 A 的三元组表

2. 十字链表

当矩阵中非零元素的位置或个数经常发生变化(如矩阵进行加减法等运算)时，用三元组顺序表来存储稀疏矩阵中的非零元素就不太合适了。此时，采用链表作为存储结构更为恰当。

稀疏矩阵的链表存储方法主要有 3 种：单链表、行/列的单链表和十字链表。下面仅介绍十字链表的表示方法。

在该方法中，每一个非零元素对应十字链表中的一个节点，每个节点的结构如图 5.10所示。

行号	列号	元素值	行后继节点	列后继节点
i	j	e	rnext	cnext

图 5.10　稀疏矩阵的十字链表节点结构

其中，i、j、e 分别指非零元素 e 在稀疏矩阵中所对应的行号为 i，列号为 j。rnext 指示本行的下一个非零元素，cnext 指示本列的下一个非零元素。

行指针域 rnext 将稀疏矩阵中同一行上的非零元素链接在一起，列指针域 cnext 将同一列上的非零元素链接在一起。因此元素 a_{ij} 既属于第 i 行也属于第 j 列，是第 i 行和第 j 列的交叉点，故称这样的链表为十字链表。为了运算方便，增加了两个指针数组，分别用来存放行的单链表的头指针和列的单链表的头指针。图 5.8 中矩阵 A 的十字链表如图 5.11 所示。

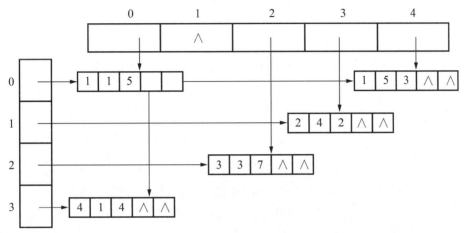

图 5.11　稀疏矩阵 A 的十字链表

十字链表的类型说明如下。

```
typedef struct LNode
{
    int i,j;
    DataType e;
    struct LNode *rnext,*cnext;
}Link;
Link *rhead[4],*chead[5];
```

本 章 小 结

通过本章的学习，读者熟悉了多维数组和特殊矩阵的类型定义及其在 C 语言中的实现方法。数组作为一种数据类型，是一种多维的非线性结构，一般只进行查找或修改操作，因此一般顺序存储在一组地址连续的存储单元中，下标和存储地址有一定的对应关系。研究非零元素或零元素分布有一定规律的特殊矩阵的压缩存储对于解决我们现实生活的问题有比较重要的意义，如可用于图像压缩方面。

本 章 习 题

一、填空题

1. 一维数组的逻辑结构是_____，存储结构是_____；对于二维或多维数组，分别按_____和_____两种不同的存储方式进行存储。

2．对于一个二维数组 A[*m*][*n*]，若按行序为主序存储，每个元素占 *k* 个存储单元，并且第一个元素的存储地址是 LOC(A[0][0])，则 A[*i*][*j*]的地址是_____。

3．二维数组 A[10][20]采用列优先顺序存储，每个元素占 1 个存储单元，并且第一个元素的存储地址是 200，则 A[6][12]的地址是_____。

4．有一个 10 阶整型对称矩阵 *A*，采用压缩存储方式(以行优先顺序存储，且 A[0][0]=1)，则 A[8][5]的地址是_____。

5．设矩阵 *A* 是一个对称矩阵，为了节约存储空间，将其下三角矩阵按行序存放在一维数组 B[0, *n*(*n*+1)/2]中，对下三角部分中的元素 $a_{ij}(i>j)$而言，在一维数组 B 中下标 *k* 的值是_____。

6．三元组表中的每个节点对应于稀疏矩阵的一个非零元素，它包含 3 个数据项，分别表示该元素的_____、_____和_____。

二、判断题

1．一维数组和线性表的区别是前者长度固定，后者长度可变。　　　　（　　）
2．在二维数组中，每个数组元素同时处于一个向量中。　　　　（　　）
3．多维数组实际上是由一维数组实现的。　　　　（　　）
4．多维数组的数组元素之间的关系是线性的。　　　　（　　）
5．若采用三元组压缩技术存储稀疏矩阵，只要把每个元素的行下标和列下标互换，即可完成对该矩阵的转置运算。　　　　（　　）

三、选择题

1．常对数组进行的两种基本操作是(　　)。
　　A．索引与修改　　　　　　　　B．新建与删除
　　C．查找与修改　　　　　　　　D．查找与索引

2．在二维数组 A 中，设首地址是 1000，每个元素的长度为 3 个字节，行下标为 0～7，列下标为 0～9，从首地址 Sa 开始连续存放在存储器内，该数组按行存放时，数组元素 A[7][4]的起始地址为(　　)。
　　A．1240　　　　B．1222　　　　C．1140　　　　D．1320

3．设有一个 10 阶的对称矩阵 *A*，采用压缩存储方式，以行优先顺序存储，$a_{1,1}$为第一个元素，其存储地址为 1，每个元素占一个地址空间，则 $a_{8,5}$的地址为(　　)。
　　A．33　　　　B．21　　　　C．15　　　　D．52

4．一个 *n*×*n* 的对称矩阵，如果以行或列优先顺序存储，则容量为(　　)。
　　A．n^2　　　　B．$n^2/2$　　　　C．$n(n+1)/2$　　　　D．$(n+1)^2/2$

5．二维数组 M 的成员是 6 个字符(每个字符占一个字节)组成的串，行下标 *i* 为 0～8，列下标 *j* 为 1～10，则存放 M 至少需要(①)个字节；M 的第 8 列和第 5 列共占(②)个字节；若 M 按行优先顺序存储，则元素 M[8][5]的起始地址与当 M 按列优先顺序存储时的(③)元素的起始地址一致。

① A．540   B．520   C．80   D．90
② A．240   B．108   C．60   D．100
③ A．M[8][5]   B．M[7][5]   C．M[8][4]   D．M[3][10]

6．稀疏矩阵一般的压缩存储方法有(   )。
　　A．二维数组和三维数组　　　　　　B．三元组和散列
　　C．散列表和十字链表　　　　　　　D．三元组表和十字链表

四、简答题

1．按行优先顺序和列优先顺序列出四维数组 A[2][2][2][2]所有元素在内存中的存储地址。

2．现有如图 5.12 所示的稀疏矩阵 A，要求画出以下各种表示法。

$$\begin{bmatrix} 1 & 0 & 0 & 5 \\ 0 & 3 & 5 & 0 \\ 0 & 0 & 0 & 7 \\ 6 & 0 & 0 & 0 \end{bmatrix}$$

图 5.12　稀疏矩阵

(1) 三元组顺序表表示法。
(2) 十字链表表示法。

五、编程题

1．以一维数组作为存储结构，实现线性表的就地逆置，即在原表的存储空间内将线性表$(a_1, a_2, a_3, \cdots, a_{n-1}, a_n)$逆置为$(a_n, a_{n-1}, \cdots, a_3, a_2, a_1)$。

2．已知一个 $n \times n$ 的矩阵 B 按行优先顺序存于一个一维数组 A[0$\cdots$n(n-1)]中，试给出一个就地转置算法，使其将原矩阵转置后仍存于数组 A 中。

3．假设稀疏矩阵 A 和 B(具有相同的大小 $m \times n$)都采用三元组表示，编写一个函数计算 $C=A+B$，要求 C 也采用三元组表示。

第 5 章习题
参考答案

第6章 树

 问题描述

快速搜索人口普查中的数据问题

根据国家统计局 2021 年 5 月公布的第七次全国人口普查公报显示，我国总人口为 1443497378 人。普查主要数据反映出我国人口继续保持低速增长态势，形势总体向好，为经济社会进一步健康发展奠定了良好基础。如何设计一个快速的搜索系统，查找人口普查的相关数据。

设人口普查信息表如图 6.1(a)所示，每条记录都有一个唯一的关键字(身份证号)标识该记录。该文件随机存储在磁盘上，为了方便实现在磁盘上对图 6.1(a)中的记录进行增、删、改、查操作，一般需要建立一张与之对应的索引表，如图 6.1(b)所示。

物理记录地址	身份证号	姓名	性别	其他
21000	330106***12	王一雪	女	……
21050	330106***25	张林书	男	……
21100	330106***08	邵君	女	……
21150	330106***03	刘轩瑜	男	……
21200	330106***17	陈佳	男	……
21250	330106***19	许晓松	男	……
21300	330106***16	王亦非	女	……
21358	330106***28	唐雨萱	女	……

关键字	物理记录地址
330106***03	21150
330106***08	21100
330106***12	21000
330106***16	21300
330106***17	21200
330106***19	21250
330106***25	21050
330106***28	21358

（a）人口普查信息表 （b）索引表

图 6.1 随机存储中的记录

现需要实现如下的功能。

(1) 选择一种数据结构在内存中存放索引表，通过该数据结构能高效地插入、遍历和搜索索引表。

(2) 输入任一关键字(身份证号)，显示该关键字的物理记录地址。

6.1 概　　述

树形结构是一类重要的非线性结构。树形结构是节点之间有分支，并具有层次关系的结构，它非常类似于自然界中的树。树结构在客观世界中是大量存在的，如家谱、行政组织机构都可用树形象地表示。树在计算机领域中也有着广泛的应用，如在编译程序中，用树来表

示源程序语法结构；在数据库系统中，用树来组织信息。本章重点讨论二叉树的存储表示及其各种运算，并研究一般树、森林与二叉树的转换关系，最后介绍树的应用实例。

1. 树的定义

树(tree)是 $n(n \geqslant 0)$ 个节点的有限集合 T，$n=0$ 的树称为空树，当 $n>0$ 的时候满足如下两个条件。

(1) 有且仅有一个称为根(root)的节点。

(2) 其余的节点可分为 $m(m \geqslant 0)$ 个互不相交的有限集合 $T_1, T_2, \cdots, T_m$，其中每个集合又是一棵树，并称其为根节点的子树(subtree)。

树的定义是一个递归的定义，即一棵树是由若干棵子树构成的，而子树又可由若干棵更小的子树构成。树中的每个节点都是该树中某一棵子树的根。

常见的树的表示方法有树形表示法、嵌套集合表示法和横向凹入表示法，如图 6.2 所示。

在树的树形表示法中，节点通常是用圆圈表示的，节点的名称一般写在圆圈旁边，如图 6.2(a)所示，有时也可写在圆圈内，如图 6.2(b)所示。

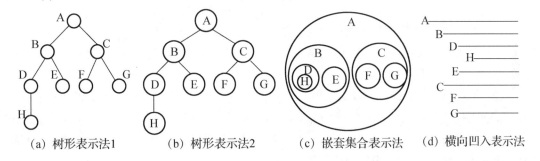

(a) 树形表示法1　　(b) 树形表示法2　　(c) 嵌套集合表示法　　(d) 横向凹入表示法

图 6.2　树的表示方法

从图 6.2 中可以看出，树的表示方法中树形表示法最直观，该方法主要用来描述树的逻辑结构，横向凹入表示法主要用于树的屏幕显示和打印输出。本书主要采用树形表示法来表示树的结构。

2. 树的特点

非空的树具有下面的特点。

(1) 有且仅有一个节点没有直接前趋，称其为根节点。

(2) 有一个或多个节点没有直接后继，称其为终端节点，即叶子节点。

(3) 除开始节点外，树中其他任一节点都有且仅有一个直接前趋。

(4) 除终端节点外，树中其他任一节点都有一个或多个直接后继。

3. 树的基本术语

下面以图 6.2(a)为例给出树结构中常用的基本术语。

(1) 节点(node)。节点表示树中的元素，包括数据项及若干指向其子树的分支。图 6.2(a)中的 A、B、C 等都是节点。

(2) 节点的度(degree)。节点所拥有的子树的数目称为节点的度。在图 6.2(a)中，节点 A 的度为 2，节点 D 的度是 1，节点 E 的度为 0。

(3) 叶子(leaf)节点。度为 0 的节点称为叶子节点，也称终端节点。图 6.2(a)中的 E、F、G、H 都是叶子节点。

(4) 分支节点。度不为 0 的节点称为分支节点，也称非终端节点。图 6.2(a)中的 A、B、C、D 都是分支节点。

(5) 孩子节点(child)。节点的子树的根称为该节点的孩子节点。在图 6.2(a)中，节点 A 的孩子节点为 B、C，节点 B 的孩子节点为 D、E。

(6) 双亲节点(parents)。孩子节点的上层节点称为该节点的双亲节点。在图 6.2(a)中，节点 B、C 的双亲节点是节点 A，节点 D、E 的双亲节点是节点 B。

(7) 兄弟节点(sibling)。具有同一个双亲节点的孩子节点之间互称兄弟节点。在图 6.2(a)中，B、C 互为兄弟节点，D、E 互为兄弟节点。

(8) 树的度。树中最大的节点的度数即为树的度。图 6.2(a)中树的度为 2。

(9) 节点的层数(level)。从根节点算起，根为第一层，它的孩子为第二层，以此类推，每个节点所在的层数等于其双亲节点的层数加 1。在图 6.2(a)中，节点 A 的层数为 1，节点 B、C 的层数为 2，节点 D、E、F、G 的层数为 3，节点 H 的层数为 4。

(10) 树的高度。树中节点的最大层次数。图 6.2(a)中树的高度为 4。

(11) 祖先(ancestors)。从根到该节点所经分支上的所有节点称为该节点的祖先。在图 6.2(a)中，节点 H 的祖先为 A、B、D。

(12) 子孙(descendants)。以某一节点为根的子树中的任一节点都称为该节点的子孙。在图 6.2(a)中，节点 B 的子孙为 D、E、H。

(13) 无序树、有序树。如果将树中各个节点的子树看作从左到右有顺序的(即不能互换的)，则称该树为有序树，否则称为无序树。

(14) 森林。森林是 $m(m \geqslant 0)$ 棵互不相交的树的集合。在图 6.2(a)中，去掉 A 节点就可以得到两棵树(分别以 B、C 为根节点)构成的森林。因此，对于树中的每个节点而言，其子树的集合即为森林，即删去一棵树的根，就得到一个森林；反之，加上一个节点作为树根，森林就变成一棵树。

4. 树的基本操作

树的基本操作如下。

(1) InitTree(T)：初始化操作，置 T 为空树。

(2) Root(T)：求 T 的树根。若 T 是空树，则函数返回值为 NULL。

(3) CreateTree(T)：创建一棵树。

(4) Parent(T,x)：求节点 x 的双亲节点。若节点 x 是树 T 的根节点，则函数返回值为 NULL。

(5) Child(T,x,i)：求树 T 中节点 x 的第 i 个孩子节点。若节点 x 是树 T 的叶子节点或无第 i 个孩子，则函数返回值为 NULL。

(6) InsertChild(Y,i,X)：插入子树。使以节点 X 为根的树为节点 Y 的第 i 棵子树。若原树中无节点 Y 或节点 Y 的子树的个数小于 $i-1$，则本操作为空操作。

(7) DeleteChild(x,i)：删除子树。删除节点 x 的第 i 棵子树。若无节点 x 或节点 x 的子树个数小于 i，则本操作为空操作。

(8) TraverseTree(T)：树的遍历。按某种顺序依次访问树中的每个节点，并使每个节点有且仅被访问一次。

(9) Clear(T)：清除树结构。将树 T 置为空树。

(10) EmptyTree(T)：判断树 T 是否为空。若为空则返回 TRUE，否则返回 FALSE。

6.2 二 叉 树

二叉树是一个非常重要的树形结构，一般的树也能简单地转换为二叉树，由于二叉树的存储结构及其算法都比较简单，因此经常被用来解决实际中的树形问题，是一种常用的树形结构。

6.2.1 二叉树的定义和基本操作

1. 二叉树的定义

二叉树(binary tree)是 $n(n \geq 0)$ 个节点所构成的有限集合，当 $n=0$ 时称为空二叉树；当 $n>0$ 时，由一个根节点及两棵互不相交的、分别称为左子树和右子树的二叉树组成。

2. 二叉树的特点

由二叉树的定义可知，二叉树具有以下特点。

(1) 二叉树中有且仅有一个节点被称为树根的节点。

(2) 当 $n>1$ 时，每个节点至多有两棵子树(即二叉树中不存在度大于 2 的节点)。

(3) 二叉树的子树有左右之分，且其顺序不能颠倒。因此，二叉树是有序树。在二叉树中，即使是一个孩子也有左右之分。

3. 二叉树的 5 种基本形态

根据二叉树的定义，可以得出二叉树具有以下 5 种基本形态，如图 6.3 所示。

（a）空二叉树　　（b）仅有一个　　（c）右子树为　　（d）左子树为　　（e）左、右子树均
　　　　　　　　　根节点的二叉树　　空的二叉树　　空的二叉树　　非空的二叉树

图 6.3　二叉树的 5 种基本形态

4. 二叉树的基本操作

二叉树是一种特殊形式的树，因此前面引入的有关树的术语也都适用于二叉树。下面给出二叉树的基本操作。

(1) InitBTree(BT)：初始化操作，置 BT 为空树。

(2) Root(BT)：求 BT 的树根。若 BT 是空树，则函数返回值为 NULL。

(3) CreateBTree(BT)：创建一棵二叉树。

(4) Parent(BT,x)：求节点 x 的双亲节点。若节点 x 是二叉树 BT 的根节点，则函数返回值为 NULL。

(5) Lchild(BT,x)：求二叉树 BT 中节点 x 的左孩子节点。若节点 x 是二叉树 BT 的叶子节点，则函数返回值为 NULL。

(6) Rchild(BT,x)：求二叉树 BT 中节点 x 的右孩子节点。若节点 x 是二叉树 BT 的叶子节点，则函数返回值为 NULL。

(7) TraverseBTree(BT)：二叉树的遍历。按某种顺序依次访问二叉树中的每个节点，并使每个节点有且仅被访问一次。

(8) Clear(BT)：清除二叉树结构。将二叉树 BT 置为空树。

(9) EmptyTree(BT)：判断二叉树 BT 是否为空。若为空则返回 TRUE，否则返回 FALSE。

6.2.2 二叉树的性质

二叉树具有下列重要性质。

性质 1 在二叉树第 i 层上最多有 2^{i-1}($i \geqslant 1$)个节点。

证明：(数学归纳法)。

(1) 当 $i=1$ 时，只有一个根节点，并且 $2^{i-1}=2^{1-1}=1$，因此命题成立。

(2) 假设对所有的 j($1 \leqslant j < i$)命题成立，即第 j 层上至多有 2^{j-1} 个节点，那么可以证明 $j=i$ 时命题也成立。

(3) 根据归纳假设，第 $i-1$ 层上至多有 2^{i-2} 个节点。由于二叉树的每个节点至多有两棵子树，故第 i 层上的节点数，最多是第 $i-1$ 层上的最大节点数的 2 倍，即 $j=i$ 时，该层上的最大节点数为 $2 \times 2^{i-2}=2^{i-1}$，因此命题成立。

性质 2 深度为 k 的二叉树至多有 2^k-1($k \geqslant 1$)个节点。

证明：由性质 1 可知，深度为 k 的二叉树的节点数最多为

$$\sum_{i=1}^{k} 2^{i-1} = 2^0 + 2^1 + 2^2 + \cdots + 2^{k-1} = 2^k - 1$$

性质 3 对任意一棵二叉树，如果其叶子节点的个数为 n_0，度为 2 的节点的个数为 n_2，则 $n_0 = n_2 + 1$。

证明：假设二叉树中节点总数为 n，度为 1 的节点数为 n_1，则有

$$n = n_0 + n_1 + n_2 \tag{6.1}$$

又因为在二叉树中度为 1 的节点有一个孩子，度为 2 的节点有两个孩子，但树中只有根节点不是任何节点的孩子，并且叶子节点没有孩子节点，故二叉树中的节点总数又可表示为

$$n = 0 \times n_0 + 1 \times n_1 + 2 \times n_2 + 1 \tag{6.2}$$

综上所述可得 $n_0 = n_2 + 1$。

下面介绍两种特殊情形的二叉树：满二叉树和完全二叉树。

满二叉树(full binary tree)是一棵深度为 k 且有 2^k-1 个节点的二叉树。图 6.4 所示是一棵深度为 4 的满二叉树。

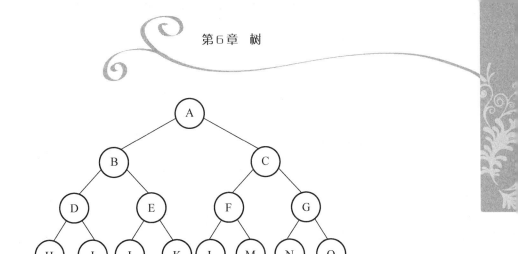

图 6.4　满二叉树

满二叉树的特点是每一层上的节点数都达到最大值，即对给定的高度 k，它的节点数都为最大值 2^k-1。满二叉树中的每个分支节点均有两棵高度相同的子树，且叶子节点都在最下一层上。

完全二叉树(complete binary tree)是一棵深度为 k 且有 n 个节点的二叉树，当且仅当其每一个节点都与深度为 k 的满二叉树中的编号从 $1\sim n$ 一一对应。图 6.5 所示是一棵深度为 4 的完全二叉树。

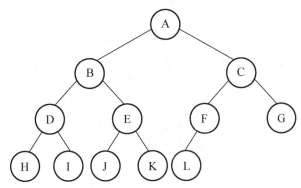

图 6.5　完全二叉树

显然满二叉树是完全二叉树，但完全二叉树不一定是满二叉树。

深度为 k 的完全二叉树的特点如下。

(1) 叶子节点只可能出现在第 k 层或 k-1 层上。

(2) 对任一节点，若其右分支下的子孙的最大层次为 h，则其左分支下的子孙的最大层次为 h 或 h+1。

因此，在完全二叉树中，若某个节点没有左孩子，则它一定没有右孩子，即该节点必是叶子节点。如图 6.6 所示，节点 F 没有左孩子而有右孩子 M，所以它不是一棵完全二叉树。

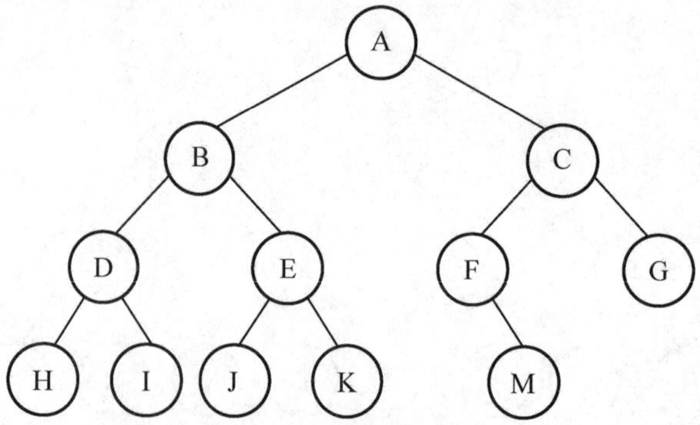

图 6.6　非完全二叉树

性质 4　具有 n 个节点的完全二叉树的深度为 $\lfloor \log_2 n \rfloor + 1$。(符号 $\lfloor x \rfloor$ 表示不大于 x 的最大整数。)

证明：设所求完全二叉树的深度为 k，根据其定义和性质 2 可知

$$2^{k-1} - 1 < n \leq 2^k - 1$$

由此可推出 $2^{k-1} \leq n < 2^k$。对不等式两边取对数后有

$$k - 1 \leq \log_2 n < k$$

因为 k 是整数，故有 $k = \lfloor \log_2 n \rfloor + 1$。

性质 5　一棵具有 n 个节点的完全二叉树(其深度为 $\lfloor \log_2 n \rfloor + 1$)，如果按照自上而下、从左至右的顺序对二叉树中的所有节点从 1 开始编号，则对于任意节点 $i(1 \leq i \leq n)$ 有如下特点。

(1) 若 $i=1$，则 i 为二叉树的根节点，无双亲；若 $i>1$，则 i 的双亲节点为 $\lfloor i/2 \rfloor$。

(2) 若 $2i>n$，则节点 i 无左孩子(节点 i 为叶子节点)，否则 i 的左孩子节点为 $2i$。

(3) 若 $2i+1>n$，则节点 i 无右孩子，否则 i 的右孩子节点为 $2i+1$。

例如，在图 6.5 中，当 $i=1$ 时为根节点 A，其左孩子节点 B 为 $2i=2$，右孩子节点 C 为 $2i+1=3$。

6.2.3　二叉树的存储

类似于线性表，二叉树也有顺序和链式两种存储结构。

1. 顺序存储结构

顺序存储是将二叉树的所有节点，按照一定的节点顺序，存储到一个连续的存储单元中。因此，为了能反映出各个节点之间的逻辑关系，必须把节点安排成一个适当的线性序列。

对于具有 n 个节点的完全二叉树，从根节点开始自上而下、从左至右，给所有节点从 1 开始编号，就可以得到一个反映整个二叉树结构的线性序列，如图 6.7(a)所示。在完全二叉树中对于任意节点的编号 i，根据二叉树的性质 5 可推出其双亲节点、左右孩子节点、兄弟节点等的编号。图 6.7(b)为图 6.7(a)的顺序存储结构。

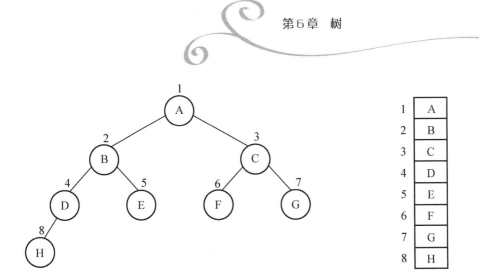

（a）完全二叉树　　　　　　　　（b）完全二叉树的顺序存储结构

图6.7　节点编号的完全二叉树及其顺序存储结构

由二叉树的性质可知，完全二叉树和满二叉树中节点的层次序列完全反映了节点之间的逻辑关系。而顺序存储结构依靠数组中的序号位置准确地反映了节点之间的逻辑关系。因此顺序存储结构能够存储完全二叉树。

显然，利用顺序存储结构存储完全二叉树，既简单又节省存储空间。但是，对于一般的二叉树采用顺序存储结构时，为了能够明确地表示树中各个节点之间的逻辑关系，也必须按照完全二叉树的结构将各个节点存储在一维数组的相应分量中。图 6.8 所示为非完全二叉树及其顺序存储结构。

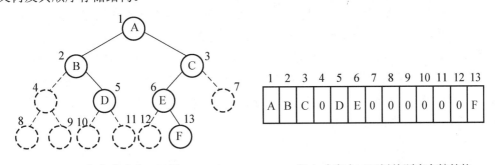

（a）非完全二叉树　　　　　　　　（b）非完全二叉树的顺序存储结构

图6.8　非完全二叉树及其顺序存储结构

图 6.8(b)中的"0"表示不存在此节点，顺序存储结构对于非完全二叉树的存储造成了存储空间的浪费。因为，最坏的情况是一个深度为 k 的且只有 k 个节点的右单支树却需要 2^k-1 个节点的存储空间。因此顺序存储结构适用于完全二叉树和满二叉树，而非完全二叉树更适合使用链式存储结构。

2. 链式存储结构

二叉树通常采用链式存储结构存储二叉树中的节点及其相互之间的关系。根据二叉树的定义可知，链表中的每个节点除了存储数据元素，还至少要有两个指针域分别指向其左右孩子节点，才能表示二叉树的层次关系，比较常用的链式存储结构有二叉链表、三叉链表。图 6.9(a)所示为二叉链表的节点结构。在此结构中，对于任意节点而言，寻找其左右孩子节点非常方便，但是寻找其双亲节点比较困难，需要从根节点出发逐个排查。所以，在具体应用中，如果经常要在二叉树中寻找某节点的双亲，则可以在每个节点上再加一个指向其双亲的指针域 parent。图 6.9(b)所示为三叉链表的节点结构。

lchild	date	rchild

（a）二叉链表的节点结构

lchild	date	parent	rchild

（b）三叉链表的节点结构

图 6.9　二叉树的链式存储结构

利用以上两种节点结构所得到的二叉树的存储结构即为二叉链表和三叉链表。

二叉链表是二叉树最常用的存储结构，在后面的各小节中有关二叉树的算法都是基于这种存储结构的。下面给出二叉链表中节点结构在 C 语言中的类型定义。

```
typedef struct BiTNode
{
    DataType data;                  /*节点的数据元素*/
    struct BiTNode *lchild,*rchild; /*左右孩子指针*/
} BiTNode, *BiTree;
```

二叉树的二叉链表中的所有节点类型为 BiTNode，链表的头指针 root 指向二叉树的根节点。图 6.10(b)为图 6.10(a)的二叉链表存储结构。若二叉树为空，则 root=NULL。若节点的某个孩子不存在，则相应的指针域为空。容易证得，在含有 n 个节点的二叉树中，一共有 $2n$ 个指针域，其中只有 $n-1$ 个用来指示节点的左右孩子，其余的 $n+1$ 个指针域为空，那么利用这些空指针域存储其他有用信息，可以得到另外一种称为线索链表的存储结构。

二叉树的存储结构有多种，至于采用哪种存储结构合适，主要根据实际情况进行选择。例如，如果需要频繁地查找节点的双亲，则适合采用三叉链表存储结构。图 6.10(c)为图 6.10(a)的三叉链表存储结构。

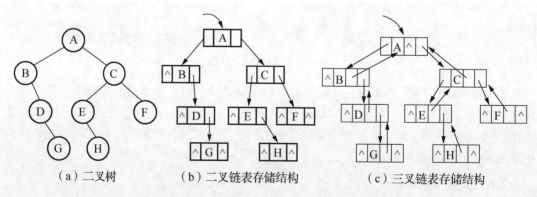

（a）二叉树　　　（b）二叉链表存储结构　　　（c）三叉链表存储结构

图 6.10　二叉树及其二叉链表、三叉链表存储结构

6.3 二叉树的遍历和线索化

6.3.1 二叉树的遍历

1. 遍历二叉树的定义及算法描述

二叉树的遍历是指沿某条搜索路径访问二叉树中的每个节点,并且对二叉树中的每个节点仅访问一次。对节点的访问可以是输出、更新、增加、删除等操作。由前面章节可知,对于线性结构的遍历很容易,只需要从初始节点出发顺序扫描每个节点即可。由于二叉树的每个节点可以有两个孩子节点,因此需要寻找一种规律来访问树中各节点。

根据二叉树的定义可知,一棵非空的二叉树由 3 部分组成:根节点、左子树和右子树。若分别用 D、L 和 R 表示上述 3 部分,则对于一棵非空二叉树的遍历为:访问根节点,遍历左子树,遍历右子树,则有 DLR、LDR、LRD、DRL、RDL、RLD 共 6 种顺序的遍历序列。其中前 3 种遍历序列与后 3 种遍历序列正好相反,前 3 种按先左后右的顺序遍历根的两棵子树,后 3 种则按先右后左的顺序遍历根的两棵子树。由于二者对称,在算法设计上没有本质区别,因此只讨论前 3 种遍历序列。

根据前 3 种遍历序列中根节点访问的顺序,可得到二叉树的 3 种遍历方式:先根遍历(又称先序遍历)、中根遍历(又称中序遍历)及后根遍历(又称后序遍历)。

根据二叉树的递归定义,可得二叉树的 3 种遍历方式的递归算法。

(1) 先根遍历二叉树。

若二叉树为空则遍历操作结束,否则依次进行如下操作:访问根节点,先根遍历左子树,先根遍历右子树。

(2) 中根遍历二叉树。

若二叉树为空则遍历操作结束,否则依次进行如下操作:中根遍历左子树,访问根节点,中根遍历右子树。

(3) 后根遍历二叉树。

若二叉树为空则遍历操作结束,否则依次进行如下操作:后根遍历左子树,后根遍历右子树,访问根节点。

例 6.1 已知表达式 a+b*c-f/(d-e)对应的二叉树如图 6.11 所示,请写出其对应的 3 种遍历序列。

根据二叉树的递归定义及遍历序列中根节点的访问顺序可得:先根遍历序列为 -+a*bc/f-de,中根遍历序列为 a+b*c-f/d-e,后根遍历序列为 abc*+fde-/-。

在下面的 3 个递归算法中,将二叉树为空作为递归的终止条件,此时应为空操作。根节点的访问操作应当根据具体的情况而定,在此假设访问根节点时输出节点数据。若以二叉链表作为存储结构,则 3 种遍历方式的递归算法如下。

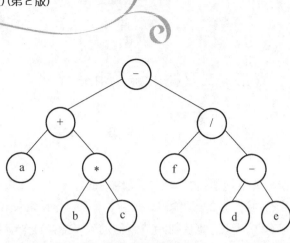

图6.11 表达式的二叉树

算法 6.1 二叉树的先根遍历递归算法。

二叉树的
先根遍历
递归算法

```
void PreOrderTraverse(BiTree T)    /*先根遍历二叉树*/
{
    if(T)
    {
        printf("%c",T->data);
        PreOrderTraverse(T->lchild);
        PreOrderTraverse(T->rchild);
    }
}
```

算法 6.2 二叉树的中根遍历递归算法。

二叉树的
中根遍历
递归算法

```
void InOrderTraverse(BiTree T)    /*中根遍历二叉树*/
{
    if(T)
    {
        InOrderTraverse(T->lchild);
        printf("%c",T->data);
        InOrderTraverse(T->rchild);
    }
}
```

算法 6.3 二叉树的后根遍历递归算法。

二叉树的
后根遍历
递归算法

```
void PostOrderTraverse(BiTree T)    /*后根遍历二叉树*/
{
    if(T)
    {
        PostOrderTraverse(T->lchild);
        PostOrderTraverse(T->rchild);
        printf("%c",T->data);
    }
}
```

除了上述 3 种遍历方式，二叉树还有一种层次遍历方式。该方式是以"从上到下，从左到右"的顺序对二叉树进行遍历，即竖直方向上按照树的高度(根节点作为第一层)一层层向下进行访问，同一层上按照从左到右的方向进行访问。如图 6.11 所示的二叉树，其对应的层次遍历序列为-+/a*f-bcde。

二叉树的遍历除了采用递归算法，还有非递归的算法。非递归算法执行效率较高，并且能清晰地看出遍历的执行过程。下面以二叉树的中根遍历为例，给出其非递归的算法。根据遍历二叉树的特点可知，用栈结构可以很容易地实现遍历的非递归算法。

算法 6.4　二叉树的中根遍历非递归算法。

```
void InorderTraverse(BiTree T)    /*以非递归方式中根遍历二叉树*/
{
    BiTree p,q;
    SqStack *S;
    q=(BiTree)malloc(sizeof(BiTNode));
    S=(SqStack *)malloc(sizeof(SqStack));
    InitStack(S);
    p=T;
    while(p||!StackEmpty(S))
    {
        if(p)    /*若根节点非空*/
        {
            Push(S,p);        /*根节点入栈*/
            p=p->lchild;    /*遍历其左子树*/
        }
        else
        {
            Pop(S,q);
            printf("%c",q->data); /*访问根节点*/
            p=q->rchild;            /*遍历其右子树*/
        }
    }
}
```

二叉树的中根遍历非递归算法

2. 根据遍历序列构造二叉树

(1) 二叉树的先根遍历序列和中根遍历序列可以唯一地确定一棵二叉树。

根据二叉树的遍历序列定义可知，在对二叉树进行先根遍历后得到的序列中，第一个节点肯定是二叉树的根节点。在其对应的中根遍历序列中找到根节点，该节点可以将中根遍历序列划分成前后两个子序列，根节点之前的部分是左子树的中根遍历序列(LeftPart)，之后的部分是右子树的中根遍历序列(RightPart)。

二叉树的先根遍历和中根遍历唯一确定一棵二叉树

再根据这两个子序列找到先根遍历序列中对应的两部分。在先根遍历序列中的左子序列的第一个节点肯定是左子树的根节点(LeftRoot)，右子序列的第一个节点肯定是右子树的根节点(RightRoot)，然后分别在两个子序列中找到对应的位置，两个根节点(LeftRoot 和 RightRoot)又可将 LeftPart 及 RightPart 分别分成前后两部分。如此继续下去，直到所有子序列划分为空，便可得到一棵唯一的二叉树。

(2) 二叉树的中根遍历序列和后根遍历序列可以唯一地确定一棵二叉树。

同理，根据二叉树的遍历序列定义可知，在对二叉树进行后根遍历后得到的序列中，最后一个节点肯定是二叉树的根节点。在其对应的中根遍历序列中找到根节点，该节点可以将中根遍历序列划分成前后两个子序列，根节点之前的部分是左子树的中根遍历序列 (LeftPart)，之后的部分是右子树的中根遍历序列(RightPart)。

再根据这两个子序列找到后根遍历序列中对应的两部分。在后根遍历序列中的左子序列的最后一个节点肯定是左子树的根节点(LeftRoot)，右子序列的最后一个节点肯定是右子树的根节点(RightRoot)，然后分别在两个子序列中找到对应的位置，两个根节点(LeftRoot 和 RightRoot)又可将 LeftPart 及 RightPart 分别分成前后两部分。如此继续下去，直到所有子序列划分为空，便可得到一棵唯一的二叉树。

需要注意的是，已知二叉树的先根遍历序列和后根遍历序列，无法唯一地确定一棵二叉树。因为如果无法确定左右子树，也就无法确定节点之间的层次关系及左右次序关系，也就不能确定这棵二叉树，空树和只有一个节点的二叉树除外。

例 6.2 已知一棵二叉树的先根遍历序列和中根遍历序列分别为 abcdefgh 和 cbafegdh，请画出这棵二叉树。

根据上面的定义可知，先根遍历序列中的第一个节点为二叉树的根节点，即二叉树的根节点为 a，利用 a 将中根遍历序列划分成前后两个子序列，即 cb 和 fegdh，再根据这两个子序列找到先根序列中对应的两部分 bc 和 defgh。先根遍历序列中的左子序列的第一个节点肯定是左子树的根节点，即 b 节点为左子树的根节点，右子序列的第一个节点肯定是右子树的根节点，即 d，然后分别在两个子序列中找到对应的位置，两个根节点(b 和 d)又可将两个子序列(cb 和 fegdh)分别划分成前后两部分。如此继续下去，直到所有子序列划分为空，便可得到一棵唯一的二叉树，如图 6.12 所示。

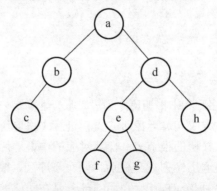

图 6.12 由先根遍历序列和中根遍历序列确定的一棵二叉树

3. 遍历算法的应用举例

例 6.3 创建二叉链表存储的二叉树。

设创建时，按二叉树带空指针的先根遍历序列输入节点值，节点值类型为字符型。如图 6.13 所示是以二叉链表为存储结构建立的一棵二叉树。按先根遍历序列输入，建立时需输入的字符序列为 AB#D##CE##F##，其中 "#" 为空节点。

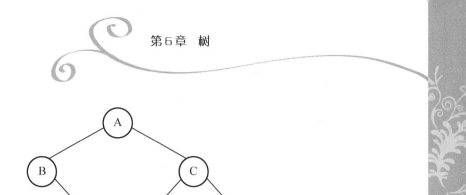

图 6.13 例 6.3 的二叉树

算法 6.5 以先根遍历序列输入创建二叉树的算法。

```
BiTree CreateBiTree()
{
    /*以加入空节点的先根遍历序列输入节点，创建用二叉链表存储的二叉树*/
    BiTree T;
    char ch;
    ch=getchar();
    if(ch=='#') T=NULL;        /*读入'#'时，将相应节点指针置空*/
    else
    {
        T=(BiTree)malloc(sizeof(BiTNode));
        T->data=ch;
        T->lchild=CreateBiTree();  /*构造二叉树的左子树*/
        T->rchild=CreateBiTree();  /*构造二叉树的右子树*/
    }
    return T;
}
```

例 6.4 求二叉树的高度。

从二叉树高度的定义可知，二叉树的高度应为其左、右子树高度的最大值加 1。由此，需先分别求得左、右子树的高度，而左、右子树高度的求解方法和整棵二叉树高度的求解方法一致，因而可以用递归算法。

算法 6.6 求二叉树高度的算法。

```
int Height(BiTree T)
{
    int h1,h2;
    if(T==NULL) return 0;
    else
    {
        h1=Height(T->lchild);
        h2=Height(T->rchild);
```

第 6 章 树

143

```
                if(h1>h2) return h1+1;
                else return h2+1;
        }
    }
```

6.3.2 二叉树的线索化

二叉树的遍历其实是将二叉树中的节点按照一定的线性序列进行排列，在该序列中能够找到每个节点(除第一个和最后一个节点外)的直接前趋和直接后继。但是当二叉树采用二叉链表作为其存储结构时，因为每个节点中只有指向其左、右孩子节点的指针域，所以只能直接找到该节点的左、右孩子信息，而一般情况下无法直接找到该节点在任一序列中的前趋和后继节点，故这种信息只有在遍历的动态过程中才能得到。因此，如果要查找某个节点在任一序列中的前趋或后继节点时可以采用以下两种方式。

(1) 重新遍历二叉树。

(2) 在每个节点中增加两个指针域来存放遍历时得到的前趋和后继节点信息。

以上两种方式要么消耗时间，使得效率降低，要么浪费存储空间。那么解决上述问题有什么好方法呢？答案就是线索二叉树。

1. 线索二叉树的定义

由 6.2.3 节可知，在 n 个节点的二叉链表中含有 $n+1$ 个空指针域，可以利用这些空指针域存放节点在某种遍历序列下的前趋和后继节点的信息，这种指向其前趋和后继节点的指针域称为"线索"，加上线索的二叉树称为线索二叉树(threaded binary tree)。

2. 线索二叉树的节点定义

为了区分一个节点的指针域到底是指向其孩子还是指向线索，需要在每个节点中增加两个线索标志域。线索二叉树节点的结构由以下 5 个部分组成。

lchild	ltag	data	rtag	rchild

其中：

$$ltag=\begin{cases} 0 & \text{lchild域指示节点的左孩子} \\ 1 & \text{lchild域指示节点的直接前趋} \end{cases}$$

$$rtag=\begin{cases} 0 & \text{rchild域指示节点的右孩子} \\ 1 & \text{rchild域指示节点的直接后继} \end{cases}$$

在如图 6.14(a)所示的中根线索二叉树中，它的线索链表如图 6.14(b)所示。图中的实线表示指针，虚线表示线索。节点 D 的左线索为空，表示 D 是中根遍历序列的开始节点，它没有前趋；节点 F 的右线索为空，表示 F 是中根遍历序列的终端节点，它没有后继。显然，在线索二叉树中，一个节点是叶子节点的充要条件为：它的左、右线索标志均为 1。

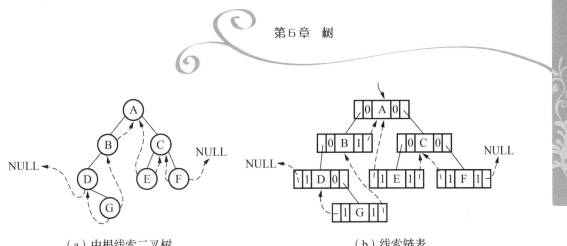

（a）中根线索二叉树　　　　　　　（b）线索链表

图 6.14　中根线索二叉树及其线索链表

下面给出线索链表中节点结构在 C 语言中的类型定义。

```
typedef  int  DataType;
/*DataType 是线索二叉树节点中数据的类型，可以为整型、字符型等类型，此处假设为整型*/
typedef struct BiThrNode
{
    DataType data;                      /*节点的数据元素*/
    struct BiThrNode *lchild,*rchild;   /*左右孩子指针*/
    int ltag,rtag;
} BiThrNode, *BiThrtree;
```

用由该节点结构构成的二叉链表作为二叉树的存储结构时，称为线索链表。

3．二叉树的线索化

对二叉树按照一定的次序进行遍历，对节点的操作是检查当前节点的左右指针域是否为空，若为空则用线索取代空指针，使其指针域指向其前趋或后继节点，并修改其线索标志域为 1，该过程称为二叉树的线索化。

为此，增加一个指针 pre，使其始终指向刚刚访问过的节点，指针 p 指向当前正在访问的节点，则有节点*pre 是节点*p 的前趋，而节点*p 是节点*pre 的后继。

下面以中根线索二叉树为例给出线索化的算法：线索化的过程其实就是遍历的过程，唯一区别在于线索化时对节点的操作是修改节点的空指针，使其指向前趋或后继节点的线索。

算法 6.7　二叉树的中根线索化。

算法描述如下。

若节点*p 的指针域为空，则修改其 ltag(或 rtag)为 1。

若节点*p 的前趋节点 pre!=NULL，则进行如下操作。

① 若节点*pre 的右线索标志已建立(即 pre->rtag==1)，则令 pre->rchild 指向其中根前趋节点*p 的右线索。

② 若节点*p 的左线索标志已建立(即 pre->ltag==1)，则令 p->lchild 指向其中根前趋节点*pre 的左线索。

③ 将指针 pre 指向刚刚访问过的节点*p(即 pre=p)，则在下一次访问一个新节点*p 时，*pre 为其前趋节点。

二叉树的
中根线索化
算法

根据线索链表中的节点结构，下面给出二叉树的中根线索化算法。

```
BiThrNode *pre;                      /*全程量,初值应为NULL*/
void InThreading(BiThrNode *p)       /*二叉树的中根线索化算法*/
{
    if(p)
    {
        InThreading(p->lchild);      /*递归左子树线索化*/
        if(p->lchild==NULL) p->ltag=1;      /*建立左线索标志*/
        if(p->rchild==NULL) p->rtag=1;      /*建立右线索标志*/
        if(pre!=NULL)
        {
            if(pre->rtag==1)                /* *pre 无右子树*/
                pre->rchild=p;              /* 右线索 pre->rchild 指向*p */
            if(p->ltag==1)                  /* *p 无左子树*/
                p->lchild=pre;             /* 左线索 p->lchild 指向*pre */
        }
        pre=p;
        InThreading(p->rchild);      /*递归右子树线索化*/
    }
}
```

思考题：请读者根据此算法写出先根线索化和后根线索化算法。

4. 线索二叉树的遍历

在线索二叉树中直接查找某节点的前趋和后继节点时不必重新遍历，使得查找效率大为提高。可以很方便地求得节点在先根、中根和后根遍历下的前趋和后继节点。

(1) 求节点*p 在中根线索二叉树中的后继节点。

① 若节点*p 的右子树为空，即 p->rtag==1，则 p->rchild 指向*p 的后继节点。

② 若节点*p 的右子树不为空，即 p->rtag==0，根据中根遍历的规律可知，*p 的后继节点必是其右子树中第一个中根遍历的节点，即右子树中最左下的节点。在图 6.13 中，A 的后继节点是 E。

算法 6.8　在中根线索二叉树中求节点直接后继的算法。

```
BiThrNode *InorderNext(BiThrNode *p)     /*求中根线索二叉树中*p 的后继节点*/
                                         /*函数返回指向中根后继的指针*/
{
    if(p->rtag==1)          /**p 的右子树为空*/
        p=p->rchild;        /*p->rchild 是右线索,指向*p 的后继节点*/
    else                    /**p 的右子树非空*/
    {
        p=p->rchild;        /*从*p 的右孩子开始查找*/
        while(p->ltag==0)   /*当*p 不是左下节点时,继续查找*/
```

```
            p=p->lchild;
    }
    return p;
}
```

(2) 求节点*p 在中根线索二叉树中的前趋节点。

① 如果节点*p 的左子树为空，即 p->ltag==1，则 p->lchild 指向 p 的前趋节点。

② 如果节点*p 的左子树不为空，即 p->ltag==0，根据中根遍历的规律可知，*p 的前趋节点必是其左子树中最后一个中根遍历的节点。在图 6.14 中，A 的前趋节点是 B。

算法 6.9　在中根线索二叉树中求节点直接前趋的算法。

```
BiThrNode *InorderPre(BiThrNode *p)  /*求中根线索二叉树中*p 的前趋节点*/
                                     /*函数返回指向中根前趋的指针*/
{
    if(p->ltag==1)        /**p 的左子树为空*/
        p=p->lchild;      /*p->lchild 是左线索,指向*p 的前趋节点*/
    else                  /**p 的左子树非空*/
    {
        p=p->lchild;                  /*从*p 的左孩子开始查找*/
        while(p->rtag==0)             /*当*p 不是右下节点时,继续查找*/
            p=p->rchild;
    }
    return p;
}
```

(3) 求节点*p 在后根线索二叉树中的前趋节点。

① 如果节点*p 的左子树为空，即 p->ltag==1，则 p->lchild 指向*p 的前趋节点。在图 6.15 中，H 的前趋节点是 B，F 的前趋节点是 G。

② 如果节点*p 的左子树不为空，即 p->ltag==0，则：

若节点*p 的右子树不为空，则 p->rchild 所指节点(即其右孩子节点)为其前趋节点，在图 6.15 中，A 的前趋节点是 E；

若节点*p 的右子树为空，则 p->lchild 所指节点(即其右孩子节点)为其前趋节点，在图 6.15 中，E 的前趋节点是 F。

(4) 求节点*p 在后根线索二叉树中的后继节点。

① 如果节点*p 是根节点，则其后继为空。

② 如果节点*p 是其双亲的右孩子节点，则*p 的双亲节点为其后继节点。在图 6.15 中，E 的后继节点是 A。

③ 如果节点*p 是其双亲的左孩子节点，而且*p 没有兄弟节点，则*p 的双亲节点为其后继节点，在图 6.15 中，F 的后继节点是 E。

④ 如果节点*p 是其双亲的左孩子，但是*p 有兄弟节点，则*p 的后继节点是其双亲的右子树中后根遍历的第一个节点，即右子树中"最左下的叶子节点"。在图 6.15 中，B 的后继节点是双亲节点 A 的右子树中最左下的叶子节点 H，注意 F 是该子树中最左下的分支

节点，但它不是叶子节点。

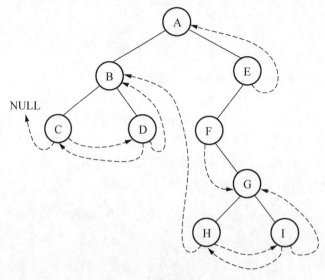

图 6.15　后根线索二叉树

由上述讨论可知，在后根线索二叉树中，仅从*p出发就能找到其后根前趋节点；而查找*p的后根后继节点，仅当*p的右子树为空时，才能直接由*p的右线索 p->rchild 找到，否则必须知道*p的双亲节点才能找到其后根后继节点。因此，如果线索二叉树中的节点没有指向其双亲节点的指针，就可能要从根节点开始进行后根遍历才能找到节点*p的后根后继节点。由此可见，线索对查找指定节点的后根后继节点并无多大帮助。

思考题： 写出后根线索二叉树中求节点前趋和后继的算法。

(5) 求节点*p在先根线索二叉树中的前趋节点。

① 如果节点*p的左子树为空，即 p->ltag==1，则 p->lchild 指向*p的前趋节点。

② 如果节点*p的左子树不为空，即 p->ltag==0，则如果*p是双亲的左孩子，那么*p的前趋节点是其双亲节点；如果*p是双亲的右孩子，那么*p的前趋节点是其双亲左子树中先根遍历的最后一个节点。

(6) 求节点*p在先根线索二叉树中的后继节点。

① 如果节点*p的右子树为空，即 p->rtag==1，则 p->rchild 指向*p的后继节点。

② 如果节点*p的右子树不为空，即 p->rtag==0，则如果*p有左子树，那么*p的后继节点是其左子树的根节点；如果*p没有左子树，那么*p的后继节点是其右子树的根节点。

算法 6.10　写出遍历中根线索二叉树的算法。

算法描述： 遍历某种顺序的线索二叉树，只要从该顺序下的开始节点出发，反复找到节点在该顺序下的后继节点，直至终端节点。这对于中根和先根线索二叉树而言是十分简单的，无须像非线索二叉树的遍历那样，引入栈来保存留待以后访问的子树信息。

```
void TraverseInorderThread(BiThrNode *p)        /*遍历中根线索二叉树*/
{
    if(p!=NULL)                                 /*非空树*/
    {
```

```
    while(p->ltag==0)                            /*找到中根序列的开始节点*/
        p=p->lchild;
    do
    {
        printf("\t%d\n",p->data);                /*访问节点*p*/
        p=InorderNext(p);                        /*找*p的中根后继节点*/
    }while(p!=NULL);
    }
}
```

由于中根序列的终端节点的线索为空，因此 do 语句的终止条件是 p 为 NULL，显然该算法的时间复杂度为 $O(n)$，但常数因子比上节讨论的遍历算法小，且无须设栈。因此，若要对一棵二叉树经常遍历，或者查找节点在指定顺序下的前趋和后继节点，其存储结构采用线索二叉树为宜。

本节介绍的线索二叉树都是既有左线索又有右线索，但在许多应用中常常只用到右线索，而没有必要设立左线索。

6.3.3 用二叉树解决快速搜索人口普查中的数据问题

(1) 定义数据元素类型。

```
typedef struct
{
    long Id;                         /*身份证号*/
    long memoryAdd;                  /*内存地址*/
} Record, *RecordType;               /*二叉树内存记录节点数据及其指针类型*/


typedef struct BiTNode
{
    RecordType data;                 /*节点的数据元素*/
    struct BiTNode *lchild, *rchild; /*左右孩子指针*/
} BiTNode, *BiTree;
```

(2) 编写程序实现各项功能。

```
#include <stdio.h>
#include <stdlib.h>
#include <string.h>


typedef struct
{
    long Id;                         /*身份证号*/
    long memoryAdd;                  /*内存地址*/
} Record, *RecordType;               /*二叉树内存记录节点数据及其指针类型*/
```

```
typedef struct BiTNode
{
    RecordType data;                  /*节点的数据元素*/
    struct BiTNode *lchild, *rchild; /*左右孩子指针*/
} BiTNode, *BiTree;

/*创建二叉树*/
BiTree CreateBiTree()
{
    BiTree root=NULL;
    long Id=0;
    long memoryAdd=0;
    print("Id:");
    scanf("%ld", &Id);
    print("Id:");
    print("memoryAdd:");
    scanf("%ld", &memoryAdd);
    if(Id!=0&&memoryAdd!=0)
    {
        RecordType data=(RecordType)malloc(sizeof(Record));
        data->Id=Id;
        data->memoryAdd=memoryAdd;
        root=(BiTree)malloc(sizeof(BiTNode));
        root->data=data;
        root->lchild=CreateBiTree();
        root->rchild=CreateBiTree();
    }
    return root;
}

/*先根遍历二叉树*/
void PreOrderTraverse(BiTree t)
{
    if(t!=NULL)
    {
        printf("身份证号:%ld, 内存地址:%ld\n", t->data->Id, t->data-> memoryAdd);
        PreOrderTraverse(t->lchild);
        PreOrderTraverse(t->rchild);
    }
}

/*根据身份证号查找树节点*/
```

```
BiTNode *FindNode(BiTree t, long Id)
{
    BiTNode *result=NULL;
    if(t!=NULL)
    {
        if(t->data->Id==Id)
        {
            result=t;
        }
        else
        {
            result=FindNode(t->lchild, Id);
            if(result==NULL)
            {
                result=FindNode(t->rchild, Id);
            }
        }
    }
    return result;
}

int main()
{
    char ch='\0';
    long Id=0;
    BiTree tree=NULL;
    do
    {
        printf("********请选择所需要的操作********\n");
        printf("1. 构建二叉树\n");
        printf("2. 先根遍历二叉树\n");
        printf("3. 根据身份证号查找内存地址\n");
        printf("4. 退出\n");
        printf("\n");
        ch=getchar();
        getchar();
        switch(ch)
        {
          case '1':
                  printf("请按照先根顺序输入节点;如果没有子节点,则输入 0\n");
                  tree=CreateBiTree();
                  break;
            case '2':
```

```
                    PreOrderTraverse(tree);
                    break;
            case '3':
                    printf("请输入身份证号:");
                    scanf("%ld", &Id);
                    if(Id>0)
                    {
                            BiTNode *result=FindNode(tree, Id);
                            if(result!=NULL)
                            {
                                    printf("身份证号%ld 对应记录的内存地址为%ld\n\n",
Id, result->data->memoryAdd);
                            }
                            else
                            {
                                    printf("不存在该身份证号\n\n");
                            }
                    }
                    else
                    {
                            printf("身份证号必须大于零\n\n");
                    }
                    break;
            case '4':
                    exit(0);
                    break;
            default:
                    exit(0);
            }
        _flushall();
    }while(1);
    return 0;
}
```

快速搜索人
口普查系统
运行演示

独立实践

试给出二叉树中根、后根遍历的算法。

6.4 树 和 森 林

现实中的问题往往只能用树和森林进行描述，而不能直接用二叉树来表示，因此本节

将介绍二叉树与树和森林之间的对应关系，并给出树和森林的存储表示及其遍历。

6.4.1 树的存储

树的存储方式有多种，本节仅讨论常用的 3 种，即双亲链表表示法、孩子链表表示法及孩子兄弟链表表示法。

1. 双亲链表表示法

双亲链表表示法是指利用树中每个节点都具有唯一的双亲节点的性质，用一个连续的存储空间来存储树中的节点信息，同时为每个节点附加一个指针域 parent，用于指向其双亲节点所在的位置，这样就可唯一地表示一棵树。双亲链表表示法中节点的结构如图 6.16 所示。

图 6.16 双亲链表表示法中节点的结构

下面给出双亲链表表示法中节点结构在 C 语言中的类型定义。

```
#define MAX_TREE_NODE  100        /*定义树中节点数目的最大值*/
typedef struct PTnode
{
    elemtype data;                /*数据域*/
    int parent;                   /*双亲位置域*/
}PTnode;
Typedef struct PTree
{
    PTnode nodes[MAX_TREE_NODE];
    int n;                        /*树中的节点数*/
}
```

图 6.17 所示为一棵树及其双亲链表表示法的存储结构。

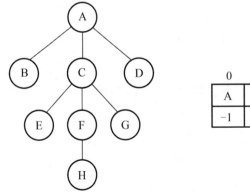

0	1	2	3	4	5	6	7
A	B	C	D	E	F	G	H
−1	0	0	0	2	2	2	5

图 6.17 树及其双亲链表表示法的存储结构

由图 6.17 可知，双亲链表表示法中的指针 parent 是向上链接的，因此查找某个节点的双亲节点变得非常容易，但是要查找其孩子节点就需要重新遍历整棵树。下面的孩子链表表示法可以方便查找孩子节点。

2. 孩子链表表示法

由于树中的每个节点都可以有多个孩子节点，因此，当采用多重链表来表示度为 k 的树时，每个节点内要设置 k 条链指向其孩子节点。在 n 个节点的树中，其空指针域的数目是 $kn-(n-1)=n(k-1)+1$，这将造成极大的空间浪费。图 6.17 中度为 3 的树的存储结构如图 6.18 所示，其对应的空指针域为 17。

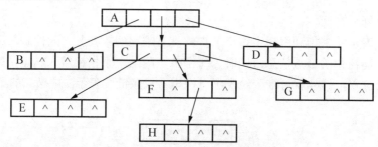

图 6.18　图 6.17 中树的存储结构

如果根据每个节点实际的孩子数设置指针域，并在节点内增加一个度数域用来表示该节点所指示的节点数，虽然节省了储存空间，但是给运算带来了不便。

那么最好的表示方法就是将每个节点的孩子节点进行排列，将其看成一个线性表，且以单链表作为其存储结构，则 n 个节点有 n 个孩子链表(叶子节点的孩子链表为空表)，同时在每个节点上附加一个指针指向其孩子节点构成的单链表，如图 6.19(a)所示。

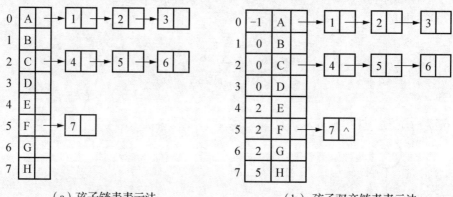

（a）孩子链表表示法　　　　　　　　（b）孩子双亲链表表示法

图 6.19　图 6.16 中树的孩子链表表示法及孩子双亲链表表示法

下面给出孩子链表表示法中节点的结构在 C 语言中的类型定义。

```
typedef struct CTNode        /*孩子节点结构*/
{
    int child;               /*孩子节点序号*/
    struct CTNode *next;
}*ChildPtr;                  /*孩子链表节点*/
typedef struct              /*双亲节点结构*/
{
    DataType data;           /*树节点数据*/
```

```
        ChildPtr firstchild;        /*孩子链表头指针*/
}CTBox;
typedef struct
{
    CTBox   nodes[MAX_TREE_NODE];
    int n;
}
```

　　孩子链表表示法对于查找某个节点的孩子节点非常容易，但是查找其双亲节点又比较麻烦，为此可以把双亲链表表示法和孩子链表表示法结合起来，即孩子双亲链表表示法，该方法在双亲节点结构中附加一个双亲指示域，如图6.19(b)所示。

　　3. 孩子兄弟链表表示法

　　孩子兄弟链表表示法和二叉树的二叉链表表示法完全一样，它采用两条链分别连接第一个孩子和其下一个兄弟节点，分别命名为firstchild和rightsibling，即可得到树的孩子兄弟链表表示结构。孩子兄弟链表表示法中节点的结构如图6.20所示。

第一个孩子节点	数据域	右兄弟节点
firstchild	data	rightsibling

图6.20　孩子兄弟链表表示法中节点的结构

下面给出孩子兄弟链表表示法中节点结构在C语言中的类型定义。

```
typedef struct CSnode
{
    Datatype data;   /*数据域*/
    Struct CSnode *firstchild,*rightsibling;
                    /*用来指示节点的第一个孩子和下一个兄弟节点*/
}CSnode,*CStree;
```

　　例如，图6.17中树的孩子兄弟链表表示法如图6.21所示。这种存储结构的最大优点是，可以方便地实现树和二叉树的相互转换及树的各种操作，因此，可利用二叉树的算法来实现对树的操作。

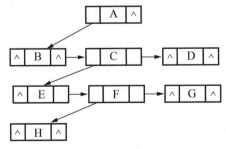

图6.21　图6.17中树的孩子兄弟链表表示法

例如，若要访问节点的第 i 个孩子节点，只需要沿着 firstchild 指针找到第一个孩子节点，然后沿着孩子节点的 rightsibling 指针连续走 i-1 步即可。这种存储结构实际上是将一棵树转换成一棵对应的二叉树，这样有利于实现树和森林的各种操作。因此这是一种较为普遍的树的存储方式。

6.4.2 树、森林与二叉树的转换

从树的孩子兄弟链表表示法的定义可知，这种存储结构其实就是将一棵树转换成一棵二叉树，然后进行存储。因此，一棵树能够唯一地转换成一棵二叉树；反之，一棵二叉树也能够还原成唯一的一棵树。此外，因为树的根节点没有兄弟节点，所以在树转换得到的二叉树中，其根节点的右子树必为空。如果将森林中的每一棵树的根节点看作同一层的有序排列的兄弟节点，则森林也可以转换成一棵二叉树。

1. 树、森林转换成二叉树

树中每个节点可能有多个孩子节点，但二叉树中每个节点最多只能有两个孩子节点。要把树转换为二叉树，就必须找到一种节点与节点之间至多用两个量说明的关系。树中每个节点最多只有一个最左边的孩子(长子)节点和一个右邻的兄弟节点，这就是我们要找的关系。按照这种关系很自然地就能将树转换成对应的二叉树，转换方法如下。

(1) 在所有兄弟节点之间加一连线。

(2) 对每个节点，除了保留与其长子节点的连线，去掉与其他孩子节点的连线。

使用上述转换法，图 6.22(a)所示的树就变为图 6.22(b)所示的形式，它已是一棵二叉树，若按顺时针方向将它旋转约 45°，就更清楚地变为图 6.22(c)所示的二叉树。由于树根没有兄弟，故树转换成二叉树后，二叉树的根节点的右子树必为空。

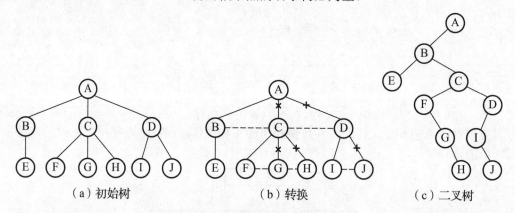

（a）初始树　　　　　　　　（b）转换　　　　　　　　（c）二叉树

图 6.22　树转换成二叉树

将一个森林转换成二叉树的方法是：先将森林中的每一棵树转换成二叉树，然后将各二叉树的根节点视为兄弟节点连在一起。例如，图 6.23(b)是图 6.23(a)的转换结果，图 6.23(c)是图 6.23(b)旋转约 45°后的二叉树。

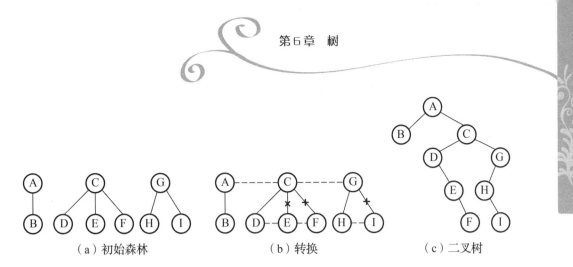

（a）初始森林　　　　　　（b）转换　　　　　　（c）二叉树

图 6.23　森林转换成二叉树

2. 二叉树到树、森林的转换

同样，也有一种自然的方法把二叉树转换成树和森林：若节点 x 是其双亲 y 的左孩子，则把 x 的右孩子，右孩子的右孩子，……，都与 y 用连线连起来，最后去掉所有双亲到右孩子的连线。例如，图 6.24(a)所示二叉树通过上述方法转换成图 6.24(c)所示的森林。

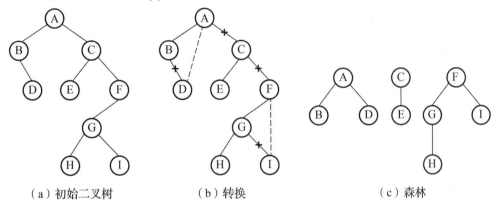

（a）初始二叉树　　　　　　（b）转换　　　　　　（c）森林

图 6.24　二叉树转换成森林

6.4.3　树和森林的遍历

树和森林主要有两种遍历方式：先根遍历和后根遍历。

1. 树的遍历

(1) 先根遍历过程。

① 访问树的根节点。

② 按照从左到右的顺序先根遍历根节点的各子树。

(2) 后根遍历过程。

① 按照从左到右的顺序后根遍历根节点的各子树。

② 访问树的根节点。

例如，对图 6.22(a)所示的树进行先根遍历和后根遍历，得到的序列分别是 ABECFGHDIJ 和 EBFGHCIJDA。

思考题：该树对应的二叉树的先根、中根和后根遍历序列与该树的先根、后根遍历序列之间有何关系？

2. 森林的遍历

(1) 先根遍历森林的过程如下(若森林非空)。

① 访问森林中第一棵树的根节点。

② 先根遍历第一棵树的根节点的子树森林。

③ 先根遍历除第一棵树之外由其他的树构成的森林。

(2) 后根遍历森林的过程如下(若森林非空)。

① 后根遍历第一棵树的根节点的子树森林。

② 访问森林中第一棵树的根节点。

③ 后根遍历除第一棵树之外由其他的树构成的森林。

例如，对图 6.23(a)所示的森林进行先根遍历和后根遍历，得到的序列分别是 ABCDEFGHI 和 BADEFCHIG。

思考题：该森林对应的二叉树的先根、中根和后根遍历序列与该森林的先根、后根遍历序列之间有何关系？

6.5 哈夫曼树及其应用

文件传输编码问题

现实生活中为了文件的安全及提高传输速度，常需要对文件进行加密和压缩，哈夫曼 (Huffman)编码是数据压缩技术中的一种无损压缩方法。它既实现了加密又具有压缩功能，常用于文本、图像的压缩，如 TXT 文件、JPG 文件等。

现需要实现如下的功能：利用哈夫曼编码实现文件传输时的编码及解码问题。

本节以哈夫曼树为例介绍二叉树的具体应用。哈夫曼树又称最优二叉树，是一种应用非常广泛的树结构。

6.5.1 基本概念

哈夫曼树是一类带权路径长度最短的树，具有广泛的应用。其所涉及的基本概念如下。

(1) 路径：树中的一个节点到另一个节点之间的分支序列。

(2) 路径长度：路径上的分支数目。

(3) 树的路径长度：从根节点到树中每个节点的路径长度之和。

(4) 节点的权：在实际应用中为表达某种实际意义，而为节点赋予的一个权值。

(5) 节点的带权路径长度：指该节点到根节点之间的路径长度乘以该节点上的权值。

(6) 树的带权路径长度(Weighted Path Length, WPL)：树中所有叶子节点的带权路径长度之和，通常记为

$$\text{WPL} = \sum_{i=1}^{n} w_i \, l_i$$

其中，n 表示树中叶子节点的总个数，W_i 和 L_i 分别表示第 i 个叶子节点的权值和根节点到该叶子节点的路径长度。在由 n 个带权叶子节点所构成的二叉树中，WPL 最小的二叉树称为最优二叉树或哈夫曼树。

例 6.5　以权值分别为 7、6、3、2 的 4 个节点作为叶子节点，可以构造多棵二叉树，且带权路径长度不同，如图 6.25 所示。

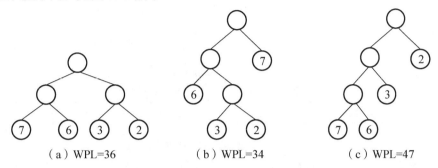

图 6.25　带权路径长度不同的二叉树

(a)　WPL=7×2+6×2+3×2+2×2=36。

(b)　WPL=7×1+6×2+3×3+2×3=34。

(c)　WPL=7×3+6×3+3×2+2×1=47。

其中，(b)树的 WPL 最小，它就是哈夫曼树。可以证明，将权值大的节点尽量靠近根节点，会使得 WPL 最小。

6.5.2　哈夫曼树的构造

1. 哈夫曼树的构造方法

哈夫曼树的构造过程可以描述如下。

(1)　由给定的 n 个权值 $W_1, W_2, W_3, \cdots, W_n$ 构成 n 棵二叉树的森林 $F=\{T_1, T_2, T_3, \cdots, T_n\}$，其中每棵二叉树 T_i 中都只有一个权值为 W_i 的根节点。其左右子树均为空。

(2)　重复以下步骤，直到 F 中只剩下一棵二叉树，该树便是哈夫曼树。

①　在 F 中选出两棵根节点的权值最小的二叉树(当这样的树不止两棵时，可以从中任选两棵)分别作为左右孩子来构造一棵新的二叉树，新二叉树的根节点的权值为左右孩子权值之和。

②　在 F 中删除这两棵二叉树，并将新的二叉树加入到 F 中。

例 6.6　4 个叶子节点的权值分别为 6、7、3、2，根据上述方法构造一棵哈夫曼树，给出其构造过程。

构造过程如图 6.26 所示。

2. 哈夫曼树的存储结构

由哈夫曼树的构造过程可以得出：哈夫曼树中只有度为 2 的节点，根据二叉树的性质 3 可知，一棵有 n 个叶子节点的哈夫曼树共有 $2n-1$ 个节点。可以采用一个一维数组存储二叉树的所有节点，每个节点需要存储其孩子节点和双亲节点的存储位置信息，这样就可唯一地表示一棵哈夫曼树。哈夫曼树节点的结构如图 6.27 所示。

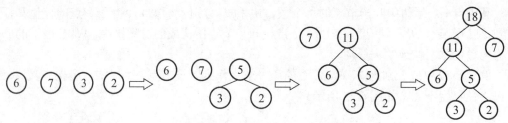

（a）初始森林　　　（b）在F中删掉3、2，　　（c）在F中删掉6、5，　　（d）哈夫曼树
　　　　　　　　　　将5作为新的节点　　　　将11作为新的节点

图 6.26　哈夫曼树的构造过程

节点权值	双亲节点下标	左孩子节点下标	右孩子节点下标
weight	parent	lchild	rchild

图 6.27　哈夫曼树节点的结构

下面给出哈夫曼树的存储结构。

```
#define n 4
#define m 2*n-1
typedef struct                    /*哈夫曼树节点的存储结构*/
{
    float weight;                 /*节点权值*/
    int parent,lchild,rchild;     /*双亲及左右孩子的数组下标*/
}HafuNode,*HafuTree;
HafuTree tree[m];
```

当节点没有双亲节点或孩子节点时，其相应的链域值为-1，并且将树中的叶子节点集中存储在前 n 个单元中，后 $n-1$ 个单元存储其余非叶子节点。

3. 哈夫曼树的构造算法

哈夫曼给出了一个构造哈夫曼树的方法，即哈夫曼算法。

哈夫曼树的
构造算法

　　算法 6.11　哈夫曼树的构造算法。

算法描述如下。

(1) 初始化哈夫曼树中 $2n-1$ 个节点的指针域及权值域分别为-1。

(2) 将 n 个节点的权值依次输入前 n 个存储单元中。

(3) 再进行 $n-1$ 次合并，共产生 $n-1$ 个新节点，依次放入 $n-1$ 个存储单元中。每次合并的步骤如下。

① 在当前森林的所有节点中，选取双亲为-1 且权值最小的两个根节点 r_1、r_2，将 r_1、r_2 的权值之和作为新的节点 r，并将 r 放入后 $n-1$ 个存储单元中。

② 修改 r 的 lchild 和 rchild 域分别为 r_1 和 r_2 的下标值，相应地修改 r_1、r_2 的 parent 域的值为 r 的下标值。

```
void HuffMan(HafuTree tree[])
{
    int i,j,p1,p2;
```

```
        float small1,small2,f;
        for(i=0;i<m;i++)                    /*初始化*/
        {
            tree[i].parent=-1;
            tree[i].lchild=-1;
            tree[i].rchild=-1;
            tree[i].weight=0.0;
        }
        for(i=0;i<n;i++)                    /*读入前 n 个节点的权值*/
        {
            scanf("%f",&f);
            tree[i].weight=f;
        }
        for(i=n;i<m;i++)                    /*进行 n-1 次合并,产生 n-1 个新节点*/
        {
            p1=0;p2=0;
            small1=maxval; small2=maxval;    /*maxval 是 float 类型的最大值*/
            for(j=0;j<i-1;j++)               /*选出两个权值最小的根节点*/
                if(tree[j].parent==0)
                    if(tree[j].weight<small1)
                    {
                        small2=small1;       /*改变最小权、次小权及对应的位置*/
                        small1=tree[j].weight;
                        p2=p1;
                        p1=j;
                    }
                    else
                        if(tree[j].weight<small2)
                        {
                         small2=tree[j].weight;    /*改变次小权及位置*/
                         p2=j;
                        }
            tree[p1].parent=i+1;
            tree[p2].parent=i+1;
            tree[i].lchild=p1+1;
                        /*最小权根节点是新节点的左孩子,分量号是下标加 1*/
            tree[i].rchild=p2+1;        /*次小权根节点是新节点的右孩子*/
            tree[i].weight=tree[p1].weight+tree[p2].weight;
        }
    }
```

例 6.7 已知权值集合为{6, 2, 3, 9, 12, 24, 10, 8}，根据哈夫曼树的构造算法，构造一棵哈夫曼树，并给出哈夫曼树节点数组的初始状态和最终状态，如图 6.28 所示。

下标	weight	parent	lchild	rchild
0	6	−1	−1	−1
1	2	−1	−1	−1
2	3	−1	−1	−1
3	9	−1	−1	−1
4	12	−1	−1	−1
5	24	−1	−1	−1
6	10	−1	−1	−1
7	8	−1	−1	−1
8				
9				
10				
11				
12				
13				
14				

（a）初始状态

下标	weight	parent	lchild	rchild
0	6	−1	−1	−1
1	2	−1	−1	−1
2	3	−1	−1	−1
3	9	−1	−1	−1
4	12	−1	−1	−1
5	24	−1	−1	−1
6	10	−1	−1	−1
7	8	−1	−1	−1
8	5	9	2	1
9	11	11	0	8
10	17	12	3	7
11	21	13	9	6
12	29	14	10	4
13	45	14	5	11
14	74	−1	13	12

（b）最终状态

图 6.28　哈夫曼树节点数组的初始状态和最终状态

　　因为 $n=8$，所以数组的总长度为 $2n-1=15$。根据算法描述可知，数组的初始状态只有叶子节点，图 6.27 中的−1 表示其双亲或孩子节点为空，数组的最终状态则为构造的哈夫曼树。若相应的权值集合对应的字符集合为{A, B, C, D, E, F, G, H}，则构造的哈夫曼树如图 6.29所示。

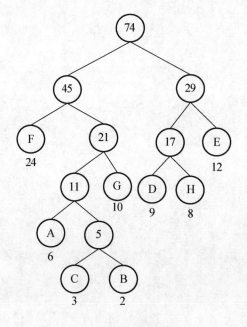

图 6.29　哈夫曼树

6.5.3 哈夫曼树的应用

哈夫曼编码是数据压缩技术中的一种无损压缩方法。在数据通信中，需要对通信信息以二进制的0、1进行编码。例如，需要传送的报文为"ABACDDCA"，则传送前先将其进行编码，即将报文中的字符转换成二进制的0、1序列。报文中仅含有4种字符，因此只需要长度为2的二进制串便可识别。

若A、B、C、D这4个字符的编码分别为00、01、10、11，则上述8个字符的报文可翻译成"0001001011111000"，报文总长度为16位，接收方接收到报文后，可按照二位一个单元进行译码。但是，在进行报文传送时，总是希望码长越短越好。如果对每个字符设计长度不等的编码，并且让出现次数较多的字符编码尽可能短，则总的码长便可减少。若对字符A、B、C、D采用如下编码：0、00、1、01，则上述报文可翻译成"00001010110"，报文总长度为11位。但是，在接收方进行译码的时候就会出现问题，如前4位"0000"可以翻译成"AAAA""AAB"或"BB"等。因此，在设计长度不等的编码时，必须满足每个字符的编码都不是另一个字符编码的前缀这个条件，称这种编码为前缀编码。

1. 哈夫曼编码

二叉树可以实现字符的前缀编码。若将字符节点表示为叶子节点，节点上的权值表示节点出现的次数，以此就可设计一棵哈夫曼树，且约定二叉树中的左分支为0、右分支为1，则每个字符的编码可以表示为从根节点到叶子节点所经过的分支构成的0、1序列。通过哈夫曼树得到的二进制前缀编码又称哈夫曼编码。如果报文"ABACDDCA"中A、B、C、D出现的次数分别为3、1、2、2，则其对应的哈夫曼树如图6.30所示。

相应的哈夫曼编码可以表示为1000100101010011。

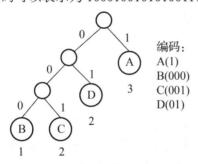

图6.30 报文"ABACDDCA"对应的哈夫曼树

编码：
A(1)
B(000)
C(001)
D(01)

哈夫曼编码
算法

2. 哈夫曼编码的算法实现

算法6.12 哈夫曼编码的算法实现。

```
Typedef char *HuffmanCode;              /*动态分配数组存储哈夫曼编码*/
void Huffmancode(HafuTree Htree, HuffmanCode HC,int n)
/*根据哈夫曼树求出哈夫曼编码*/
{
    int c,p,start;char *cd;
    HC=(HuffmanCode)malloc((n+1)*sizeof(char*));    /*求出的哈夫曼编码*/
    cd=(char*)malloc(n*sizeof(char));
```

```
            cd[n-1]= '\0';
            for(int i=0;i<n;i++)
            {
                start=n;
                c=i+1;                    /*从叶子节点出发向上回溯*/
                p=Htree[i].parent;        /*Htree[p-1]是 Htree[i]的双亲*/
                while(p!=0)
                {
                    start--;
                    if(Htree[p-1].lchild==c)
                        cd[start]='0';        /*Htree[i]是左子树,生成代码'0'*/
                    else
                        cd[start]='1';        /*Htree[i]是右子树,生成代码'1'*/
                    c=p;
                    p=Htree[p-1].parent;
                }
                HC[i]=(char*)malloc((n-start)*sizeof(char));
                                          /*第 i+1 个字符的编码存入 HC[i]*/
                strcpy(HC[i],&cd[start]);
            }
            free(cd);   /*释放工作空间*/
        }
```

若以图 6.30 所示的哈夫曼树为例，则采用上述算法求出的哈夫曼编码如图 6.31 所示。

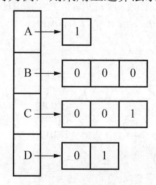

图 6.31   哈夫曼编码

6.5.4   用哈夫曼树解决文件传输编码问题

(1) 定义哈夫曼树中数据元素的类型。

```
typedef struct                /*哈夫曼节点存储结构*/
{
    char ch;                  /*节点字符*/
    int w;                    /*节点权值*/
    int lchild,rchild;        /*左右孩子的数组下标*/
}HafuNode,*HafuTree;
```

```
typedef struct
{
    char ch;                        /*叶子节点字符*/
    char codestr[20];               /*字符编码*/

}HafuCode;

HafuTree ht;                        /*声明一个指向树节点的指针*/
HafuCode code[27];                  /*用于存放对应字符到哈夫曼编码*/
```

(2) 编写程序实现各项功能。

```
#include <stdio.h>
#include <stdlib.h>                 /*其他库函数声明*/
#include <string.h>
#include <conio.h>

typedef struct                      /*哈夫曼节点存储结构*/
{
    char ch;                        /*节点字符*/
    int w;                          /*节点权值*/
    int lchild,rchild;              /*左右孩子的数组下标*/
}HafuNode,*HafuTree;

typedef struct
{
    char ch;                        /*叶子节点字符*/
    char codestr[20];               /*字符编码*/

}HafuCode;

HafuTree ht;                        /*声明一个指向树节点的指针*/
HafuCode code[27];                  /*用于存放对应字符到哈夫曼编码*/

int num;                            /*记录节点数*/
int codenum=0;                      /*已经获得的编码个数*/
char filename[20]="";               /*存储文件名*/

bool InitHafuArry()
/*导入文件计算权值,生成只含有叶子节点的HafuNode数组*/
{
    int j,i,k;
    HafuNode tmpht;
    FILE *fp=NULL;                  /*定义一个指向打开文件的指针*/
```

```
    char ch;                    /*用于存储一个字母*/
    char location[100]="D:\\";
    ht=(HafuTree)malloc(53*sizeof(HafuNode));  /*为哈夫曼树分配内存空间*/
    if(ht==NULL)
        return false;
    for(i=0; i<53; i++)         /*初始化所有的数据单元,每个单元自成一棵树*/
    {
        ht[i].w=0;              /*权值初始化为0*/
        ht[i].lchild=ht[i].rchild=-1;          /*左右子树为空*/
    }
    num=0;
    printf("File name:");
    scanf("%s",filename);
    strcat(location,filename);
    fp=fopen(location,"r");
    if(!fp)                     /*返回1时即存在文件*/
    {
        printf("Open Error\n");
        return false;
    }
    while(!feof(fp))            /*没到结尾时返回0*/
    {
        ch=fgetc(fp);
        if(ch==' '||ch<='z'&&ch>='a'||ch<='Z'&&ch>='A')
        {
            printf("%c",ch);
            if(ch==' ')
                ch='#';
            for(j=0; j<num; j++)
            {
                if(ht[j].ch==ch)
                {
                    break;
                }
            }
            if(j==num)                  /*找到新字符*/
            {
                ht[num].ch=ch;          /*将新字符存入并将权值相加1*/
                ht[num].w++;
                num++;
            }
            else
            {
```

```
                    ht[j].w++;                    /*将已有字符权值相加1*/
                }
            }
        }
    fclose(fp);
    printf("\n");
    for(i=0;i<num; i++)                           /*对叶子节点按权值进行升序排序*/
    {
        k=i;
        for(j=i+1; j<num; j++)
        {
            if(ht[j].w<ht[k].w)
            /*如果后面发现权值比i小,则将其下标记录下来,循环完成之后找到最小的*/
                k=j;
        }
        if(k!=i)  /*如果权值最小的不是第i个元素,则交换位置,将小的放到前面*/
        {
            tmpht=ht[i];
            ht[i]=ht[k];
            ht[k]=tmpht;
        }
    }
    return true;
}


int CreateHuffman(HafuTree ht)
/*在数组中生成哈夫曼数,返回根节点下标*/
{
    int i,k,j,root;
    HafuNode hfnode;
    codenum=0;
    for(i=0;i<num-1;i++)
    {   /*需生成num-1个节点*/
        k=2*i+1;                                  /*每次取最前面两个节点,其权值必定最小*/
        hfnode.w=ht[k].w+ht[k-1].w;
        hfnode.lchild=k-1;
        hfnode.rchild=k;
        for(j=num+i;j>k;j--)                       /*将新节点插入到有序数组中*/
        {
            if(ht[j].w>hfnode.w)
            {
                ht[j+1]=ht[j];
            }
```

```
                else break;
            }
            ht[j]=hfnode;
            root=j;              /*一直跟随新生成的节点,最后新生成的节点为根节点*/
        }
        return root;
    }
    void GetHafuCode(HafuTree ht,int root,char *codestr)
    /*ht 是哈夫曼树,root 是根节点下标,codestr 是用来暂时存放叶子节点编码的,一开始为空*/
    {
        FILE *out;
        int len,i;
        FILE *fp;                      /*定义一个指向打开文件的指针*/
        char ch;                       /*用于存储一个字母*/
        char location[100]="D:\\";
        if(ht[root].lchild==-1)
        {
            /*遇到递归终点是叶子节点的,记录叶子节点的哈夫曼编码*/
            code[codenum].ch=ht[root].ch;
            strcpy(code[codenum].codestr,codestr);
            codenum++;
        }
        else                           /*不是终点则继续递归*/
        {
            len=strlen(codestr);
            codestr[len]='0';    /*左分支编码 0*/
            codestr[len+1]=0;        /*向左孩子递归之前调整编码序列末尾加 0,相当于加了
一个'\0'(NULL),其十进制值是 0,以便下次循环时添加字符,否则会被覆盖*/
            GetHafuCode(ht,ht[root].lchild,codestr);     /*向左递归*/
            len=strlen(codestr);
            codestr[len-1]='1';  /*右分支编码为 1,向右递归之前末尾编码 0 改为 1*/
            GetHafuCode(ht,ht[root].rchild,codestr);     /*向右递归*/
            len=strlen(codestr);
            codestr[len-1]=0;                    /*左右孩子递归返回后,删除编码标记末尾*/
        }
        strcat(location,filename);
        fp=fopen(location,"r");
        if(!fp)  /*返回 1 时即存在文件*/
        {
            printf("Open Error");
            return;
        }
        out=fopen("D:\\code.txt","w+");
```

```
    if(!out)
    {
        printf("Write Error");
        return;
    }
    while(!feof(fp))                        /*没到结尾时返回0*/
    {
        ch=fgetc(fp);                       /*重新打开源文件,对照编码译成哈夫曼编码*/
        if(ch==' '||ch<='z'&&ch>='a'||ch<='Z'&&ch>='A')
        { if(ch==' ') ch='#';               /*如果是空格则用#号代替*/
            for(i=0;i<codenum;i++)
            {                               /*找到字符所对应的哈夫曼编码*/
                if(ch==code[i].ch)
                {                           /*将所得哈夫曼编码输出到文件中*/
                    fputs(code[i].codestr,out);
                }
            }
        }
    }
    fclose(fp);                             /*关闭打开的两个文件*/
    fclose(out);
}


void DecodeHuffmanCode(HafuTree ht,int root)
/*将哈夫曼编码翻译为明文*/
{
    FILE *fp2;                      /*定义一个指向打开文件的指针*/
    char ch;                        /*用于存储一个字母*/
    int curr=root;                  /*当前节点初始化为根节点*/
    char filename2[20]="";          /*获得文件名*/
    char location[100]="D:\\";
    printf("File name:");
    scanf("%s",filename);
    strcat(location,filename);
    fp2=fopen(location,"r");
    if(!fp2)                        /*返回1时即存在文件*/
    {
        printf("Open Error2\n");
        return;
    }
    printf("Code:");
    while(!feof(fp2))               /*没到结尾时返回0*/
    {
```

```
            ch=fgetc(fp2);
            if(ch>='0'&&ch<='1') /*将编码过滤出来*/
            {
                    printf("%c",ch); /*将密文输出显示*/
            }
    }
printf("\n");
rewind(fp2);                        /*将文件指针位置定位到开头*/
while(!feof(fp2))                   /*没到结尾时返回 0*/
{
        ch=fgetc(fp2);
        if(ch>='0'&&ch<='1')  /*将编码过滤出来*/
        {
                if(ch=='0')       /*如果为 0 则当前节点向左走*/
                {
                        if(ht[curr].lchild!=-1)
                        {
                                curr=ht[curr].lchild;   /*若有左子树,则遍历左子树*/
                        }
                        else
                        {
                                curr=root;          /*没有则返回根节点*/
                        }
                }
                if(ch=='1')                  /*如果为 1,则当前节点向右遍历*/
                {
                        if(ht[curr].rchild!=-1)
                        {
                                curr=ht[curr].rchild;   /*若有右子树,则遍历右子树*/
                        }
                        else
                        {
                                curr=root;                  /*没有则返回根节点*/
                        }
                }
                if(ht[curr].lchild==-1&&ht[curr].rchild==-1)
                                              /*若为叶子节点,则打印输出*/
                {
                        printf("%c",ht[curr].ch=='#'?' ':ht[curr].ch);
                        curr=root;                  /*回到根节点继续索引*/
                }
        }
}
```

```
        printf("\n");
        fclose(fp2);
}

int main()
{
    int root;
    char codestr[20]="";
    int control;
    FILE *output;
    char ch;
    static bool gbOpenFile=false;
    while(1)
    {
            /*显示菜单可选择编码、解码还是退出*/
        printf("================Menu=============\n");
        printf(" 1: 编      码  \n");
        printf(" 2: 解  码(先编码)\n");
        printf(" 3: 退      出  \n");
        printf(" 请选择一个序号: \n");
        scanf("%d",&control);
        switch (control)
        {
            case 1:                    /*选择编码选项*/
                gbOpenFile=InitHafuArry();      /*初始化节点*/
                if(!gbOpenFile)
                {
                    printf("请重启程序");
                    system("pause");
                    exit(1);
                    break;
                }
                root=CreateHuffman(ht);  /*构造一棵哈夫曼树*/
                GetHafuCode(ht,root,codestr);  /*根据哈夫曼树将明文译成密码*/
                printf("Code:");
                output=fopen("D:\\CODE.TXT","r");
                if(!output)              /*返回1则存在文件*/
                {
                    printf("Open Error3\n");
                    continue;
                }
                while(!feof(output))              /*没到结尾则返回0*/
                {
```

```
                ch=fgetc(output);
                if(ch>='0'&&ch<='1')      /*将编码过滤出来*/
                {
                        printf("%c",ch);      /*将密文输出显示*/
                }
            }
            printf("\n");
            fclose(output);                      /*将打开的文件关闭*/
            break;
        case 2:                                  /*如果选择解码,则调用解码函数*/

            DecodeHuffmanCode(ht,root);
            break;
        case 3:                                  /*如果选择了则退出程序*/
            exit(0);
        default:
            printf("请选择一个序号:\n");
            break;
    }
}
return 0;
}
```

在 D 盘有一个名称为 huffman.txt 的文件,运行程序之后生成的密码文件为 code.txt,使用时需先编码再解码。例如,运行时,huffman.txt 文件和 code.txt 文件内容如图 6.32所示。

用哈夫曼树解决文件传输编码问题的运行演示

(a) huffman.txt 文件内容

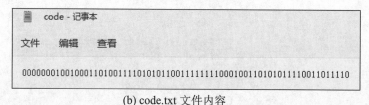

(b) code.txt 文件内容

图 6.32　huffman.txt 和 code.txt 文件内容

独立实践

有的程序必须先编码再解码,如何改进能够使程序直接将已编码的文件解码?

本 章 小 结

　　树和二叉树是一类具有层次或嵌套关系的非线性结构，被广泛地应用于计算机领域。本章着重介绍了二叉树的概念、性质和存储表示；二叉树的 3 种遍历操作，线索二叉树的相关概念和运算；同时介绍了树、森林与二叉树之间的转换；树的 3 种存储方式，树和森林的遍历法；最后讨论了最优二叉树(哈夫曼树)的概念及其应用。

　　本章是本书的重点之一，建议读者熟练掌握 6.2～6.5 节的内容，熟悉树和二叉树的定义和有关术语，理解和记住二叉树的性质，熟练掌握二叉树的顺序存储和链式存储结构。遍历二叉树是二叉树中各种运算的基础，希望读者能灵活运用各种顺序的遍历算法，实现二叉树的其他运算。二叉树线索化的目的是加速遍历过程和有效利用存储空间，希望读者熟练掌握在中根线索二叉树中，查找给定节点的前趋和后继节点的方法，并能掌握树和二叉树之间的转换方法，掌握树的双亲链表表示法、孩子链表表示法和孩子兄弟链表表示法。建议读者理解树和森林的遍历，以及最优二叉树的特性。

本 章 习 题

一、填空题

　　1. 有一棵如图 6.33 所示的树，试回答下面的问题。
　　(1) 这棵树的根节点是_____。
　　(2) 这棵树的叶子节点是_____。
　　(3) 节点 k_3 的度是_____。
　　(4) 这棵树的度是_____。
　　(5) 这棵树的深度是_____。
　　(6) 节点 k_3 的孩子节点是_____。
　　(7) 节点 k_3 的双亲节点是_____。

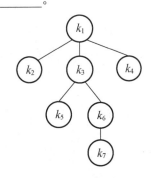

图 6.33　树

　　2. 树和二叉树的 3 个主要区别是_____、_____、_____。

3．从概念上讲，树与二叉树是两种不同的数据结构，将树转化为二叉树的基本目的是_____。

4．一棵二叉树的节点数据采用顺序存储结构，存储于数组 t[] 中，如图 6.34 所示，则该二叉树的树形表示形式为_____。

1	2	3	4	5	6	7	8	9	10	11	12	13	14	15	16	17	18	19	20	21
e	a	f		d		g			c	j			l	h						b

图 6.34　数组 t[]

5．深度为 k 的完全二叉树至少有_____个节点，至多有_____个节点。若按自上而下、从左到右的顺序给节点编号(从 1 开始)，则编号最小的叶子节点的编号是_____。

6．在一棵二叉树中，度为 0 的节点的个数为 n_0，度为 2 的节点的个数为 n_2，则有 $n_0=$_____。

7．节点最少的树为_____，节点最少的二叉树为_____。

8．按中根遍历二叉树的结果为 abc，则有_____种不同形态的二叉树可以得到这一遍历结果，这些二叉树分别是_____。

9．根据如图 6.35 所示的二叉树，试回答下面的问题。

(1) 其中根遍历序列为_____。

(2) 其先根遍历序列为_____。

(3) 其后根遍历序列为_____。

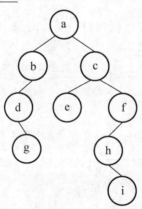

图 6.35　二叉树

二、判断题

1．树最适合用来表示元素之间具有分支层次关系的数据。　　　　　　　　　（　　）

2．二叉树按某种顺序线索化后，任意一个节点均处在其孩子节点的前面。　（　　）

3．二叉树的先根遍历序列中，任意一个节点均处在其孩子节点的前面。　（　　）

4．由于二叉树中每个节点的度最大为 2，因此二叉树是一种特殊的树。　（　　）

5．树的基本遍历策略可分为先根遍历和后根遍历；二叉树的基本遍历策略可分为先根遍历、中根遍历和后根遍历。人们将由树转换成的二叉树称为这棵树对应的二叉树，则树的先根遍历序列与其对应的二叉树的先根遍历序列相同。　　　　　　　　（　　）

三、选择题

1. 假设在一棵二叉树中，双分支节点树为 15，单分支节点树为 30，则叶子节点树为（　）。

    A. 16   B. 18   C. 10   D. 12

2. 根据二叉树的定义，具有 3 个节点的不同形状的二叉树有（　）种。

    A. 3   B. 5   C. 4   D. 6

3. 按照二叉树的定义，具有 3 个不同数据节点的不同的二叉树有（　）种。

    A. 30   B. 5   C. 14   D. 16

4. 深度为 5 的二叉树至多有（　）个节点。

    A. 5   B. 35   C. 31   D. 36

5. 设高度为 h 的二叉树上只有度为 0 和度为 2 的节点，则此类二叉树中所包含的节点树至少为（　）个。

    A. $2h$ B. $2h-1$ C. $2h+1$ D. $h+1$

6. 任何一棵二叉树的叶子节点在先根、中根和后根遍历序列中的相对顺序将（　）。

    A. 发生改变   B 不发生改变   C. 不能确定   D. 以上都不对

7. 如果二叉树的先根遍历序列为 stuwv，中根遍历序列为 uwtvs，那么该二叉树的后根遍历序列为（　）。

    A. uwvts   B. vwuts   C. wuvts   D. wutsv

8. 在一棵非空二叉树的中序遍历序列中，根节点的右边（　）。

    A. 只有右子树上的所有节点   B. 只有右子树上的部分节点

    C. 只有左子树上的部分节点   D. 只有左子树上的所有节点

9. 设 a、b 为一棵二叉树上的两个节点，在中根遍历时，a 在 b 前的条件是（　）。

    A. a 在 b 的右方   B. a 在 b 的左方

    C. a 是 b 的祖先   D. a 是 b 的子孙

10. 如果二叉树的后根遍历序列为 dabec，中根遍历序列为 debac，那么该二叉树的先根遍历序列为（　）。

    A. acbed   B. decab   C. deabc   D. cedba

11. 根据使用频率为 5 个字符设计的哈夫曼编码不可能是（　）。

    A. 111，110，10，01，00   B. 000，001，010，011，1

    C. 100，11，10，1，0   D. 001，000，01，11，10

12. 设有 13 个值，用它们组成一棵哈夫曼树，则该哈夫曼树共有（　）个节点。

    A. 15   B. 25   C. 11   D. 26

四、简答题

1. 根据二叉树的定义，具有 3 个节点的二叉树有 5 种不同的形态，请将它们分别画出。

2. 对如图 6.36 所示的二叉树进行以下操作。

图6.36　二叉树

(1) 分别画出该二叉树的顺序存储结构和链式存储结构。

(2) 写出先根、中根、后根遍历的序列。

(3) 对该二叉树进行中根线索化。

(4) 将该二叉树转换成树或森林。

3．假设一棵二叉树的先根序列为 EBADCFHGIKJ，中根序列为 ABCDEFGHIJK，请画出该树。

4．以数据集{4,5,6,7,10,12,18}为节点权值，画出构造哈夫曼树的每一步图示，计算其带权路径长度。

五、编程题

1．编写算法，对于一棵二叉树，统计其叶子节点的个数。

2．编写算法，对于一棵二叉树，根节点不变，将其左、右子树进行交换，树中每个节点的左、右子树进行交换。

3．假设用于通信的电文仅由 8 个字母(a、b、c、d、e、f、g、h)组成，字母在电文中出现的频率分别为 0.07、0.19、0.02、0.06、0.32、0.03、0.21、0.10。试为这 8 个字母设计哈夫曼编码。

4．编写算法，对一棵以孩子兄弟链表表示法存储的树统计其叶子的数目。

第6章习题
参考答案

第7章 图

问题描述

村村通公路规划系统

党的二十大报告指出，要"全面推进乡村振兴""坚持农业农村优先发展"。"要想富、先修路"，特别是农村的道路，是减轻农民繁重体力劳动之路、是农民群众走向繁荣富裕之路、更是提升农民幸福生活指数之路，所以公路是实现农村现代化的基本保障。为了解决农民出行难题，推动农村公路建设，国家在农村实施了"村村通"公路工程，经过十年左右的努力，已经实现了所有行政村通水泥路或柏油路的目标。

为了用最低的成本建设公路，并将各个村庄连接起来，需要在修建公路前进行规划。"村村通"公路规划系统包含如下主体功能。

(1) 村庄管理，管理村庄名称、描述等信息。

(2) 成本管理，管理各村庄之间修建道路的成本信息。

(3) 最优方案，生成能够连接所有村庄，并达到最低成本的公路修建方案。

7.1 图的定义和术语

图(graph)是一种较线性表和树更为复杂的数据结构。在线性表中，数据元素之间是被串联起来的，仅有线性关系，每个数据元素只有一个直接前趋和一个直接后继；在树中，数据元素之间有着明显的层次关系，并且每一层上的数据元素可能和下一层中的多个数据元素相关，但只能和上一层中一个数据元素相关；而在图中，节点之间的关系可以是任意的，图中任意两个数据元素之间都可能相关。

图是由顶点的有穷非空集合和顶点之间边的集合组成的，记为 $G=\{V(G), E(G)\}$，简写为 $G=(V, E)$。其中，G 表示一个图，V 是图 G 中顶点的集合，E 是图 G 中边的集合，如图 7.1 所示。

对于图的定义，需要明确以下几个地方。

(1) 线性表中的数据元素称为元素；树中的数据元素称为节点；图中的数据元素则称为顶点(vertex)。

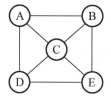

图 7.1　图 G 示意图

(2) 线性表中可以没有数据元素，称其为空表；树中可以没有节点，称其为空树；但图中不允许没有顶点，因为顶点集合 V 是有穷非空集合。

(3) 线性表中，相邻的数据元素之间具有线性关系；树中，相邻两层的节点间具有层次关系；而图中，任意两个顶点间都可能有关系，顶点之间的逻辑关系用边来表示，边集合可以是空的。

7.1.1 各种图定义

(1) 无向边(undirected edge)：若顶点 v_i 到 v_j 之间的边没有方向，则称这条边为无向边，用无序偶对 (v_i, v_j) 表示。

(2) 无向图(undirected graph)：任意两个顶点之间的边都是无向边的图。图 7.2(a)所示为一个无向图，由于边是无方向的，因此连接顶点 v_1、v_2 的边可以表示成无序对(v_1, v_2)或(v_2, v_1)，即$(v_1, v_2)=(v_2, v_1)$。

无向图 G_1 表示为 $G_1=(V, E)$，其中 $V=\{v_1, v_2, v_3, v_4, v_5\}$，$E=\{(v_1, v_2), (v_1, v_4), (v_2, v_3), (v_2, v_5), (v_3, v_4), (v_3, v_5), (v_4, v_5)\}$。

(3) 有向边(directed arc)：若顶点 v_i 到 v_j 之间的边有方向，则称这条边为有向边，用有序对$<v_i, v_j>$表示，v_i 称为弧尾，v_j 称为弧头。

(4) 有向图(directed graph)：任意两个顶点间的边都是有向边的图。图 7.2(b)所示为一个有向图，图中连接顶点 v_1 和 v_2 的有向边可以表示成弧$<v_1, v_2>$，v_1 是弧尾，v_2 是弧头，且$<v_1, v_2>\neq<v_2, v_1>$。

有向图 G_2 表示为 $G_2=(V, E)$，其中 $V=\{v_1, v_2, v_3, v_4\}$，$E=\{<v_1, v_2>, <v_1, v_3>, <v_3, v_4>, <v_4, v_1>\}$。

注意：无向边用小括号"()"表示，而有向边用尖括号"<>"表示。

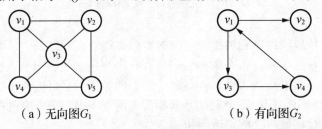

（a）无向图G_1　　　　　　（b）有向图G_2

图 7.2　无向图和有向图

(5) 简单图：不存在顶点到其自身的边，且同一条边不重复出现的图。本书中讨论的都是简单图。图 7.3 所示的两个图都不是简单图。

(6) 无向完全图：任意两个顶点之间都存在边的无向图。

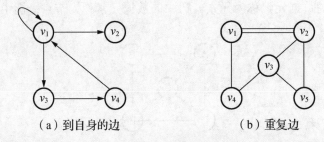

（a）到自身的边　　　　　　（b）重复边

图 7.3　非简单图

性质 1　含有 n 个顶点的无向完全图有 $\dfrac{n(n-1)}{2}$ 条边。

证明：任何一个顶点 v_i 都和其他 $n-1$ 个顶点 v_j 有边，则这样的边有 $n-1$ 条；共有 n 个具备该特征的顶点，因此共有 $n(n-1)$ 条边；因为有(v_i, v_j)和(v_j, v_i)是重复边，所以总边数除以 2。

图 7.4(a)所示为无向完全图，因为每个顶点都要与除它以外的顶点连线，所以顶点 v_1 和 v_2、v_3、v_4 这 3 个顶点连线，共有 4 个顶点，边数为 $3\times4=12$，但由于顶点 v_1 与顶点 v_2 连线后，计算 v_2 与 v_1 连线就是重复的，因此整体要除以 2，共有 6 条边。

(7) 有向完全图：任意两个顶点之间都存在方向相反的两条弧的有向图，如图 7.4(b) 所示。

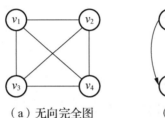 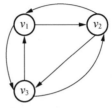

（a）无向完全图　　　　　（b）有向完全图

图 7.4　无向完全图和有向完全图

性质 2　含有 n 个顶点的有向完全图有 $n(n-1)$ 条边。

证明：任何一个顶点都和其他顶点有边，则这样的边有 $n-1$ 条；共有 n 个具备该特征的顶点，因此有 $n(n-1)$ 条边；因为图中无重复边，所以不用除以 2。

也可以得到结论，对于具有 n 个顶点和 e 条边数的图，无向图的边数范围为 $0 \leqslant e \leqslant n(n-1)/2$，有向图的边数范围为 $0 \leqslant e \leqslant n(n-1)$。

(8) 稀疏图(spares graph)：有很少条边或弧的图。

(9) 稠密图(dense graph)：相对于稀疏图而言，有很多条边或弧的图。

(10) 权(weight)：图中的弧或边所具有的相关数，表示从一个顶点到另一个顶点的距离或耗费。

(11) 网(network)：带权的图。图 7.5 所示为一张带权的图，即标识中国 4 个城市的直线距离的网，图中的权表示两地的距离。

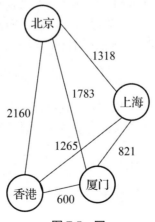

图 7.5　网

(12) 子图(subgraph)：假设有两个图 $G=(V, E)$ 和 $G'=(V', E')$，如果 $V' \subseteq V$，且 $E' \subseteq E$，则称 G' 为 G 的子图。图 7.6(b)为图 7.6(a)中无向图和有向图的子图。

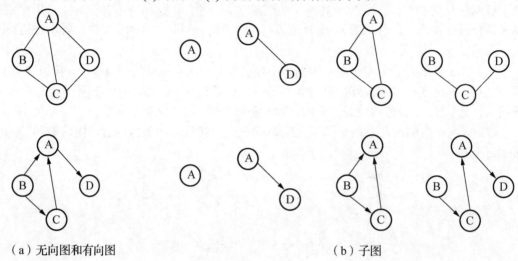

（a）无向图和有向图　　　　　　　　（b）子图

图 7.6　子图

7.1.2　图的顶点与边间关系

1. 邻接与关联

对于无向图 $G=(V, E)$，如果边$(v, v')\in E$，则称顶点 v 和 v' 互为邻接点(adjacent)，即 v 和 v' 相邻接。边(v, v')依附于顶点 v、v'，或者说边(v, v')和顶点 v、v'相关联。

图 7.6(a)中的无向图，顶点 A 与 B 互为邻接点，边(A, B)依附顶点 A、B。

对于有向图 $G=(V, E)$，如果弧$<v, v'>\in E$，则称顶点 v 邻接到顶点 v'，顶点 v'邻接自顶点 v。弧$<v, v'>$和顶点 v、v'相关联。

图 7.6(a)中的有向图，顶点 A 邻接到顶点 D，顶点 D 邻接自顶点 A，弧<A, D>和顶点 A、D 相关联。

2. 顶点的度

对于无向图，顶点 v 的度是和 v 相关联的边的数目，记为 $TD(v)$。在图 7.2(a)所示的无向图中，顶点 v_1 的度为 3，顶点 v_3 的度为 4，该无向图的边数是 8，各顶点度的和为 3+3+4+3+3=16，可知边数其实就是各顶点度的和的一半，多出的一半是因为每条边都重复两次计数。因此，$e = \dfrac{1}{2}\sum_{i=1}^{n}\mathrm{TD}(v_i)$。

对于有向图，顶点 v 的度分为出度和入度两部分。以顶点 v 为头的弧的数目称为 v 的入度，记为 $ID(v)$；以顶点 v 为尾的弧的数目称为 v 的出度，记为 $OD(v)$；顶点 v 的度为 $TD(v)=ID(v)+OD(v)$。

在图 7.2(b)所示的有向图中，顶点 v_1 的出度为 2(从 v_1 到 v_2 的弧，从 v_1 到 v_3 的弧)，入度为 1(从 v_4 到 v_1 的弧)，所以顶点 v_1 的度为 2+1=3。图 7.2(b)中有向图的弧有 4 条，而各顶

点的出度和为 2+0+1+1=4，各顶点的入度和为 1+1+1+1=4。因此，$e = \sum_{i=1}^{n} \mathrm{ID}(v_i) = \sum_{i=1}^{n} \mathrm{OD}(v_i)$。

3. 路径

无向图 $G=(V, E)$ 中从顶点 v 到 v' 的路径是一个顶点序列 $(v, v_{i,0}, v_{i,1}, \cdots, v_{i,m}, v')$，其中 $(v_{i,j-1}, v_{i,j}) \in E$，$j \in [1, m]$，即 $(v, v_{i,0}), (v_{i,0}, v_{i,1}), \cdots, (v_{i,m}, v')$ 分别是图中的边。图 7.7 中，无向图的顶点 B 到顶点 D 有 4 种路径。

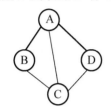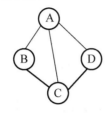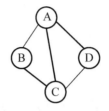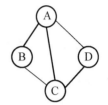

图 7.7　无向图的顶点 B 到顶点 D 的 4 种路径

有向图的路径也是有向的，顶点序列满足 $<v_{i,j-1}, v_{i,j}> \in E$，$j \in [1, m]$。图 7.8 中，有向图的顶点 B 到顶点 D 有 2 种路径；而顶点 A 到顶点 B 不存在路径。

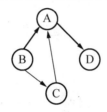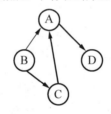

图 7.8　有向图的顶点 B 到顶点 D 的 2 种路径

树的根节点到任意节点的路径是唯一的，而图中两个顶点之间的路径不是唯一的。

4. 路径长度

路径长度指路径上的边或弧的数目。在图 7.7 所示的无向图中，顶点 B 到顶点 D 的路径长度各不相同，左边两条路径的路径长度为 2，右边两条路径的路径长度为 3。

5. 回路、简单路径、简单回路

回路也称环(cycle)，指第一个顶点和最后一个顶点相同的路径。

简单路径指序列中顶点不重复出现的路径。

简单回路也称简单环，指除了第一个顶点和最后一个顶点外，其他顶点不重复出现的回路。

在图 7.9(a) 中，由于回路 $(v_1, v_3, v_4, v_2, v_1)$ 中第一个顶点和最后一个顶点都是 v_1，且顶点 v_3、v_4、v_2 没有重复出现，因此是简单回路。而在图 7.9(b) 中，由于回路 $(v_1, v_3, v_4, v_2, v_3, v_1)$ 中顶点 v_3 重复出现，因此不是简单回路。

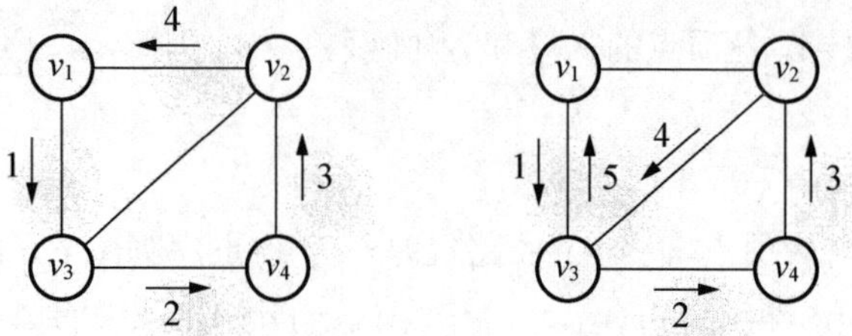

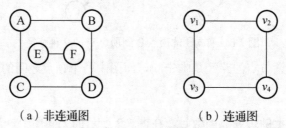

（a）简单回路　　　　　　（b）非简单回路

图 7.9　简单回路和非简单回路

7.1.3　连通图的相关术语

1. 连通

在无向图中，如果从顶点 v 到顶点 v' 有路径，则称 v 和 v' 是连通的。

2. 连通图

如果对于无向图中任意两个顶点 $v_i, v_j \in V$，若 v_i 和 v_j 都是连通的，则称该无向图是连通图(connected graph)。

在图 7.10(a)中，由于顶点 A 到顶点 B、C、D 都是连通的，但是与顶点 F、E 不连通，因此该无向图不是连通图；在图 7.10(b)中，由于顶点 v_1、v_2、v_3、v_4 互相都是连通的，因此该无向图是连通图。

（a）非连通图　　　　　　（b）连通图

图 7.10　非连通图和连通图

3. 连通分量

连通分量指无向图中的极大连通子图。连通分量要求满足以下条件。

(1) 是子图。

(2) 子图是连通的。

(3) 连通子图含有极大顶点数，即若增加一个顶点，则其不是连通子图。

(4) 具有极大顶点数的连通子图包含依附于这些顶点的所有边。

图 7.11(a)是一个无向非连通图，但是它有两个连通分量，如图 7.11(b)、(c)所示。而图 7.11(d)尽管是图7.11(a)的子图，但是不满足连通子图的极大顶点数要求，因此不是图7.11(a)的连通分量。

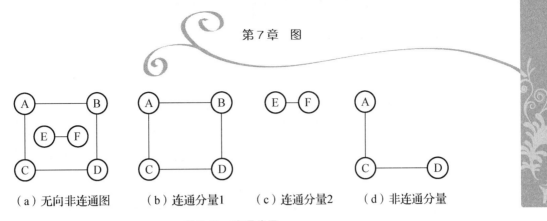

（a）无向非连通图　　（b）连通分量1　　（c）连通分量2　　（d）非连通分量

图 7.11　连通分量

4. 强连通图

在有向图中，如果对于每一对顶点 $v_i, v_j \in V$，$v_i \neq v_j$，从 v_i 到 v_j 和从 v_j 到 v_i 都存在路径，则称该有向图是强连通图。

5. 强连通分量

强连通分量指有向图中的极大强连通子图。

图 7.12(a)不是强连通图，因为顶点 A 到顶点 D 存在路径，而顶点 D 到顶点 A 不存在路径。图 7.12(b)是强连通图，而且是图 7.12(a)的极大强连通子图，即是图 7.12(a)的强连通分量。

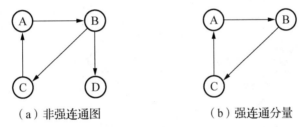

（a）非强连通图　　　　　　　（b）强连通分量

图 7.12　强连通分量

6. 连通图的生成树

连通图的生成树指连通图的一个极小连通子图，包含该连通图中所有的 n 个顶点，但是只有足以构成一棵树的 $n-1$ 条边。

生成树有以下 3 个要素。

(1) 包含图中所有的 n 个顶点。

(2) 图为连通图。

(3) 只有 $n-1$ 条边。

图 7.13(a)是一个普通图，显然不是生成树，因为其顶点数为 8，而边数为 9，当去掉两条构成环的边后，如图 7.13(b)、(c)所示，就满足了 n 个顶点、$n-1$ 条边且连通的定义，即图 7.13(b)、(c)都是生成树。由此可知，如果一个图中有 n 个顶点和小于 $n-1$ 条边，则其是非连通图，如果图多于 $n-1$ 条边，则构成一个环，因为这条边使得它依附的两个顶点间有了第二条路径。在图 7.13(b)、(c)中，在任意两个顶点间加一条边都将构成环。但是有 $n-1$ 条边并不一定是生成树，如图 7.13(d)所示，因为这个图不是连通图。

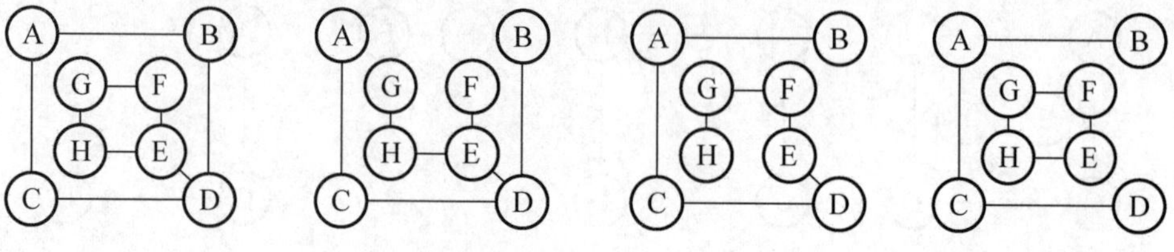

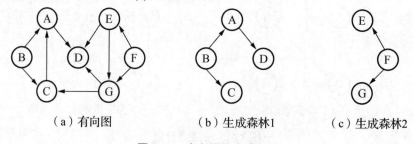

（a）普通图　　　　（b）生成树1　　　　（c）生成树2　　　　（d）非生成树

图 7.13　连通图的生成树

7. 有向树

若有向图只有一个顶点的入度为 0，其余顶点的入度均为 1，则称其为有向树。入度为 0 的顶点相当于树中的根节点，其余顶点的入度为 1，表示树的非根节点的双亲只有 1 个。

8. 有向图的生成森林

有向图的生成森林指由若干棵有向树组成，包含图中全部顶点，但是只有足以构成若干棵不相交的有向树的弧。

图 7.14(a)是一个有向图，去掉一些弧后，可以分解成两棵有向树，如图 7.14(b)、(c)所示，这两棵有向树就是图 7.14(a)的生成森林。

（a）有向图　　　　　　　（b）生成森林1　　　　　　　（c）生成森林2

图 7.14　有向图的生成森林

7.2　图的存储结构

图的信息主要有顶点信息和边(弧)信息两部分，因此研究图的存储结构主要是研究这两部分信息如何在计算机内表示。

图的存储结构有多种，与线性表和树相比更加复杂，其中最常用的是邻接矩阵和邻接表。

7.2.1　邻接矩阵存储结构

邻接矩阵(adjacency matrix)是用两个数组来表示图的存储结构。一个一维数组存储图中的顶点信息，一个二维数组($n \times n$ 阶矩阵)存储图中的边(弧)信息，即矩阵元素 a_{ij} 的值表示顶点 v_i(行)与顶点 v_j(列)间的关系。

设图 $G=(V, E)$具有 $n(n \geqslant 1)$个顶点 $v_1, v_2, \cdots, v_n$ 和 m 条边(弧)$e_1, e_2, \cdots, e_m$，则 G 的邻接矩阵是 $n \times n$ 阶矩阵，记为 $A(G)$。其每一个元素 a_{ij} 定义如下。

对于有向图的邻接矩阵来说，当$<v_i, v_j>$是该有向图中的一条弧时，$a_{ij}=1$，否则 $a_{ij}=0$。

第 i 个顶点的出度为矩阵中第 i 行中"1"的个数，入度为第 i 列中"1"的个数，并且有向弧的条数等于矩阵中"1"的个数。

对于无向图的邻接矩阵来说，当 (v_i, v_j) 是该无向图中的一条边时，$a_{ij}=a_{ji}=1$，否则 $a_{ij}=a_{ji}=0$。第 i 个顶点的度为矩阵中第 i 行中"1"的个数或第 i 列中"1"的个数。无向图中边的数目等于矩阵中"1"的个数的一半，因为每条边在矩阵中被描述了两次，即

$$a_{ij} = \begin{cases} 1 & \text{顶点} v_i \text{与} v_j \text{相邻接} \\ 0 & \text{其他} \end{cases}$$

对于有权值的网来说，有

$$a_{ij} = \begin{cases} \omega_{ij} & \text{顶点} v_i \text{与} v_j \text{相邻接} \\ \infty & \text{其他} \end{cases}$$

图 7.2(a)所示的无向图 G_1 的邻接矩阵如图 7.15(a)所示；图 7.2(b)所示的有向图 G_2 的邻接矩阵如图 7.15(b)所示；图 7.15(c)所示的网 G_3 的邻接矩阵如图 7.15(d)所示。

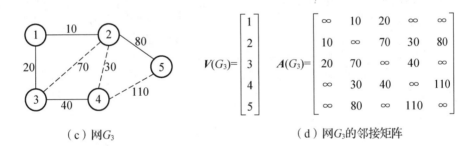

$$V(G_1)= \begin{bmatrix} v_1 \\ v_2 \\ v_3 \\ v_4 \\ v_5 \end{bmatrix} \quad A(G_1)= \begin{bmatrix} 0 & 1 & 0 & 1 & 0 \\ 1 & 0 & 1 & 0 & 1 \\ 0 & 1 & 0 & 1 & 1 \\ 1 & 0 & 1 & 0 & 0 \\ 0 & 1 & 1 & 0 & 0 \end{bmatrix}$$

（a）无向图 G_1 的邻接矩阵

$$V(G_2)= \begin{bmatrix} v_1 \\ v_2 \\ v_3 \\ v_4 \end{bmatrix} \quad A(G_2)= \begin{bmatrix} 0 & 1 & 1 & 0 \\ 0 & 0 & 0 & 0 \\ 0 & 0 & 0 & 1 \\ 1 & 0 & 0 & 0 \end{bmatrix}$$

（b）有向图 G_2 的邻接矩阵

（c）网 G_3

$$V(G_3)= \begin{bmatrix} 1 \\ 2 \\ 3 \\ 4 \\ 5 \end{bmatrix} \quad A(G_3)= \begin{bmatrix} \infty & 10 & 20 & \infty & \infty \\ 10 & \infty & 70 & 30 & 80 \\ 20 & 70 & \infty & 40 & \infty \\ \infty & 30 & 40 & \infty & 110 \\ \infty & 80 & \infty & 110 & \infty \end{bmatrix}$$

（d）网 G_3 的邻接矩阵

图 7.15　邻接矩阵

邻接矩阵具有如下特征。

(1) 图中各顶点的序号确定后，图的邻接矩阵是唯一确定的。

(2) 无向图和无向网的邻接矩阵是一个对称矩阵，可以压缩存储其下三角矩阵，故 n 个顶点的图只需使用 $n(n+1)/2$ 个存储单元；有向图的邻接矩阵不一定对称，故存储 n 个顶点的图需 n^2 个存储单元。

(3) 无向图中顶点 v_i 的度是邻接矩阵中第 i 行(或第 i 列)的非零元素的个数。

(4) 有向图中顶点 v_i 的度是邻接矩阵中第 i 行与第 i 列非零元素个数之和。

(5) 无向图的边数等于邻接矩阵中非零元素个数之和的一半；有向图的弧数等于邻接矩阵中非零元素个数之和。

邻接矩阵表示法对于以图的顶点为主的运算比较适用。此外，除完全图外，其他图的邻接矩阵如果有许多零元素，特别是稀疏图，当 n 值较大，而边数相对较少时，采用邻接

矩阵存储图信息就会浪费存储空间。

建立带权无向图(无向网)邻接矩阵的算法如下。

假设权值为 int 型,每个顶点存放 int 型的顶点编号,首先输入图的顶点数和边数;然后输入顶点编号来建立顶点信息表,并将邻接矩阵中的各元素初始化为无穷大数;最后按顶点顺序输入每条边的顶点编号和权值,从而建立图的邻接矩阵。

算法 7.1 带权无向图的邻接矩阵的创建。

```
#define MAXSIZE  100                    /*图的顶点个数,由用户确定*/
typedef char DataType;
typedef struct
{
  DataType vexs[MAXSIZE];               /*顶点信息表*/
  int edges[MAXSIZE][ MAXSIZE];         /*邻接矩阵*/
  int  numVexs,numEdges ;               /*顶点数和边数*/
 }Graph;


void  Create_Graph(Graph  *G)
 {
   int  i,j ,k,w;
   scanf("%d,%d",&(G->numVexs),&(G->numEdges)); /*输入顶点数及边数*/
   printf("请输入顶点信息(顶点编号),建立顶点信息表:\n") ;
   for(i=0;i<G->numVexs;i++)
     scanf("%c",&( G->vexs[i]));         /*输入顶点信息*/
   for(i=0;i<G->numVexs;i++)            /*邻接矩阵初始化*/
     for(j=0;j<G->numVexs;j++)
        G->edges[i][j]=65535;
   for(k=0;k<G->numEdges;k++)           /*输入边的顶点序号和权值,建立邻接矩阵*/
   {
     printf("请输入第%d条边的顶点序号 i,j 和权值 w:",k+1);
     scanf("%d,%d,%d",&i,&j,&w);
     G->edges[i][j]=w;
     G->edges[j][i]=w;
   }
 }
```

该算法的执行时间是 $O(n+n^2+e)$,由于 $e<n^2$,因此该算法的时间复杂度为 $O(n^2)$。

7.2.2 邻接表存储结构

邻接表(adjacency list)是图的一种链式分配的存储结构。在邻接表表示法中,用一个顺序存储区来存储图中各顶点的数据,并对图中每个顶点 v_i 建立一个单链表(称为 v_i 的邻接表),把顶点 v_i 的所有相邻顶点(即其后继顶点)的序号连接起来。

邻接表的处理方法如下。

(1) 图中顶点用一个一维数组存储,另外,顶点数组(或称顶点表)中的每个数据元素还要存储指向第一个邻接点的指针，以便于查找该顶点的边信息。如图 7.16(a)所示，顶点表中的每个节点由 data 和 first 两个域表示。其中，数据域 data 用于存储顶点的信息，指针域 first 用于指向边表的第一个节点，即该顶点的第一个邻接点。

(2) 图中每个顶点 v_i 的所有邻接点构成一个线性表，称为边表，由于邻接点个数不一定，因此用单链表存储。如图 7.16(b)所示，边表中的每个节点由 vertex 和 next 两个域表示。其中，邻接点域 vertex 用于存储顶点 v_i 的某个邻接点在顶点表中的序号(或下标)，指针域 next 用于指向下一个边表节点。

（a）顶点表节点　　　（b）边表节点

图 7.16　邻接表表示的节点结构

因此，在无向图的邻接表中，顶点 v_i 的每个边表节点都对应于与 v_i 相关联的一条边，将该邻接表称为边表；而在有向图的邻接表中，顶点 v_i 的每个边表节点都对应于以 v_i 为弧尾的一条弧，将该邻接表称为出边表。

如图 7.17 所示，无向图 G_4 的邻接表中，顶点 v_1 有两个边表节点 v_2 和 v_3，其在顶点表中的序号(或下标)分别为 1 和 2，表示与 v_1 关联的边有两条：(v_1, v_2)和(v_1, v_3)。

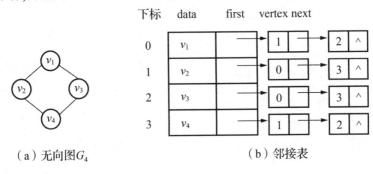

（a）无向图G_4　　　　　　　　（b）邻接表

图 7.17　无向图 G_4 的邻接表表示

如图 7.18 所示，有向图 G_5 的邻接表中，顶点 v_2 有两个边表节点 v_1 和 v_4，其在顶点表中的序号分别为 0 和 3，表示以顶点 v_2 为弧尾的弧有两条：$<v_2, v_1>$和$<v_2, v_4>$。

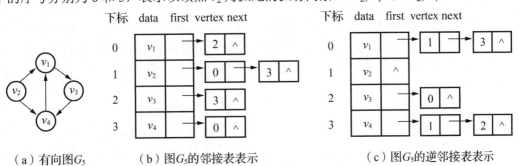

（a）有向图G_5　　（b）图G_5的邻接表表示　　（c）图G_5的逆邻接表表示

图 7.18　有向图 G_5 的邻接表和逆邻接表表示

若无向图 G 有 n 个顶点、e 条边，则邻接表需 n 个顶点表节点和 $2e$ 个边表节点，每个节点有两个域。显然，对于边很少的图，用邻接表比用邻接矩阵更节省存储单元。

在无向图的邻接表中，第 i 个边表中的节点数就是顶点 v_i 的度数；在有向图的邻接表中，第 i 个边表中的节点数就是顶点 v_i 的出度。若要求 v_i 的入度，则必须对邻接表进行遍历，以统计顶点的值为 i 的边表节点的数目，这样做很费时。为了便于确定有向图中顶点的入度，可另外建立一个逆邻接表，将顶点 v_i 的每个边表节点对应以 v_i 为弧头的一条弧，即用边表节点的邻接点域 next 存储邻接到 v_i 的顶点的序号。逆邻接表的边表称为入边表。如图 7.18(c)所示即为有向图 G_5 的逆邻接表表示，顶点 v_3 的入边表中有一个边表节点 v_1，表示以 v_3 为弧头的弧有一条，即 $<v_1, v_3>$。

对于网，则只需在边表节点的结构中增设一个权值域 weight 用于存放权值信息。

邻接表与邻接矩阵之间有如下的关系。

(1) 邻接表(或逆邻接表)表示中，每个边表对应邻接矩阵的一行(或一列)。

(2) 边表中顶点的个数等于该行(或列)中非零元素的个数。

(3) 邻接表中的每个节点对应邻接矩阵中该行的一个非零元素。

(4) 邻接表的顶点节点对应邻接矩阵该行的顶点。

邻接表存储结构类型的定义如下。

```
#define  NMAX  100          /*假设顶点的最大数为100*/
typedef struct edgenode     /*边表节点类型*/
{   int   vertex;
    struct  edgenode  *next;
} EdgeNode, *pointer;

typedef  struct             /*顶点表节点类型*/
{   DataType   data;
    EdgeNode *first;        /*边表头指针*/
}HeadType;

typedef  struct             /*表头节点向量,即顶点表*/
{   HeadType    adlist[NMAX];
    int  numVexs,numEdges;  /*图中当前顶点数和边数*/
}LKGraph;
```

假设每个顶点存放的是一个字符，先输入表头数组的顶点信息 data，并将每个表头的 first 置为 NULL；然后读入顶点对(i, j)，生成两个边表节点，其 vertex 域分别置为 i 和 j，再将它们用头插入法分别插入第 i 个和第 j 个边表中。在顶点对输入过程中，自动累计边数，若输入的顶点号 $i<0$，则结束。

算法 7.2 无向图的邻接表的创建。

```
void CreatGraph(LKGraph *G)      /*建立无向图的邻接表*/
{
    int  i,j,e,k;pointer  p;
    printf("请输入顶点数: \n");
    scanf("%d", &(G->numVexs;));
    for(i=1; i<=G->numVexs; i++)
```

```
{   /*读入顶点信息,建立顶点表*/
    scanf("\n %c", &(G->adlist[i].data));
    G->adlist[i]. first=NULL;
}
e=0;
scanf("%d,%d", &i,&j );        /*读入一个顶点对 i 和 j*/
while(i>0)
{/*读入顶点对,建立边表*/
    e++; /*累计边数 */
    p=(EdgeNode*)malloc(size(struct edgenode));
                            /*生成新的邻接点序号为 j 的表节点*/
    p->vertex=j;
    p->next=G->adlist[i].first;
    ga->adlist[i].first=p;    /*将新表节点插入到顶点 vi 的边表的头部*/

    p=(pointer)malloc(size(struct node));
                            /*生成邻接点序号为 i 的表节点*/
    p->vertex=i;
    p->next=G->adlist[j].first;
    G->adlist[j].first=p;    /*将新表节点插入到顶点 vj 的边表头部*/

    scanf("%d,%d", &i,&j );  /*读入一个顶点对 i 和 j*/
}
G->numEdges=e ;
}
```

对上述建立无向图的邻接表算法略加修改，即将虚线框中的两段代码选择一段使用，因为对于无向图来说，每一条边都对应两个顶点，所以在循环中，一次要对 i 和 j 分别进行插入操作。

建立无向图的邻接表算法的时间复杂度为 $O(n+e)$。在邻接表的边链表中，各个表节点的链入顺序任意，视表节点输入次序而定。

7.3 图 的 遍 历

与树的遍历类似，图的遍历是图的运算中最重要的运算，图的许多运算均以遍历为基础，如求连通分量、求最小生成树和拓扑排序等。

从图中某个顶点出发访问图中的所有顶点，且使每个顶点仅被访问一次，这一过程称为图的遍历。根据访问路径的不同，主要有两种遍历图的方法：深度优先搜索法(Depth First Search，DFS)和广度优先搜索法(Breadth First Search，BFS)。

因为图中的任意一个顶点都可能和其他的顶点相邻接，采用不同的搜索顺序，可能出现同一个顶点被访问多次的情况，因此，必须在图遍历的过程中记住每个被访问过的顶点。一般可以设一个数组 visited[i]，设初值为 0 或"假"表示该顶点未被访问；如果该顶点已访问过，则修改 visited[i]的值为 1 或"真"。

本书中的算法介绍以无向图为例，但是算法思想和实现也适用于有向图。

7.3.1　深度优先搜索遍历

深度优先搜索遍历类似于树的前序遍历，是树的前序遍历的推广。

假设给定图 G 的初态是所有顶点均未被访问过，在 G 中任选一个顶点 v 作为初始出发点，则深度优先搜索遍历的基本思想是：首先从顶点 v 出发，访问此顶点；然后依次从 v 的未被访问过的邻接点出发进行深度优先搜索遍历，直至图中所有和 v 有路径相通的顶点都被访问到；若此时图中尚有顶点未被访问，则另选图中一个未被访问过的顶点作为初始出发点，重复上述过程，直至图中所有顶点都被访问到。

对图 7.19 中的无向图 G_6 进行深度优先搜索遍历，具体遍历过程如下(以下标小的顶点优先访问为原则)。

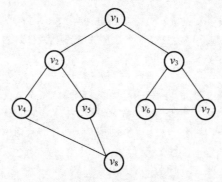

图 7.19　无向图 G_6

(1) 从起始顶点 v_1 出发，将 v_1 标记为已访问。

(2) v_1 有两个邻接点 v_2、v_3，遵循小下标先访问的原则，访问 v_2，将 v_2 标记为已访问。

(3) v_2 有 3 个邻接点 v_1、v_4、v_5，其中 v_1 为已访问顶点，因此访问 v_4，将 v_4 标记为已访问。

(4) v_4 有两个邻接点 v_2、v_8，其中 v_2 为已访问顶点，因此访问 v_8，将 v_8 标记为已访问。

(5) v_8 有两个邻接点 v_4、v_5，其中 v_4 为已访问顶点，因此访问 v_5，将 v_5 标记为已访问。

(6) v_5 有两个邻接点 v_2、v_8，均为已访问顶点，因此退回到 v_8。

(7) v_8 的两个邻接点均为已访问顶点，因此退回到 v_4，以此类推，一直退回到 v_1。

(8) v_1 有两个邻接点 v_2、v_3，其中 v_2 为已访问顶点，因此访问 v_3，将 v_3 标记为已访问。

(9) v_3 有 3 个邻接点 v_1、v_6、v_7，其中 v_1 为已访问顶点，遵循小下标先访问的原则，访问 v_6，将 v_6 标记为已访问。

(10) v_6 有两个邻接点 v_3、v_7，其中 v_3 为已访问顶点，因此访问 v_7，将 v_7 标记为已访问。

(11) v_7 有两个邻接点 v_6、v_3，均为已访问顶点，因此退回到 v_6。

(12) v_6 的两个邻接点均为已访问顶点，因此退回到 v_3，以此类推，一直退回到 v_1。至此，所有顶点都是已访问顶点，搜索结束。由此得到的顶点搜索序列为

$$v_1 \rightarrow v_2 \rightarrow v_4 \rightarrow v_8 \rightarrow v_5 \rightarrow v_3 \rightarrow v_6 \rightarrow v_7$$

该序列称为 DFS 序列，一个图的 DFS 序列不一定唯一，这与算法、图的存储结构及

初始出发点有关。而且，由具体遍历过程可以看出，深度优先搜索遍历是一个递归过程，其特点是尽可能地先对纵深方向的顶点进行访问。

DFS 算法的步骤如下。

(1) 在访问图中某一起始顶点 v 后，由 v 出发，访问它的任一邻接点 w_1。

(2) 从 w_1 出发，访问与 w_1 邻接但还没有被访问过的顶点 w_2。

(3) 从 w_2 出发，进行类似的访问，如此进行下去，直至到达所有的邻接点都被访问过的顶点 u。

(4) 退回一步，退到前一次刚访问过的顶点，看是否还有其他没有被访问过的邻接点。

① 如果有，则访问此顶点，之后从此顶点出发，进行与前述类似的访问，即执行步骤(2)。

② 如果没有，则再退回一步进行搜索，即执行步骤(4)。

重复上述过程，直至图中的所有顶点都被访问过。

如果采用邻接矩阵来存储图，则深度优先搜索遍历算法的代码实现如下。

算法 7.3   邻接矩阵的深度优先搜索遍历。

```
void  DFSM(Graph  *g,int  i)           /*邻接矩阵的深度优先搜索遍历*/
{
    int  j;
    printf("深度优先搜索遍历节点: %c\n" ,g->vexs[i]);
    visited[i]=1;      /*假定 g->vexs[i]为顶点的编号，然后将访问标志设为1*/
    for(j =0;j<g->numVexs ;j++)
        if((g->edges[i][j]==1)&&!visited[j])
            DFSM(g,j);
}
void  DFS(Graph  *g)                   /*按深度优先搜索法遍历图g*/
{
    int  i;
    for(i=0;i<g->numVexs;i++)
        visited[i]=0;                  /*初始化数组 visited，使每个元素为0*/
                                       /*标记图中的每个节点都未被访问过*/
    for(i=0; i<g-> numVexs; i++)
        if(!visited[i])
            DFSM(g,i);                 /*调用函数 DFSM，对图进行遍历*/
}
```

如果采用邻接表来存储图，则深度优先搜索遍历算法的代码实现如下。

算法 7.4   邻接表的深度优先搜索遍历。

邻接表的深度优先搜索遍历

```
void  DFSL(LKGraph  *g,int  n) /*邻接表的深度优先搜索遍历*/
{
    pointer p;
    printf("%d\n" ,g->adlist[n].data);   /*输出顶点*/
    visited[n]=1;                        /*置访问标志为1*/
    for(p=g->adlist[n].first;p!=NULL; p=p->next)
```

```
                if(!visited[p->vertex])
                    DFSL(g,p->vertex);        /*对未访问的邻接点递归调用*/
        }


    void  DFS(LKGraph  *g)                    /*邻接表的深度优先搜索遍历操作*/
    {
        int i;
        for(i=0;i<g->n;i++ )
            visited[i]=0;                     /*初始化所有顶点状态为未访问状态*/
        for(i=0;i<g->n;i++)
            if(!visited[i])
                DFSL(g,i); /*对未访问过的顶点调用DFSL函数,若是连通图,则只执行一次*/
    }
```

对比两个不同存储结构的深度优先搜索遍历算法，对于 n 个顶点 e 条边的图来说，邻接矩阵由于是二维数组，要查找每个顶点的邻接点需要访问邻接矩阵中的所有元素，因此时间复杂度为 $O(n^2)$。而采用邻接表作为存储结构时，查找邻接点所需的时间取决于顶点和边的数量，因此时间复杂度为 $O(n+e)$。由此可见，对于点多边少的稀疏图来说，邻接表存储结构使得算法在时间效率上大大提高了。

7.3.2 广度优先搜索遍历

广度优先搜索遍历类似于树的按层次遍历。设图 G 的初态是所有顶点均未被访问过，在 G 中任选一个顶点 v_i 作为初始出发点，则广度优先搜索遍历的基本思想是：首先访问初始出发点 v；然后访问 v 的所有邻接点 $w_1,w_2,\cdots,w_t$；再依次访问与 $w_1,w_2,\cdots,w_t$ 邻接的所有未被访问过的顶点；以此类推，直至图中所有和初始出发点 v 有路径相通的顶点都被访问过；此时，从 v 开始的搜索过程结束，若 G 是连通图则完成遍历。

对图 7.19 中的无向图 G_6 进行广度优先搜索遍历，以顶点 v_1 为初始出发点，则具体遍历过程如下：访问 v_1 的两个邻接点 v_2、v_3，接着访问 v_2 的两个邻接点 v_4、v_5，再访问 v_3 的两个邻接点 v_6、v_7，继续访问 v_4 的邻接点 v_8，至此，所有顶点都被访问到。由此得到的顶点搜索序列为 $v_1 \to v_2 \to v_3 \to v_4 \to v_5 \to v_6 \to v_7 \to v_8$。

分析可知，如果顶点 w_1 在顶点 w_2 之前被访问，则访问 w_1 的所有未被访问过的邻接点之后，再访问 w_2 的未被访问过的邻接点。也就是说，先访问的顶点其邻接点亦先被访问，具有先进先出的特点。因此，可以引进队列保存已访问过的顶点。

BFS 算法的步骤如下。

(1) 从图中某个顶点 v 出发，访问此顶点。

(2) 依次访问 v 的各个未被访问过的邻接点。

(3) 依次从这些邻接点出发再依次访问它们的邻接点。

(4) 直至图中所有和 v 有路径相通的顶点都被访问过。

(5) 若此时图中尚有顶点未被访问，则另选图中一个未被访问过的顶点作为初始出发点。

重复上述过程，直至图中的所有顶点都被访问过。

如果采用邻接矩阵来存储图，则广度优先搜索遍历算法的代码实现如下。

算法 7.5　邻接矩阵的广度优先搜索遍历。

```
void BFSM(Graph *g, int v)      /*邻接矩阵的广度优先搜索遍历*/
{
    int j;
    seqqueue  q;          /*假设采用顺序队列,定义顺序队列类型变量q*/
    InitQueue(&q);                /*队列q初始化*/
    printf("访问出发点 %d",v);        /*访问出发点,假设为输出顶点序号*/
    visited[v]=1;                 /*置顶点v的访问标志为1,表示此顶点已被访问过*/
    EnQueue(&q, v);               /*顶点v入q队列*/
    while(!QueueEmpty(&q))        /*判断队列q是否为空*/
    {
        DeQueue(&q, &v);          /*队列q非空时,顶点v出队*/
        for(j=0; j<g->numVexs; j++)
            if(g->edges[v][j]==1 && !visited[j])
            {   printf("访问顶点%d",j); visited[j]=1; /*置顶点j的访问标志为1*/
                EnQueue(&q, j);   /*顶点j入q队列*/
            }
    }
}
```

如果采用邻接表来存储图，则广度优先搜索遍历算法的代码实现如下。

算法 7.6　邻接表的广度优先搜索遍历。

邻接表的
广度优先
搜索遍历

```
void BFSL(Graph *g,int v)            /*邻接表的广度优先搜索遍历*/
{
    SqQueue  q;          /*假设采用顺序队列,定义顺序队列类型变量q*/
    pointer  p;
    InitQueue(&q);                /*队列q初始化*/
    printf("访问出发点 %d",v);     /*访问出发点,假设为输出顶点序号*/
    visited[v]=1;                 /*置顶点v的访问标志为1,表示此顶点已被访问过*/
    EnQueue(&q, v);               /*顶点v(刚访问过的)入q队列*/
    while(!QueueEmpty (&q))       /*判断队列q是否为空*/
    {
        DeQueue(&q, &v);          /*队列q非空时,顶点v出队*/
        p=g->adlist[v].first;     /*将节点v表头指针域存入p中*/
        while(p!=NULL)
        {                /*访问与顶点v相邻接的所有顶点,即以v顶点为表头的单链表*/
            If(!visited[p->vertex])
            {
                printf("%d",p->vertex);  visited[p->vertex]=1;
                EnQueue(&q, p->vertex);
```

```
                }
                p=p->next;
            }
        }
    }
```

对于具有 n 个节点 e 条边的连通图，因为每个顶点均入队一次，所以 BFSM 算法和 BFSL 算法的外循环次数为 n。BFSM 算法的内循环次数是 n 次，故 BFSM 算法的时间复杂度为 $O(n^2)$。BFSL 算法的内循环次数取决于各顶点的边表节点个数，内循环执行的总次数是边表节点的总个数 $2e$，故 BFSL 算法的时间复杂度为 $O(n+e)$。BFSM 算法和 BFSL 算法所用的辅助空间是队列和访问标志数组，故两者的空间复杂度为 $O(n)$。

对比图的深度优先搜索遍历和广度优先搜索遍历算法，它们在时间复杂度上相同，不同之处仅在于其对顶点访问的顺序不同，可见两者在全图遍历上没有优劣之分，根据不同情况选择合适的算法即可。

7.4 图的生成树

在图论中，常常将树定义为一个无回路连通图。如图 7.20 所示的两个图就是无回路的连通图。尽管它们看上去不是树，但只要选定某个顶点作为根，以根节点为起点对每条边定向，就能将它们变为通常的树。

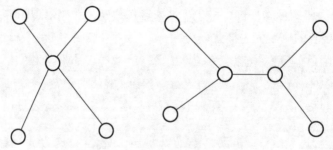

图 7.20 两个无回路的连通图

根据连通图的生成树的定义(参考 7.1.3 节)，连通图 G 的生成树是 G 的极小连通子图。所谓极小是指边数最少，若在生成树上任意去掉一条边，就会使之变为非连通图；若在生成树上任意添加一条边，就必定出现回路。

因此，生成树具有如下性质：一个有 n 个顶点的连通图的生成树有且仅有 $n-1$ 条边，一个连通图的生成树并不唯一。

7.4.1 生成树的基本概念

对给定的连通图，如何求得其生成树呢？

设图 $G=(V, E)$ 是一个具有 n 个顶点的连通图，则从 G 的任一顶点出发，对 G 进行深度优先搜索或广度优先搜索，可以访问到 G 中的所有顶点。在这两种搜索方法中，从一个已访问过的顶点 v_i 搜索到一个未被访问过的邻接点 v_j，必定要经过 G 中的一条边(v_i, v_j)，由于两种搜索方法对图中的 n 个顶点都仅访问一次，因此，除初始出发点外，对其余 $n-1$ 个顶

点的访问都将经过 G 中的 $n-1$ 条边，这 $n-1$ 条边把 G 中的 n 个顶点连接成一个极小连通子图，从而得到 G 的一棵生成树。

由于可以利用图的遍历算法求得生成树，因此对 DFS 算法做调整就可得到深度优先生成树的算法。分析算法可知，当 DFS(i)递归调用 DFS(j)时，v_i 是已访问过的顶点，v_j 是邻接于 v_i 的未被访问过且正待访问的顶点。因此，只需在 DFS 算法的 if 语句中，在调用语句DFS(j)之前插入适当的语句，将边(v_i, v_j)输出或保存起来即可实现。

类似地，在 BFS 算法中，若当前出队的元素是 v_i，待入队的元素是 v_j，则 v_i 是已访问过的顶点，v_j 是邻接于 v_i 的待访问而未被访问过的顶点。因此，只需在 BFS 算法的 if 语句中插入适当语句，即可得到求广度优先生成树的算法。例如，从图 G_6 的顶点 v_1 出发所得到的 DFS 生成树和 BFS 生成树如图 7.21 所示。

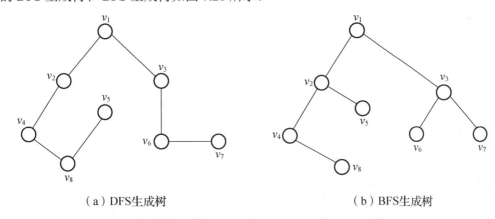

（a）DFS生成树　　　　　　　　　　　　（b）BFS生成树

图 7.21　图 G_6 的 DFS 和 BFS 生成树

上面给出的生成树定义，是从连通图的观点出发，针对无向图而言的。此定义不仅仅适用于无向图，对有向图同样适用。若 G 是强连通的有向图，则从其中任一顶点 v 出发，都可以访问 G 中的所有顶点，从而得到以 v 为根的生成树。其区别在于，有向图的深度优先生成树和广度优先生成树中的每一条边都是有向弧。

若 G 是非连通无向图，则要多次调用 DFS(或 BFS)算法，才能完成对 G 的遍历。因为每一次的外部调用，只能访问 G 的一个连通分量的顶点集，这些顶点和遍历时所经过的边构成了该连通分量的一棵 DFS(或 BFS)生成树，而 G 的各个连通分量 DFS(或 BFS)生成树组成了 G 的 DFS(或 BFS)生成森林。类似地，若 G 是非强连通的有向图，且初始出发点又不是有向图的根，则遍历时一般也只能得到该有向图的生成森林。

连通图的生成树不是唯一的，因为从不同的顶点出发进行遍历，可以得到不同的生成树。如果连通图 G 是一个带权值的网，则 G 的生成树的各边也是带权的。我们把生成树各边的权值总和称为生成树的权，并把权值最小的生成树称为 G 的最小生成树(Minimun Spanning Tree, MST)。

生成树和最小生成树有许多重要的应用，求解最小生成树在许多领域中有重要意义。例如，通信工程师需要为一个镇的 6 个村庄架设通信网络，$v_1 \sim v_6$ 表示村庄，村庄之间连线上的数值表示村庄之间的可通达的直线距离，如 v_1 到 v_2 是 16km，村庄之间无连线表示有高山或湖泊阻隔而无距离数据，如图 7.22 所示。那么，如何用最小的成本完成这个任务？

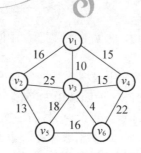

图 7.22　村庄间的连接图

由于在 n 个村庄之间最多可设立的线路有 $n(n-1)/2$ 条，而把 n 个村庄连接起来至少要有 $n-1$ 条线路，而且在每两个村庄之间设置一条线路，相应的都要付出一定的经济代价，所以可将问题归结为：如何在 $n(n-1)/2$ 条线路中选择 $n-1$ 条，使得总成本最小。

因此，可以用连通网来表示通信线路，顶点表示 n 个村庄，边表示连接两个村庄之间的线路，边的权值表示两个村庄之间通信线路的长度或建造成本，则对 n 个顶点的连通网可以构造出许多不同的生成树，每棵生成树都可以是一个通信网络，然后选择一棵总长度最短或总成本最小的生成树(连通网的最小生成树)，使得建立的通信网络的线路的总长度最短或总成本最小。

构造最小生成树时要解决两个问题：尽可能选取权值小的边，但不能构成回路；选取 $n-1$ 条恰当的边以连接网的 n 个顶点。

7.4.2　最小生成树的构造

构造最小生成树可以有多种算法，其中大多数构造算法都是利用了最小生成树的 MST 性质。设 $G=(V,E)$ 是一个连通网，U 是顶点集 V 的一个真子集。若 (u,v) 是 G 中所有的一个端点在 U 里(即 $u \in U$)、另一个端点不在 U 里(即 $v \in V-U$)的边中，具有最小权值的一条边，则一定存在 G 的一棵最小生成树包括此边 (u,v)，该性质称为 MST 性质。

MST 性质可用反证法证明：假设 G 的任意一棵最小生成树中都不包含此边 (u,v)。设 T 是 G 的一棵最小生成树，但不包含边 (u,v)。由于 T 是树，且是连通的，因此有一条从 u 到 v 的路径，且该路径上必有一条连接两个顶点集 U 和 $V-U$ 的边 (u',v')，其中 $u' \in U$，$v' \in V-U$，否则 u 和 v 不连通。当把边 (u,v) 加入树 T 时，得到一个包含边 (u,v) 的回路，如图 7.23 所示。删去边 (u',v')，上述回路即被消除，由此得到一棵生成树 T'，T' 和 T 的区别仅在于用边 (u,v) 取代了 T 中的边 (u',v')。因为 (u,v) 的权 $\leqslant (u',v')$ 的权，故 T' 的权 $\leqslant T$ 的权，因此 T' 也是 G 的最小生成树，它包含边 (u,v)，与假设矛盾。

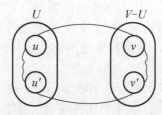

图 7.23　包含边 (u,v) 的回路

找连通网的最小生成树，有两种经典的算法：普里姆(Prim)算法和克鲁斯卡尔(Kruskal)算法。

1. Prim 算法

设 $G=(V, E)$ 是具有 n 个顶点的连通网，顶点集为 $V=\{v_1, v_2, \cdots, v_n\}$。设所求的最小生成树为 $T=(U, E)$，其中 U 是最小生成树 T 中的顶点集，E 是 T 中的边集，并将 G 中边上的权看作长度。

Prim 算法的基本思想是：首先从 V 中任取一个顶点(以 v_1 为例)，将生成树 T 置为仅有一个节点 v_1 的树，即置入选顶点集 $U=\{v_1\}$，此时入选边集 $T=\{\}$，除 v_1 外的其他顶点构成待选顶点集 $V-U$；只要 U 是 V 的真子集，就在所有的一个端点 v_i 已在 T 里(即 $v_i \in U$)、另一个端点 v_j 不在 T 里(即 $v_j \in V-U$)的边中，找一条最短(即权最小)的边 (v_i, v_j)，并把该条边 (v_i, v_j) 加入 T 的边集 E，相应的顶点 v_j 加入入选顶点集 U。重复以上过程，每次往生成树里加入一个顶点和一条边，直至入选顶点集 U 包含了所有的顶点，即 $U=V$，而入选边集 E 中有 $n-1$ 条边。MST 性质保证上述过程求得的 $T=(U, E)$ 是 G 的一棵最小生成树。

显然，Prim 算法的关键是如何找到连接 U 和 $V-U$ 的最短边来扩充生成树 T。简单的方法就是在实施算法之前，将所有边进行排序，构造一个较小的候选边集，且保证最短边属于该候选边集，并且在每次找到一条最短边并加入入选边集 E 时，调整候选边集。

图 7.24 所示为用 Prim 算法构造最小生成树的过程。

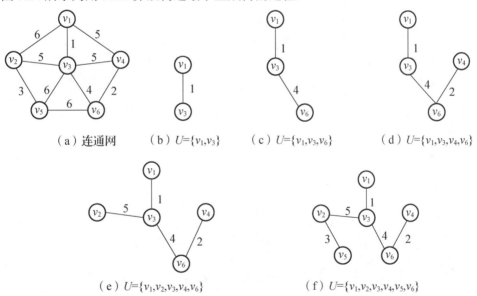

（a）连通网　　（b）$U=\{v_1,v_3\}$　　（c）$U=\{v_1,v_3,v_6\}$　　（d）$U=\{v_1,v_3,v_4,v_6\}$

（e）$U=\{v_1,v_2,v_3,v_4,v_6\}$　　　　（f）$U=\{v_1,v_2,v_3,v_4,v_5,v_6\}$

图 7.24　Prim 算法构造最小生成树

为了实现这个算法，设连通网用邻接矩阵表示，对不存在的边，相应的矩阵元素用 ∞ 表示，实际编码时可以取计算机允许的最大值存储。边的存储结构如下。

```
typedef struct
{
    int adjvex;        /*集合 U 中的顶点 (始点) */
    int value;         /*集合 U 中顶点到非 U 中的某个顶点的最小距离值*/
} InterEdge;
```

Prim 算法的代码描述如下。

算法 7.7　Prim 算法。

```
typedef struct
{
    DataType vexs[MAXSIZE];              /*顶点信息表*/
    int arcs[MAXSIZE][MAXSIZE];          /*邻接矩阵*/
    int  vexnum, numEdges;               /*顶点数和边数*/
}Mgraph;

void  Create_MGraph(Mgraph *G)
 {
    int i, j, k, w;
    scanf("%d, %d", &(G->vexnum), &(G->numEdges));  /*输入顶点数及边数*/
    printf("请输入顶点信息(顶点编号),建立顶点信息表:\n");
    for(i=0; i<G->vexnum; i++)
        scanf("%c", &(G->vexs[i]));  /*输入顶点信息*/
    for(i=0; i<G->vexnum; i++)   /*邻接矩阵初始化*/
        for(j=0; j<G->vexnum; j++)
            G->arcs[i][j]=65535;
    for(k=0; k<G->numEdges; k++)      /*读入边的顶点编号和权值,建立邻接矩阵*/
    {
        printf("请输入第%d条边的顶点序号i,j和权值w:", k+1);
        scanf("%d,%d,%d", &i, &j, &w);
        G->arcs[i][j]=w;
        G->arcs[j][i]=w;
    }
 }

int MinValue(InterEdge *ee,int n)    /*求最小值*/
 {
    int i,k=0;
    int min=65535;
    for(i=0; i<n; i++)
        if((ee[i].value!=0)&(ee[i].value<min))
        {
            k=i;
            min=ee[i].value;
        }
    return k;
 }

void Prim(Mgraph G, int u)
 {
```

```
/*最小生成树的 Prim 算法,以 u 为起始点,求用邻接矩阵表示的图 G 的最小生成树,然后输出*/
    InterEdge ee[MAXSIZE];
    int k=0, i, j;
    for(i=0; i<G.vexnum; i++)
    {
        ee[i].adjvex=u;
        ee[i].value=G.arcs[u][i];
    }
    ee[u].value=0;
    printf("\n The minimum spantree Solution is:\n");
    for(i=1; i<G.vexnum; i++)
                    /*求最小生成树的(n-1)条边,n 为顶点数 G.vexnum*/
    {
        k=MinValue(ee, G.vexnum);  /*求权值最小的边*/
        printf("(%d, %d);",k,ee[k].adjvex);  /*输出该边*/
        ee[k].value=0;  /*将顶点 k 加入 U 中*/
        for(j=0; j<G.vexnum; j++)
            if (G.arcs[k][j]<ee[j].value)
            {  /*调整最短路径,并保存下标*/
                ee[j].value=G.arcs[k][j];  ee[j].adjvex=k;
            }
    }
}
```

由算法代码中的循环嵌套可知 Prim 算法的时间复杂度为 $O(n^2)$,与网中的边数无关,因此适合构造稠密网的最小生成树,即在边数非常多的情况下使用。

2. Kruskal 算法

设 $G=(V, E)$是连通网,令最小生成树的初始状态为只有 n 个顶点而无边的非连通图 $T=(V, \phi)$,T 中每个顶点自成一个连通分量。按照长度递增的顺序依次选择 E 中的边(u, v),若该边的端点 u、v 分别是当前 T 的两个连通分量 T_1、T_2 中的顶点,则将该边加入 T 中,T_1 和 T_2 也由此边连接成一个连通分量;若 u、v 是当前同一个连通分量中的顶点,则舍去此边(因为每个连通分量都是一棵树,此边添加到树中将形成回路)。以此类推,直到 T 中所有顶点都在同一个连通分量上为止,T 便是 G 的一棵最小生成树。

Kruskal 算法

对图 7.24(a)中的连通网,用 Kruskal 算法构造最小生成树,其过程如图 7.25 所示。将边按长度进行排序(v_1, v_3), (v_4, v_6), (v_2, v_5), (v_3, v_6), (v_3, v_4), (v_2, v_3), (v_1, v_4), (v_1, v_2), (v_3, v_5),(v_5, v_6)后,依次选取长度最短,且都连通两个不同的连通分量的边(v_1, v_3), (v_4, v_6), (v_2, v_5),将它们加入 T 中,如图 7.25(a)~(c)所示;考虑当前最短边(v_3, v_6),因为边的两个端点在不同的连通分量上,因此加入 T 中,如图 7.25(d)所示;选取边(v_3, v_4),因为该边的两个端点在同一个连通分量上,若将其加入 T 中,将会出现回路,故舍去这条边;同理,将边(v_2, v_3)加入 T 中,舍去边(v_1, v_4),便得到如图 7.25(e)所示的单个连通分量,它就是所求的一棵最小生成树。

实现这个算法要解决两个问题：采用什么样的存储结构；如何判断所选的边加入最小生成树后不产生回路。由于算法的每一步都是选择一条当前权值最小的且不会形成回路的边加入最小生成树的边集中，因此中间过程一般会生成森林。随着算法的进行，森林中的树将逐步连通(合并)成一棵树，即所求的最小生成树。因此，Kruskal 算法的基本思想是按边权递增的次序连通森林。

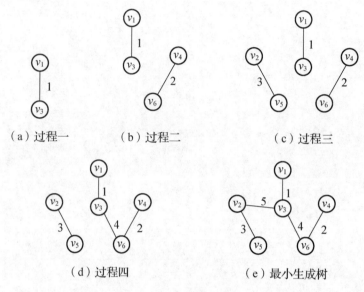

图 7.25　Kruskal 算法构造最小生成树

Kruskal 算法的粗略描述如下。

```
T=(V, φ)
while(T 中所含边数<n-1)
{     从 E 中选取当前最短边(u,v);
      从 E 中删除边(u,v);
      if((u,v)并入 T 之后不产生回路)
          将边(u,v)并入 T;
}
```

Kruskal 算法的代码描述如下。
算法 7.8　Kruskal 算法。

```
typedef  struct
{
    int  v1, v2;
    int  len;
}EdgeType;          /*边的类型：两个端点号和边长*/

int parent[MAXSIZE+1];/*节点双亲的指针数组,设为全局变量,MAXSIZE 为节点数最大值*/
int GetRoot(int  v)   /*查找节点 v 所在的树根,即查找双亲*/
```

```
{
    int   i;
    i=v;
    while(parent[i]>0)
            i=parent[i];
    return i;          /*若无双亲(初始点),则双亲运算结果为其自己*/
}


int  GetEdge(EdgeType  em[], int e)/*查找最短边在数组 em 中的编号,e 为边数*/
{
    int  i, j, min=65535;       /*设置最大的一个数*/
    for(i=1; i<=e; i++)
        if((em[i-1].len<min)&&(em[i-1].len!=0))
        { min=em[i-1].len; j=i-1; }
    em[j].len=0;
    return j;
}


void  Kruskal(EdgeType  em[], int n, int  e)  /*n 为节点数,e 为边数*/
{
    int  i, p1, p2, m, i0;
    for(i=1; i<=n; i++)/*初始节点为根,无双亲*/
        parent[i]=-1;
    m=1;    /*用于累计节点个数,此初值不能置为 0*/
    while(m<n)  /*获取最短边,合并两棵树,共获取 n-1 条最短边得到一棵生成树*/
    {
        i0=GetEdge(em, e);       /*获得最短边号,此号是所求边在数组 em 中的位置*/
        p1=GetRoot(em[i0].v1);
                /*获得最短边的两个顶点号,并求得两顶点所在树的根 p1 和 p2*/
        p2=GetRoot(em[i0].v2);
        if(p1==p2)    continue;               /*若连通分量相同,则不合并*/
        if(parent[p1]>parent[p2])
                /*parent[p1]与 parent[p2]这时为负,因根无双亲 */
        {
            parent[p2]=parent[p1]+parent[p2];
            parent[p1]=p2;
        }
        else
        {
            parent[p1]=parent[p1]+parent[p2];     parent[p2]=p1;
        }
        printf(" 第%d 条边: %d %d\n", m, em[i0].v1, em[i0].v2);
                /*输出第 m 条最短边*/
```

```
            m++;      /*准备查找下一条最短边,共找到n-1条*/
        }
    }
```

用 Kruskal 算法构造最小生成树的时间复杂度为 *O(eloge)*，与网中的边数相关，因此适合构造稀疏网的最小生成树。

7.5 最短路径

交通网络中往往需要解决如下的问题：两地之间是否有通路？如果有多条通路，则如何确定哪一条是最短的？如果将该交通网络用带权图(网)来表示，则图中顶点表示城镇，边表示两个城镇之间的道路，边上权值表示两个城镇之间的距离、交通费用或途中所需的时间等信息。上述提出的问题就是在带权图中求最短路径的问题，即两个顶点间长度最短的路径。"最短"的具体含义取决于边上权值所代表的意义。对于不带权的图(非网)来说，所谓的最短路径，是指两顶点间经过的边数总和最小的路径，因为图中的边上无权值；而网的最短路径，是指两顶点间经过的边上权值之和最小的路径，并且称路径上的第一个顶点是源点(source)，最后一个顶点为终点(destination)。

现实中两地间的路径往往是有向的，如 A 城到 B 城有一条公路，而且 A 城的海拔高于 B 城，若考虑上坡和下坡的车速不同，则边<A, B>和边<B, A>上表示行驶时间的权值也将不同，也就是说<A, B>和<B, A>应该是两条不同的边。考虑到交通网络的这种有向性，本节将只讨论有向网的最短路径问题。为了方便讨论，设顶点集 $V=\{1, 2, \cdots, n\}$，并假定所有边上的权值均为表示长度的非负实数。

7.5.1 单源最短路径

单源最短路径问题是指对于给定的有向网 $G=(V, E)$ 及单个源点 v，求从 v 到 G 的其余各个顶点的最短路径。

如果用图 7.26 所示的有向网 G_7 表示 5 个城市间的航线图，顶点表示不同的城市，弧上的权值表示运输费用，则求城市 1 到其他各城市的最小运输费用，实际上就是求 G_7 中顶点的最短路径问题。

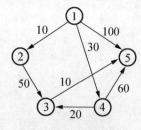

图 7.26 有向网 G_7

从有向网 G_7 中可以看出，顶点 1 到其他各顶点的路径如下。

1 到 2 的路径有 1 条：1→2(10)，括号中的数值是路径长度，即路径上的权值之和。

1 到 3 的路径有 2 条：1→2→3(60)，1→4→3(50)。

1 到 4 的路径有 1 条：1→4(30)。

1 到 5 的路径有 4 条：1→5(100)，1→4→5(90)，1→2→3→5(70)，1→4→3→5(60)。

分别选出 1 到其他各顶点的最短路径，并按路径长度递增顺序排列，得到：1→2(10)，1→4(30)，1→4→3(50)，1→4→3→5(60)。

观察上面的序列，可以发现规律：若按路径长度递增的顺序生成从源点 v 到其他顶点的最短路径，则当前正在生成的最短路径上除终点外，其余顶点的最短路径均已形成。将源点的最短路径看作已生成的源点到其自身的长度为 0 的路径。在图 7.26 中，若当前正在生成的是顶点 3 的最短路径，则该路径 1→4→3 上顶点 1 和 4 的最短路径在此以前已生成，因为它们的最短路径长度比顶点 3 的最短路径长度要小。

Dijkstra 算法

迪杰斯特拉(Dijkstra)算法正是基于上述规律而设计的，其算法使用了贪心(局部最优)策略，按路径长度递增的顺序产生各顶点的最短路径，即利用局部最优来计算全局最优。Dijkstra 算法的基本思想是：设置两个顶点集 S 和 T，S 中存放已经确定的最短路径的顶点，T 中存放待确定的最短路径的顶点；初始状态时，S 中只有一个源点 v，T 中包含除源点外的其他顶点，而各顶点当前的最短路径长度为源点 v 到该顶点的弧上的权值，如果没有源点到该顶点的直接可达路径，则路径长度为无穷大；选取 T 中当前最短路径长度最小的一个顶点 v' 加入 S 中，然后修改 T 中剩余顶点的当前最短路径长度，修改原则是当顶点 v' 的最短路径长度与 v' 到 T 中各顶点间的权值之和小于该顶点的当前最短路径长度时，用前者的值代替后者；重复上述过程，直到 S 中包含所有的顶点。

图 7.27 给出了有向网中的顶点 1 到其他各顶点的最短路径的过程，图中实线圈和虚线圈分别表示已确定和未确定最短路径的顶点，实线表示已确定的最短路径上的弧，虚线表示有可达路径，但是未确定的最短路径上的弧。

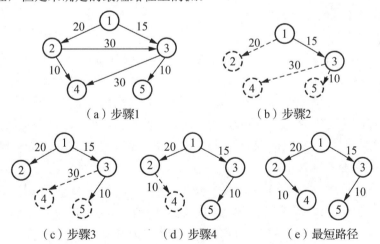

图 7.27 用 Dijkstra 算法求最短路径

下面用实例对该算法过程进行介绍。

如图 7.28 所示，求有向网 G_8 中的顶点 v_0 到其他各顶点的最短路径。

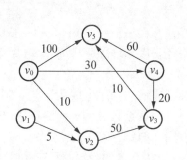

	0	1	2	3	4	5
0	∞	∞	10	∞	30	100
1	∞	∞	5	∞	∞	∞
2	∞	∞	∞	50	∞	∞
3	∞	∞	∞	∞	∞	10
4	∞	∞	∞	20	∞	60
5	∞	∞	∞	∞	∞	∞

图 7.28　有向网 G_8 和邻接矩阵

(1) 假设集合 V 是 G_8 的顶点集，S 是已确定的最短路径的顶点集，T 是待确定的最短路径的顶点集，则初始状态时，$S=\{v_0\}$，$T=\{v_1, v_2, v_3, v_4, v_5\}$。以后陆续将已求得的最短路径的顶点加入 S 中，并在 T 中删除该顶点。当所有顶点都进入集合 S 时，则算法结束。用一维数组表示集合，如果顶点 v_i 加入集合内，则对应数组 $S[i]$ 的值为 1，否则为 0。

(2) 将有向网用邻接矩阵表示，即用权值代替邻接矩阵中原来的 1，若顶点间无边则用∞表示。

(3) 用数组 Path[i]存放顶点在最短路径上的前趋,通过该数组可以找到路径上每个顶点的前趋，从而得到最短路径。

(4) 用一维数组 Disc[]存放各顶点的最短路径长度，则 Disc[i]表示源点 v_0 到某个顶点 v_i 的当前最短路径的长度，如果 v_0 到 v_i 无通路，则 Disc[i]=∞。每当有一个顶点进入集合 S 时，都要调整该数组中的最短路径值(在顶点 v_i 加入 S 中前，相应的 Disc[i]都是中间结果)，当最后一个顶点进入集合 S 以后，修改完 Disc 中的值，即可得到源点到其他所有顶点的最短路径。

Dijkstra 算法的具体过程如下。

(1) 初始时，Disc[i]的值为 v_0 到 v_i 的弧的权值。

v_0 到顶点 v_2、v_4、v_5 的权值分别为 10、30、100，而到其他顶点没有可达通路，因此取最小值 10，即 Disc[2]=10 便是 v_0 到 v_2 的最短路径的长度，Path[2]=(v_0)。

(2) 寻找下一条最短路径。设下一条最短路径的终点是 v_j，则这条最短路径或者是 (v_0, v_j)，或者是 v_0 经过 v_2 到达 v_j 的路径。通过分析可知，v_0 和 v_5、v_4 直接连通，而且经过 v_2 可达 v_3，路径长度分别为 100、30、10+50=60，其中最小值为 30，即 Disc[4]=30 便是 v_0 到 v_4 的最短路径的长度，Path[4]=(v_0)。

(3) 继续寻找下一条最短路径。设下一条最短路径的终点是 v_k，则这条最短路径或者是(v_0, v_k)，或者是 v_0 经过 v_2 或 v_4 到达 v_k 的路径。通过分析可知，v_0 可直接达 v_5，经过 v_2 可达 v_3，经过 v_4 可达 v_3 和 v_5，路径长度分别为 100、10+50=60、30+20=50、30+60=90，其中最小值为 50，即 Disc[3]=50 便是 v_0 到 v_3 的最短路径的长度，Path[3]=(v_4)。

以此类推，求出到所有顶点的最短路径。

在 Dijkstra 算法过程中，各顶点最短路径值的变化情况如表 7.1 所示。

表 7.1 Dijkstra 算法过程中各顶点最短路径值的变化情况

	v_0	v_1	v_2	v_3	v_4	v_5
S	1	0	0	0	0	0
Disc	0	∞	⑩	∞	30	100

	v_0	v_1	v_2	v_3	v_4	v_5
S	1	0	1	0	0	0
Disc	0	∞	10	60	㉚	100

	v_0	v_1	v_2	v_3	v_4	v_5
S	1	0	1	0	1	0
Disc	0	∞	10	㊿	30	90

	v_0	v_1	v_2	v_3	v_4	v_5
S	1	0	1	1	1	0
Disc	0	∞	10	50	30	⑥⓪

	v_0	v_1	v_2	v_3	v_4	v_5
S	1	0	1	1	1	1
Disc	0	⑧	10	50	30	60

  每一次的路径长度调整都涉及两个操作：选择 S 集合中值为 0 的所有顶点中路径长度最短的那个顶点 v_i，将其值设置为 1；然后调整 S 集合中值仍为 0 的所有顶点的当前最短路径长度。

  最终得到的 v_0 到各顶点的最短路径及路径长度如表 7.2 所示。

表 7.2 有向网 G_8 中 v_0 到各顶点的最短路径及路径长度

源点	终点	最短路径	路径长度
	v_1	无	∞
	v_2	$v_0 \rightarrow v_2$	10
v_0	v_3	$v_0 \rightarrow v_4 \rightarrow v_3$	50
	v_4	$v_0 \rightarrow v_4$	30
	v_5	$v_0 \rightarrow v_4 \rightarrow v_3 \rightarrow v_5$	60

  根据上述分析，假设用带权的邻接矩阵 arcs[i][j] 来表示带权有向图，则 Dijkstra 算法可描述如下。

  (1) 初始时，Disc[i] 存放 $v_0 \sim v_i$ 各顶点的弧的权值，Disc[i]=arcs[0][i]，S={}。

  (2) 重复执行 $n-1$ 遍，每遍求出一条新的最短路径。

  ① 利用公式 Disc[j]=Min{Disc[i]|$v_i \in V-S$} 得到一条新的从 v_0 出发的最短路径及新的终点 v_j，令 $S=S+\{v_j\}$。

② 利用 v_j 修改从 v_0 出发到集合 V-S 中任一顶点 v_k 可达路径的长度：$\mathrm{Disc}[j] + \mathrm{arcs}[j][k]$ 与 $\mathrm{Disc}[k]$。

Dijkstra 算法的代码实现如下。

算法 7.9 Dijkstra 算法。

```
void Dijkstra(Graph* g, int v,int* dist, int* path, char* s)
{
    int i, j, k, pre, min;
    for(i=0; i<g->numVexs; i++)
    {
        s[i]=0;//初始集合 s 为空
        dist[i]=g->edges[v][i];
        path[i]=v;
    }
    s[v]=1;
    dist[v]=0;
    for (i=0; i<g->numVexs-1; i++)
    {
        min=INTMAX;
        for(j=1; j<g->numVexs; j++)
            if(!s[j]&&dist[j]<min)
            {
                min=dist[j];
                k=j;
            }
        if(min==INTMAX) break;
        s[k]=1; //将当前找到的到源点 v 距离最小的顶点 k 并入 s
        for(j=1; j<=g->numVexs; j++)
            if(!s[j]&&dist[j]>dist[k]+g->edges[k][j])
            {
                dist[j]=dist[k]+g->edges[k][j];
                path[j]=k;    //顶点 j 的前趋是顶点 k
            }
    }
    for(i=0; i<g->numVexs; i++)
    {
        if(dist[i]==INTMAX)
        {
            printf("\n 顶点%d 到源点无路径",i); continue;
        }
        printf("\n 顶点%d 到源点的最短路径长:%d,路径为", i, dist[i]);
        pre=path[i];
```

```
                    printf("%d", i);
                    while(pre!=v)
                    {
                        printf("<- %d", pre);
                        pre=path[pre];
                    }
                    printf("<- %d", v);
                }
            }
```

由以上代码可以看出，Dijkstra 算法的时间复杂度为 $O(n^2)$，空间复杂度为 $O(n)$。

7.5.2 所有顶点对之间的最短路径

所有顶点对之间的最短路径问题是指对于给定的有向网 $G=(V, E)$，要给出的 G 中任意两个顶点 v_i、$v_j(v_i \neq v_j)$，找出 v_i 到 v_j 的最短路径。

解决此问题的一种方法是：依次把有向网的每个顶点作为源点，重复执行 Dijkstra 算法 n 次，即可求得每对顶点之间的最短路径。相当于在原有算法基础上，再增加一层循环，此时整个算法的时间复杂度为 $O(n^3)$。本小节要介绍另一种更为直接和简洁的解决这一问题的算法，它是由弗洛伊德(Floyd)提出的，其时间复杂度也为 $O(n^3)$。

Floyd 算法求各顶点间的最短路径长度的基本思想如下。

算法采用邻接矩阵 edges[i][j]存储带权有向网，有向网中的 n 个顶点从 v_0 开始编号，则顶点 v_i 到 v_j 的最短路径长度 edges[i][j]就是弧$<v_i, v_j>$所对应的权值。当弧$<v_i, v_j>$不存在时，edges[i][j]=∞；当 $v_i=v_j$ 时，edges[i][j]=0，即对角线上的元素为 0。

为了便于理解，先从直观上进行分析。对于 $0 \leq i, j \leq n-1$，若 v_i 到 v_j 有边，则从 v_i 到 v_j 存在一条长度为 edges[i][j]的路径。但它不一定是从 v_i 到 v_j 的最短路径，因为可能存在一条从 v_i 到 v_j，但包含其他顶点为中间点的路径。因此，应该依次考虑 v_i 到 v_j 能否有以顶点 $v_0, v_1, \cdots, v_{n-1}$ 为中间点的更短路径。

(1) 考虑从 v_i 到 v_j 是否有以顶点 v_0 为中间点的路径：v_i, v_0, v_j，即考虑 G 中是否有弧 $<v_i, v_0>$和$<v_0, v_j>$，若有，则新路径 v_i, v_0, v_j 的长度是 edges[i][0]和 edges[0][j]之和，比较路径 v_i, v_j 和 v_i, v_0, v_j 的长度，取其中较短者作为当前求得的最短路径。该路径是中间点序号不大于 0 的最短路径。

(2) 考虑从 v_i 到 v_j 是否有包含顶点 v_1 为中间点的路径：$v_i, \cdots, v_1, \cdots, v_j$，若没有，则从 v_i 到 v_j 的当前最短路径仍然是步骤(1)中求出的，即从 v_i 到 v_j 的中间点序号不大于 0 的最短路径；若有，则 $v_i, \cdots, v_1, \cdots, v_j$ 可分解为两条路径 $v_i, \cdots, v_1$ 和 $v_1, \cdots, v_j$，而这两条路径是前一次找到的中间点序号不大于 0 的最短路径，将这两条路径长度(已在前一次求出)相加就得到路径 $v_i, \cdots, v_1, \cdots, v_j$ 的长度，将该长度与前一次求出的从 v_i 到 v_j 的中间点序号不大于 1 的最短路径长度做比较，取其中较短者作为当前求得的从 v_i 到 v_j 的中间点序号不大于 1 的最短路径。

(3) 选择顶点 v_2 加入当前求得的从 v_i 到 v_j 中间点序号不大于 2 的最短路径中，按上述步骤进行比较，从未加入顶点 v_2 作为中间点的最短路径和加入顶点 v_2 作为中间点的新路径中选择其中较短者，作为当前求得的从 v_i 到 v_j 的中间点序号不大于 2 的最短路径。以此类推，直至考虑了顶点 v_{n-1} 加入当前从 v_i 到 v_j 的最短路径后，选出从 v_i 到 v_j 的中间点序号不大于 $n-1$ 的最短路径。由于 G 中顶点序号不大于 $n-1$，因此从 v_i 到 v_j 的中间点序号不大于 $n-1$ 的最短路径，已考虑了所有顶点作为中间点的可能性，因而它必然是从 v_i 到 v_j 的最短路径。

为了更直观地理解 Floyd 算法的原理，下面来分析一个最简单的 3 个顶点的连通网，如图 7.29 所示。

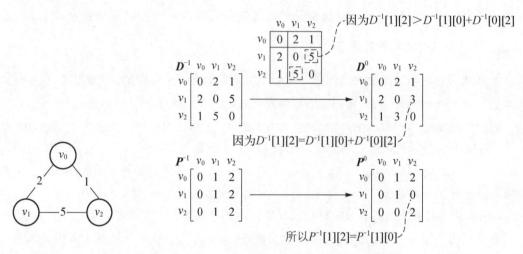

图 7.29　3 个顶点连通网的 Floyd 算法示意图

定义两个三阶矩阵 **D** 和 **P**，**D** 表示顶点对之间的最短路径权值和的矩阵，**P** 表示对应顶点的最短路径的前趋矩阵。初始时，将 **D** 命名为 D^{-1}，它就是初始的图的邻接矩阵；将 **P** 命名为 P^{-1}，初始化为图 7.29 所示的矩阵。

首先，分析所有的顶点经过 v_0 后到达另一个顶点的最短路径。因为只有 3 个顶点，所以要查看 $v_1 \rightarrow v_0 \rightarrow v_2$，得到 $D^{-1}[1][0]+D^{-1}[0][2]=2+1=3$。$D^{-1}[1][2]$表示的是 $v_1 \rightarrow v_2$ 的权值为 5，可以发现，$D^{-1}[1][2] > D^{-1}[1][0]+D^{-1}[0][2]$，也就是说 $v_1 \rightarrow v_0 \rightarrow v_2$ 比 $v_1 \rightarrow v_2$ 的距离要短。所以 $D^{-1}[1][2]= D^{-1}[1][0]+D^{-1}[0][2]=3$，同样的，$D^{-1}[2][1]=3$，于是有了增加顶点 v_0 的调整后的 D^0 矩阵。因为有了变化，所以 **P** 矩阵对应的 $P^{-1}[1][2]$和 $P^{-1}[2][1]$也修改为当前中转顶点 v_0 的下标 0，于是就有了 P^0。

然后，在 D^0 和 P^0 的基础上继续处理所有顶点经过 v_1 和 v_2 后到达另一个顶点的最短路径，得到 D^1 和 P^1、D^2 和 P^2，完成所有顶点对之间的最短路径的计算。

分析上述实例的算法实现过程，可以发现实现上述算法的关键在于要保留每一步求得的所有顶点对之间的当前最短路径长度，设 n 个顶点从 1 开始编号，为此需要定义一个 $n \times n$ 的方阵序列 $A^0, A^1, \cdots, A^n$，来保存当前求得的所有顶点对之间的最短路径长度。其中，$A^k[i][j]$表示从 v_i 到 v_j 的中间点序号不大于 k 的最短路径长度($0 \leq k \leq n-1$)。

特别地，A^0 等于 G 的邻接矩阵 **edges**，$A^0[i][j]$(即 edges$[i][j]$)表示从 v_i 到 v_j 不经过任何中间点的最短路径长度，$A^n[i][j]$ 就是从 v_i 到 v_j 的最短路径长度($0 \leq k \leq n$)。

Floyd 算法的基本策略是从 A^0 开始，递推地生成矩阵序列 $A^1, A^2, \cdots, A^n$，所以如何由已求得的矩阵 A^{k-1} 推出 A^k 是关键。对于任何顶点对 v_i, v_j，从顶点 v_i 到顶点 v_j 的中间点序号不大于 k 的最短路径只有两种情况：一种是中间不经过顶点 k，那么它仍然是前一次求出的从 v_i 到 v_j 的中间点序号不大于 $k-1$ 的最短路径，$A^k[i][j]=A^{k-1}[i][j]$；另一种是中间经过顶点 k，该路径由两段路径 $i, \cdots, k$ 和 $k, \cdots, j$ 组成，它们都是前一次已求出的中间点序号不大于 $k-1$ 的最短路径，其长度分别为 $A^{k-1}[i][k]$ 和 $A^{k-1}[k][j]$，因此，有 $A^k[i][k]=A^{k-1}[i][k]+A^{k-1}[k][j]$，于是，可得到 $A^k[i][j]$ 的递推公式为

Floyd 算法

$A^0[i][j]=$ edges$[i][j]$

$A^{k+1}[i][j]=\min\{A^k[i][j], A^k[i][k]+A^k[k][j]\}$　　　　$0 \leq k \leq n-1；0 \leq i, j < n$

另外，为了得到最短路径本身，还必须设置一个 $n \times n$ 的路径矩阵 **path**，它也是迭代产生的，path$^{k+1}[i][j]$ 是从 i 到 j 的中间点序号不大于 $k+1$ 的最短路径上顶点 i 的后继。算法结束时，由 path$[i][j]$ 的值可以得到从 i 到 j 的最短路径上各个顶点。

初始时，path$[i][j]=0$ 表示从 v_i 到 v_j 的路径是直达的，中间不经过其他的顶点。以后，当考虑让路径经过某个顶点 k 时，若使路径更短，则在修改 $A^k[i][j]$ 时，要令 path$^k[i][j]=k$。如果想要输出最短路径顶点序列，则只需用一个循环读取即可实现，因为所有最短路径的顶点信息都包含在矩阵 path 中。设 path$^n[i][j]=k$，即从 v_i 到 v_j 的最短路径经过顶点 k，那么要知道该路径上还有哪些顶点，只要查找 path$^n[i][k]$ 和 path$^n[k][j]$ 即可，以此类推，直到所查元素为 0。

Floyd 算法的代码实现如下。

算法 7.10　Floyd 算法。

```
void Printpath(int path[][MAXSIZE], int i,int j)
{
    int k;
    k=path[i][j];
    if(k==0)
        return;
    Printpath(path, i, k);
    printf(" -> %d ", k);
    Printpath(path, k, j);
}

void  Floyd(Graph* g)
{
    int i, j, k, next;
    int A[MAXSIZE][MAXSIZE], path[MAXSIZE][MAXSIZE];
    for(i=1; i<=g->numVexs; i++)
        for(j=1; j<=g->numVexs; j++)
```

```
        {
            if(i==j)
                A[i][j]=0;
            else
                A[i][j]=g->edges[i][j];
            path[i][j]=0;
        }
    for(k=1; k<=g->numVexs; k++)
        for(i=1; i<=g->numVexs; i++)
            for(j=1; j<=g->numVexs; j++)
            {
                if(A[i][k]+A[k][j]<A[i][j])
                {
                    A[i][j]=A[i][k]+A[k][j];
                    path[i][j]=k;
                }
            }
    for(i=1; i<=g->numVexs; i++)
        for(j=1; j<=g->numVexs; j++)
        {
            if(A[i][j]==INTMAX)
            {
                printf("顶点%d 到顶点%d 无路径\n",i,j);
                continue;
            }
            printf("顶点%d 到顶点%d 的路径长度为%d, ", i,j, A[i][j]);
            if(path[i][j]==0)
                printf("路径为：%d -> %d\n", i, j);
            else
            {
                printf("路径为：%d", i);
                Printpath(path,i,j);
                printf(" -> %d\n", j);
            }
        }
}
```

　　以有向网 G_9 为例实施上述算法，迭代过程中 **A** 和 **path** 的变化及其最终结果如图 7.30 所示。

　　从上面例子得出的结果如何求顶点 4 到顶点 2 所经过的最短路径的顶点序列呢？先从 path[4][4][2]=3 开始，说明由顶点 4 到顶点 2 先经过顶点 3，即路径上顶点 4 的后继是顶点 3，path[4][4][2]=<path[4][4][3], 3, path[4][3][2]>，然后分析 path[4][4][3]和 path[4][3][2]，由于 path[4][4][3]=0，于是舍去 path[4][4][3]，而 path[4][3][2]=1，于是由顶点 4 到顶点 2 经过的第二个顶点是 1，即 path[4][4][2]=<4, 3, path[4][3][1], path[4][1][2]>，再分析 path[4][3][1]和 path[4][1][2]，因为两个的值都等于 0，因此顶点搜索完毕，最后求得顶点 4 到顶点 2 的路径为(4→3→1→2)，且最短路径长度是 $A^4[4][2]=10$。

（a）有向网G_9 　　　　　　（b）邻接矩阵

$$A^0=\begin{bmatrix} 0 & 4 & 11 & \infty \\ 10 & 0 & 4 & 1 \\ 5 & \infty & 0 & \infty \\ \infty & \infty & 1 & 0 \end{bmatrix}$$

$$path^0=\begin{bmatrix} 0 & 0 & 0 & 0 \\ 0 & 0 & 0 & 0 \\ 0 & 0 & 0 & 0 \\ 0 & 0 & 0 & 0 \end{bmatrix}$$

$$A^1=\begin{bmatrix} 0 & 4 & 11 & \infty \\ 10 & 0 & 4 & 1 \\ 5 & 9 & 0 & \infty \\ \infty & \infty & 1 & 0 \end{bmatrix}$$

$$path^1=\begin{bmatrix} 0 & 0 & 0 & 0 \\ 0 & 0 & 0 & 0 \\ 0 & 1 & 0 & 0 \\ 0 & 0 & 0 & 0 \end{bmatrix}$$

$$A^2=\begin{bmatrix} 0 & 4 & 8 & 5 \\ 10 & 0 & 4 & 1 \\ 5 & 9 & 0 & 10 \\ \infty & \infty & 1 & 0 \end{bmatrix}$$

$$path^2=\begin{bmatrix} 0 & 0 & 2 & 2 \\ 0 & 0 & 0 & 0 \\ 0 & 1 & 0 & 2 \\ 0 & 0 & 0 & 0 \end{bmatrix}$$

$$A^3=\begin{bmatrix} 0 & 4 & 8 & 5 \\ 9 & 0 & 4 & 1 \\ 5 & 9 & 0 & 10 \\ 6 & 10 & 1 & 0 \end{bmatrix}$$

$$path^3=\begin{bmatrix} 0 & 0 & 2 & 2 \\ 3 & 0 & 0 & 0 \\ 0 & 1 & 0 & 2 \\ 3 & 3 & 0 & 0 \end{bmatrix}$$

$$A^4=\begin{bmatrix} 0 & 4 & 6 & 5 \\ 7 & 0 & 2 & 1 \\ 5 & 9 & 0 & 10 \\ 6 & 10 & 1 & 0 \end{bmatrix}$$

$$path^4=\begin{bmatrix} 0 & 0 & 4 & 2 \\ 4 & 0 & 4 & 0 \\ 0 & 1 & 0 & 2 \\ 3 & 3 & 0 & 0 \end{bmatrix}$$

（c）路径长度矩阵序列 　　　　　　（d）路径矩阵序列

图 7.30　用 Floyd 算法求各顶点间的最短路径

7.6　村村通公路规划系统的实现

(1) 问题表示。

```
int vil_num; /*村庄个数*/
```

```
int eg_num; /*边数*/

typedef struct Village /*村庄类型定义*/
{
    char name[10];   /*名称，唯一*/
    char description[255]; /*描述*/
}VIL;

typedef struct Edge  /*边类型*/
{
    char vil_name1[10];   /*起点(村庄名称)  */
    char vil_name2[10];   /*终点(村庄名称)  */
    int cost;                /*道路修建成本，现有道路成本为 0*/
}EG;

VIL villages[MAX_V];  /* 村庄数组*/
EG road[MAX_E]; /*边数组*/
```

(2) 主程序代码如下。

```
#include <stdio.h>
#include <stdlib.h>
#include <string.h>

#define EXIT_MENU 0
#define STAY_IN_MENU 1

#define MAX_V 6
#define MAX_E (MAX_V * (MAX_V - 1) / 2)

/* 问题表示*/
int vil_num; /*村庄个数*/
int eg_num; /*边数*/

typedef struct Village /*村庄类型定义*/
{
    char name[10];   /*名称，唯一*/
    char description[255]; /*描述*/
}VIL;

typedef struct Edge  /*边类型*/
{
    char vil_name1[10];   /*起点(村庄名称)  */
    char vil_name2[10];   /*终点(村庄名称)  */
    int cost;                /*道路修建成本，现有道路成本为 0*/
```

```
}EG;

VIL villages[MAX_V];  /* 村庄数组*/
EG road[MAX_E];  /*边数组*/
int tree[MAX_V];  /*并查集*/
int cost_matrix[MAX_V][MAX_V];  /*距离矩阵, 用于显示*/

void print_main_menu();  /* 输出主菜单*/
void run_main_menu();  /* 运行主菜单*/

void print_village_menu();  /* 输出村庄管理菜单*/
void run_village_menu();  /* 运行村庄管理菜单*/
void print_all_villages();  /*浏览村庄(菜单项) */
void add_village();  /*增加村庄(菜单项) */
void del_village();  /*删除村庄(菜单项) */
void modify_village();  /*修改村庄(菜单项) */
void search_village();  /*查询村庄(菜单项) */

void run_cost_menu();  /*运行成本管理菜单*/
void print_cost_menu();  /*输出成本管理菜单*/
void print_all_costs();  /*浏览成本(菜单项) */
void set_cost();  /*设置成本(菜单项) */
void del_cost();  /*删除成本(菜单项) */
void search_cost();  /*查找成本(菜单项) */

int input_int_value(const char *prompt, const char *warning, int min, int
max);  /*输入整数值*/
int select_menu_item(int min, int max);  /*选择菜单项*/
void short_version(const char *str, char *short_str);
                                    /*获取长文本的短版表示*/
int search_village_by_name(const char *name);  /*查找村庄下标*/
void print_detailed_village(int index);  /*输出村庄详情*/
int search_cost_by_names(const char *name1, const char *name2);
                              /*按起点和终点村庄名称查找成本*/
int del_cost_by_name(const char *name);  /*按起点或终点村庄名称删除成本*/
int modify_cost_by_name(const char *old_name, const char *new_name);
                              /*按起点或终点村庄名称修改成本*/
void build_cost_matrix();  /*建立距离矩阵, 用于显示*/

int find_root(int v);  /*在并查集中查找 v 的根*/
int cmp(const void *e1, const void *e2);  /*排序比较函数*/
void kruskal();  /*采用 Kruskal 算法求最小生成树*/
```

```c
int main()
{
    run_main_menu();
    return 0;
}

void run_main_menu()
{
    int next_step=STAY_IN_MENU;
    while(next_step==STAY_IN_MENU)
    {
        print_main_menu();
        switch(select_menu_item(0, 3))
        {
        case 1:
            run_village_menu();
            break;
        case 2:
            run_cost_menu();
            break;
        case 3:
            kruskal();
            break;
        case 0:
            next_step=EXIT_MENU;
            break;
        }
    }
}

void print_main_menu()
{
    printf("\n\n");
    printf("***************************************************\n");
    printf("*******          村村通公路规划系统          *******\n");
    printf("*******          1 -- 村庄管理               *******\n");
    printf("*******          2 -- 成本管理               *******\n");
    printf("*******          3 -- 最优方案               *******\n");
    printf("*******          0 -- 退出                   *******\n");
    printf("***************************************************\n");
}

int select_menu_item(int min, int max)
```

```
{
    return input_int_value("请选择:", "无效选择.", min, max);
}

int input_int_value(const char *prompt, const char *warning, int min, int max)
{
    int value;
    while(1)
    {
        printf(prompt);
        scanf("%d", &value);
        if(value<min||value>max)
        {
            printf("%s\n", warning);
            continue;
        }
        break;
    }
    return value;
}

void run_village_menu()
{
    int next_step=STAY_IN_MENU;
    while(next_step==STAY_IN_MENU)
    {
        print_village_menu();
        switch(select_menu_item(0, 5))
        {
        case 1:
            print_all_villages();
            break;
        case 2:
            add_village();
            break;
        case 3:
            del_village();
            break;
        case 4:
            modify_village();
            break;
        case 5:
            search_village();
```

```
            break;
        case 0:
            next_step=EXIT_MENU;
            break;
        }
    }
}


void print_village_menu()
{
    printf("\n\n");
    printf("*********************************************\n");
    printf("*******        村庄管理              *******\n");
    printf("*******        1 -- 浏览村庄         *******\n");
    printf("*******        2 -- 增加村庄         *******\n");
    printf("*******        3 -- 删除村庄         *******\n");
    printf("*******        4 -- 修改村庄         *******\n");
    printf("*******        5 -- 查找村庄         *******\n");
    printf("*******        0 -- 返回             *******\n");
    printf("*********************************************\n");
}


void print_all_villages()
{
    char str[16], i;
    printf("\n");
    if(vil_num==0)
    {
        printf("没有任何村庄.\n");
        return;
    }

    printf("%10s%20s\n", "名称", "描述");
    for(i=0; i<vil_num; i ++)
    {
        short_version(villages[i].description, str);
        printf("%10s%20s\n", villages[i].name, str);
    }
}


void short_version(const char *str, char *short_str)
{
    if(strlen(str)<=15)
```

```
            strcpy(short_str, str);
        else
        {
            strncpy(short_str, str, 12);
            strcpy(short_str+12, "...");
            short_str[15]=0;
        }
}

void add_village()
{
    char name[10];
    if(vil_num==MAX_V)
    {
        printf("村庄数量已达到最大.\n");
        return;
    }
    printf("请输入村庄信息\n");
    while(1)
    {
        printf("名称:");
        scanf("%s", name);
        if(search_village_by_name(name) >= 0)
        {
            printf("村庄已存在.\n");
            continue;
        }
        strcpy(villages[vil_num].name, name);
        break;
    }
    printf("描述:");
    scanf("%s", villages[vil_num].description);
    vil_num ++;
    printf("村庄增加成功.\n");
}

int search_village_by_name(const char *name)
{
    int rlt=-1, i;
    for(i=0; i<vil_num; i++)
        if(strcmp(name, villages[i].name)==0)
        {
            rlt=i;
```

```
            break;
        }
    return rlt;
}


void del_village()
{
    int i;
    char name[10];
    printf("\n");
    if(vil_num==0)
    {
        printf("没有任何村庄.\n");
        return;
    }
    printf("当前所有村庄:\n");
    for(i=0; i<vil_num; i++)
        printf("%5d: %s\n", i, villages[i].name);
    i=input_int_value("要删除的村庄序号:", "无效序号.", 0, vil_num-1);
    strcpy(name, villages[i].name);
    memcpy(villages+i, villages+i+1, sizeof(VIL)*(vil_num-1-i));
    vil_num--;
    printf("村庄删除成功.\n");
    printf("同时删除了 %d 条边.\n", del_cost_by_name(name));
}


int del_cost_by_name(const char *name)
{
    int count=0, i;
    for(i=0; i<eg_num; i++)
    {
        if(strcmp(name,road[i].vil_name1)==0||strcmp(name,    road[i].
vil_name2)==0)
        {
            memcpy(road+i, road+i+1, sizeof(EG)*(eg_num-1-i));
            eg_num--;
            count++;
            continue;
        }
    }
    return count;
}
```

```
void modify_village()
{
    int i, idx;
    char old_name[10], new_name[10], new_description[255];
    printf("\n");
    if(vil_num==0)
    {
        printf("没有任何村庄.\n");
        return;
    }
    printf("当前所有村庄:\n");
    for(i=0; i<vil_num; i++)
        printf("%5d: %s\n", i, villages[i].name);
    i=input_int_value("要编辑的村庄序号:", "无效序号.", 0, vil_num-1);
    strcpy(old_name, villages[i].name);

    printf("村庄原信息如下:");
    print_detailed_village(i);

    printf("\n");
    printf("请输入新的村庄信息:\n");
    while(1)
    {
        printf("名称:");
        scanf("%s", new_name);
        idx=search_village_by_name(new_name);
        if(idx>=0&&idx!=i)
        {
            printf("村庄名称重复.\n");
            continue;
        }
        strcpy(villages[i].name, new_name);
        break;
    }
    printf("描述:");
    scanf("%s", villages[i].description);
    printf("村庄修改成功.\n");

    if(strcmp(old_name, new_name)!=0)
        printf("同时修改了 %d 条边.\n", modify_cost_by_name(old_name,
new_name));
}
```

```
int modify_cost_by_name(const char *old_name, const char *new_name)
{
    int count=0, i;
    for(i=0; i<eg_num; i++)
    {
        if(strcmp(old_name, road[i].vil_name1)==0)
        {
            strcpy(road[i].vil_name1, new_name);
            count++;
        }
        else if(strcmp(old_name, road[i].vil_name2)==0)
        {
            strcpy(road[i].vil_name2, new_name);
            count++;
        }
    }
    return count;
}


void search_village()
{
    int i;
    char name[10];
    printf("\n");
    printf("请输入要查找的村庄名称:");
    scanf("%s", name);
    i=search_village_by_name(name);

    printf("\n");
    if(i>=0)
        print_detailed_village(i);
    else
        printf("村庄不存在.\n");
}

void print_detailed_village(int index)
{
    printf("村庄名称: %s\n", villages[index].name);
    printf("村庄描述: %s\n", villages[index].description);
}


void run_cost_menu()
{
```

```
        int next_step=STAY_IN_MENU;
        while(next_step==STAY_IN_MENU)
        {
            print_cost_menu();
            switch(select_menu_item(0, 4))
            {
            case 1:
                print_all_costs();
                break;
            case 2:
                set_cost();
                break;
            case 3:
                del_cost();
                break;
            case 4:
                search_cost();
                break;
            case 0:
                next_step=EXIT_MENU;
                break;
            }
        }
}

void print_cost_menu()
{
    printf("\n\n");
    printf("**********************************************\n");
    printf("*******        成本管理              *******\n");
    printf("*******        1 -- 浏览成本         *******\n");
    printf("*******        2 -- 设置成本         *******\n");
    printf("*******        3 -- 删除成本         *******\n");
    printf("*******        4 -- 查找成本         *******\n");
    printf("*******        0 -- 返回             *******\n");
    printf("**********************************************\n");
}

void print_all_costs()
{
    int i, j;
    char temp[11];
    printf("\n");
```

```
        build_cost_matrix();
        printf("%10s", "");
        for(j=0; j<vil_num; j++)
            printf("%10s", villages[j].name);
        printf("\n\n");
        for(i=0; i<vil_num; i++)
        {
            printf("%10s", villages[i].name);
            for(j=0; j<vil_num; j++)
            {
                if(j==i)
                    strcpy(temp, "0");
                else if(cost_matrix[i][j]<0)
                    strcpy(temp, "∞");
                else
                    sprintf(temp, "%10d", cost_matrix[i][j]);
                printf("%10s", temp);
            }
            printf("\n\n");
        }
    }

void build_cost_matrix()
{
    int i, j, k;
    memset(cost_matrix, -1, sizeof(int)*MAX_V*MAX_V);
    for(k=0; k<eg_num; k++)
    {
        i=search_village_by_name(road[k].vil_name1);
        j=search_village_by_name(road[k].vil_name2);
        cost_matrix[i][j]=cost_matrix[j][i]=road[k].cost;
    }
}

void set_cost()
{
    int i, j, k, c;
    printf("\n");
    if(vil_num==0)
    {
        printf("没有任何村庄.\n");
        return;
    }
```

```c
        printf("当前所有村庄:\n");
        for(i=0; i<vil_num; i++)
            printf("%5d: %s\n", i, villages[i].name);
        i=input_int_value("起点村庄序号:", "无效值.", 0, vil_num-1);
        while(1)
        {
            j=input_int_value("终点村庄序号:", "无效值.", 0, vil_num-1);
            if(j==i)
            {
                printf("起点、终点不能相同.\n");
                continue;
            }
            break;
        }
        while(1)
        {
            printf("修路成本(现有道路成本为0):");
            scanf("%d", &c);
            if(c<0)
            {
                printf("修路成本不能小于0.\n");
                continue;
            }
            break;
        }
        k=search_cost_by_names(villages[i].name, villages[j].name);
        if(k>=0)
            road[k].cost=c;
        else
        {
            strcpy(road[eg_num].vil_name1, villages[i].name);
            strcpy(road[eg_num].vil_name2, villages[j].name);
            road[eg_num].cost=c;
            eg_num++;
        }
        printf("成本设置成功.\n");
}

int search_cost_by_names(const char *name1, const char *name2)
{
    int rlt=-1, i;
    for(i=0; i<eg_num; i++)
    {
```

```
            if((strcmp(name1, road[i].vil_name1)==0 && strcmp(name2, road[i].
vil_name2)==0)||\
                (strcmp(name1, road[i].vil_name2)==0&&strcmp(name2, road[i].
vil_name1)==0))
            {
                rlt=i;
                break;
            }
        }
        return rlt;
    }


    void del_cost()
    {
        int i, j, k;
        printf("\n");
        if(vil_num==0)
        {
            printf("没有任何村庄.\n");
            return;
        }
        printf("当前所有村庄:\n");
        for(i=0; i<vil_num; i++)
            printf("%5d: %s\n", i, villages[i].name);
        i=input_int_value("起点村庄序号:", "无效值.", 0, vil_num-1);
        while(1)
        {
            j=input_int_value("终点村庄序号:", "无效值.", 0, vil_num-1);
            if(j==i)
            {
                printf("起点、终点不能相同.\n");
                continue;
            }
            break;
        }
        k=search_cost_by_names(villages[i].name, villages[j].name);
        if(k<0)
        {
            printf("成本未设置.\n");
            return;
        }
        memcpy(road+k, road+k+1, sizeof(EG)*(eg_num-1-k));
        eg_num--;
```

```
        printf("成本删除成功.\n");
}


void search_cost()
{
    int i, j, k;
    printf("\n");
    if(vil_num==0)
    {
        printf("没有任何村庄.\n");
        return;
    }
    printf("当前所有村庄:\n");
    for(i=0; i<vil_num; i++)
        printf("%5d: %s\n", i, villages[i].name);
    i=input_int_value("起点村庄序号:", "无效值.", 0, vil_num-1);
    while(1)
    {
        j=input_int_value("终点村庄序号:", "无效值.", 0, vil_num-1);
        if(j==i)
        {
            printf("起点、终点不能相同.\n");
            continue;
        }
        break;
    }
    k=search_cost_by_names(villages[i].name, villages[j].name);
    if(k<0)
    {
        printf("成本未设置.\n");
        return;
    }
    printf("成本:%d\n", road[k].cost);
}


int find_root(int v)
{
    int temp;
    if(tree[v]==-1)   /*v自身为根*/
        return v;
    temp=find_root(tree[v]);
    tree[v]=temp; /*v不是根，记录v的根temp*/
    return temp;
}
```

```
int cmp(const void *e1, const void *e2)
{
    if(((EG*)e1)->cost<((EG*)e2)->cost)
        return-1;
    else if(((EG*)e1)->cost>(EG*)e2)->cost)
        return 1;
    else
        return 0;
}

void kruskal()
{
    int total_cost, i, r1, r2, count=0;
    memset(tree, -1, sizeof(int) * MAX_V);
    qsort(road, eg_num, sizeof(EG), cmp);      /*按成本递增排序*/

    total_cost=0;   /*存放总成本*/
    for(i=0; i<eg_num&&count<vil_num; i++)
    {
        r1=find_root(search_village_by_name(road[i].vil_name1));
                                    /*查找起点村庄的根*/
        r2=find_root(search_village_by_name(road[i].vil_name2));
                                    /*查找终点村庄的根*/
        if(r1!=r2)   /*若它们的根不同，取该边的成本*/
        {
            tree[r2]=r1;
            total_cost+=road[i].cost;
            printf("修建 %s 至 %s 的道路, 成本: %d.\n", road[i].vil_name1,
road[i].vil_name2, road[i].cost);
            count++;
        }
    }
    if(count<vil_num-1)
        printf("成本设置不全, 无法生成方案.\n");
            else
                printf("总成本: %d.\n", total_cost);
        }
```

村村通公路
规划系统
运行演示

 独立实践

请读者用 prim 算法替换 kruskal 算法实现本节案例。

226

本 章 小 结

图是一种复杂的非线性的数据结构，具有广泛的应用前景，图涉及数组、链表、栈、队列、树等之前学过的数据结构，因此学好图，基本等于掌握了数据结构这门课的精髓。

本章介绍了图的基本概念和两种常用的存储结构——邻接矩阵和邻接表，用什么存储结构需要具体问题具体分析，通常稠密图或读写数据较多、结构修改较少的图适合用邻接矩阵存储，反之应该考虑邻接表。图的遍历是图的一种主要操作，分为深度优先搜索和广度优先搜索两种方法。

关于图的应用，本章介绍了最小生成树和最短路径问题。前者的 Prim 算法是走一步看一步的思维方式，逐步生成最小生成树；而 Kruskal 算法则更有全局意识，直接从图中最短权值边入手，寻找最终答案。最短路径问题在现实中应用非常多，Dijkstra 算法和 Floyd 算法是常用的算法。

本 章 习 题

一、填空题

1．图有_____、_____等存储结构，遍历图有_____、_____等方法。

2．有向图 G 用邻接表存储，其第 i 行的所有元素之和等于顶点 i 的_____。

3．用 Prim 算法求具有 n 个顶点 e 条边的图的最小生成树的时间复杂度为_____；用 Kruskal 算法计算的时间复杂度是_____。

4．图的深度优先搜索遍历序列_____唯一的。

5．用 Dijkstra 算法求某一顶点到其余各顶点间的最短路径是按路径长度_____的次序来得到最短路径的。

6．图的生成树是_____（请填"极大"或"极小"）连通子图。

7．具有 n 个顶点的无向完全图的边的总数为_____条；而具有 n 个顶点的有向完全图的边的总数为_____条。

8．DFS 和 BFS 遍历分别采用_____和_____的数据结构来存储顶点，当要求连通图的生成树的高度最小时，应采用的遍历方法是_____。

9．一个连通图的生成树是一个_____连通子图，n 个顶点的生成树有_____条边。

二、判断题

1．图可以没有边，但不能没有顶点。 （ ）

2．带权图的最小生成树是唯一的。 （ ）

3．有向图中的一个顶点的度是该顶点的出度。 （ ）

4．对连通图进行深度优先遍历可以访问到该图中的所有顶点。 （ ）

5．一个图的广度优先搜索树是唯一的。 （ ）

6．求最小生成树时，Prim 算法在边较少、节点较多时效率较高。 （ ）

7. 在 n 个节点的无向图中，若边数大于 $n-1$，则该图必是连通图。 （　　）

8. 邻接矩阵存储一个图时，假设图的顶点个数为 n，则为邻接矩阵所付出的存储空间就是 n^2 个(具体大小是单个元素所占字节数)存储单元，而与边数无关。 （　　）

9. 邻接表法只用于有向图的存储，邻接矩阵对于有向图和无向图的存储都适用。 （　　）

三、选择题

1. 在一个图中，所有顶点的度数之和等于图的边数的(　　)倍。
    A. 1/2　　　　　　B. 1　　　　　　C. 2　　　　　D. 4

2. 在一个有向图中，所有顶点的入度之和等于所有顶点的出度之和的(　　)倍。
    A. 1/2　　　　　　B. 1　　　　　　C. 2　　　　　D. 4

3. 有8个节点的无向图最多有(　　)条边。
    A. 14　　　　　　B. 28　　　　　　C. 56　　　　　D. 112

4. 有8个节点的无向连通图最少有(　　)条边。
    A. 5　　　　　　B. 6　　　　　　C. 7　　　　　D. 8

5. 用邻接表表示图进行深度优先搜索遍历时，通常是采用(　　)来实现算法的。
    A. 栈　　　　　　B. 队列　　　　　C. 树　　　　　D. 图

6. 已知图的邻接表如图 7.31 所示，根据算法，则从顶点 0 出发按深度优先搜索遍历的节点序列是(　　)。

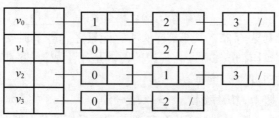

图 7.31　某图的邻接表

    A. 0 1 3 2　　　　B. 0 2 3 1　　　　C. 0 3 2 1　　　　D. 0 1 2 3

7. 深度优先搜索遍历类似于二叉树的(　　)。
    A. 先根遍历　　　B. 中根遍历　　　C. 后根遍历　　　D. 层次遍历

8. 广度优先搜索遍历类似于二叉树的(　　)。
    A. 先根遍历　　　B. 中根遍历　　　C. 后根遍历　　　D. 层次遍历

9. 已知图的邻接矩阵如图 7.32 所示，根据算法思想，则从顶点 0 出发按深度优先搜索遍历的节点序列是(　　)。

$$\begin{bmatrix} 0 & 1 & 1 & 1 & 1 & 0 & 1 \\ 1 & 0 & 0 & 1 & 0 & 0 & 1 \\ 1 & 0 & 0 & 0 & 1 & 0 & 0 \\ 1 & 1 & 0 & 0 & 1 & 1 & 0 \\ 1 & 0 & 1 & 1 & 0 & 1 & 0 \\ 0 & 0 & 0 & 1 & 1 & 0 & 1 \\ 1 & 1 & 0 & 0 & 0 & 1 & 0 \end{bmatrix}$$

图 7.32　某图的邻接矩阵

A. 0 2 4 3 1 5 6　　B. 0 1 3 5 6 4 2　　C. 0 4 2 3 1 6 5　　D. 0 1 3 4 2 5 6

10. 用邻接表表示图进行广度优先搜索遍历时，通常是采用(　　)来实现算法的。

A. 栈　　　　　　B. 队列　　　　　　C. 树　　　　　　D. 图

四、简答题

1. 已知如图 7.33 所示的有向图，请给出该图的每个顶点的入度、出度、邻接矩阵、邻接表、逆邻接表。

2. 已知如图 7.34 所示的无向带权图。

(1) 分别画出自顶点 a 出发遍历所得的深度优先生成树和广度优先生成树。

(2) 写出它的邻接矩阵，并按 Prim 算法求其最小生成树。

(3) 写出它的邻接表，并按 Kruskal 算法求其最小生成树。

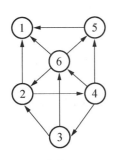

图 7.33　有向图

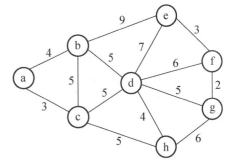

图 7.34　无向带权图

3. 已知二维数组表示的图的邻接矩阵如图 7.35 所示。试分别画出自顶点 1 出发进行遍历所得的深度优先生成树和广度优先生成树。

4. 试利用 Dijkstra 算法求图 7.36 所示的有向图中从顶点 a 到其他各顶点间的最短路径。

	1	2	3	4	5	6	7	8	9	10
1	0	0	0	0	0	0	1	0	1	0
2	0	0	1	0	0	0	1	0	0	0
3	0	0	0	1	0	0	0	1	0	0
4	0	0	0	0	1	0	0	0	1	0
5	0	0	0	0	0	1	0	0	0	1
6	1	1	0	0	0	0	0	0	0	0
7	0	0	1	0	0	0	0	0	0	0
8	1	0	0	1	0	0	0	0	1	0
9	0	0	0	0	1	0	1	0	0	1
10	1	0	0	0	0	1	0	0	0	0

图 7.35　某图的邻接矩阵

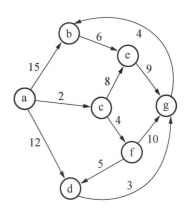

图 7.36　有向图

5. 给定如图 7.37 所示的网 G。

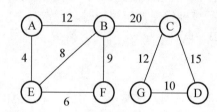

图 7.37 网 G

(1) 试找出网 G 的最小生成树，画出其逻辑结构图。

(2) 用两种不同的表示法画出网 G 的存储结构图。

五、编程题

1. 设计算法求解距离顶点 v_0 最远的一个顶点。

2. 设有向图以邻接表存储，设计算法删除图中的弧$<v_i, v_j>$。

3. 设计算法判断无向图 G 是否连通，若连通则返回 TRUE，否则返回 FALSE。

4. 写出图的深度优先搜索算法的非递归算法。

5. 设有向图 G 有 n 个顶点(用 1, 2, 3, …, n)表示，e 条边，编写一个算法根据其邻接表生成其逆邻接表，要求算法的时间复杂度为 $O(n+e)$。

第7章习题
参考答案

第8章 排　序

 **问题描述**

奥运会奖牌排名系统

在奥运会的若干单项比赛中，有多支参赛团体参加比赛，每项比赛设金、银、铜牌奖，无并列奖项，奖牌排名示例如表 8.1 所示。请实现以下功能：输出奖牌榜，基本规则为金牌数多者名次优先，金牌数相等则比较银牌数，银牌数相同则比较铜牌数，如全部相等则为并列名次，并以表格形式输出；对奖牌总数进行排名，并以表格形式输出。

表 8.1　奥运会奖牌排名示例

国家/地区名	英文缩写	金牌数	银牌数	铜牌数	奖牌总数
中国	CHN	51	21	28	100
俄罗斯	RUS	23	21	28	72
美国	USA	36	38	36	110
……	……	……	……	……	……

8.1　概　述

排序(sorting)是数据处理中经常使用的一种重要运算。如何进行排序，特别是高效地进行排序是计算机应用中的重要课题之一。

在本章中，我们假定被排序的对象是由一组记录组成的文件，而记录则由若干个数据项(或域)组成，其中有一项可用来标识一个记录，称为关键字项，该数据项的值称为关键字。关键字可用来作为排序运算的依据，它可以是数值类型，也可以是字符类型，选取记录中的哪一项作为关键字，根据问题的要求而定。例如，在高考成绩统计中将每个考生作为一个记录，它包含准考证号，姓名，语文、外语、物理、化学、生物的分数和总分数等内容，若要唯一地标识一个考生的记录，则需要用"准考证号"作为关键字；若要按照考生的总分数排名次，则需要用"总分数"作为关键字。

所谓排序，是把一组记录或数据元素的无序序列按照某个关键字递增或递减的顺序重新排列的过程。若给定的文件含有 n 个记录 $\{R_1, R_2, \cdots, R_n\}$，它们的关键字分别是 $\{k_1, k_2, \cdots, k_n\}$，需确定 $1, 2, \cdots, n$ 的一种排序 $i_1, i_2, \cdots, i_n$，使其相应的关键字满足如下关系：$k_{i1} \leqslant k_{i2} \leqslant \cdots \leqslant k_{in}$，即使得 $\{R_1, R_2, \cdots, R_n\}$ 的序列成为一个按关键字有序的序列，也就是 $\{R_{i1}, R_{i2}, \cdots, R_{in}\}$。这个将原有表中任意顺序的记录变成一个按关键字有序排列的过程称为排序。

待排序记录序列可以用顺序存储结构或链式存储结构表示。在本章中，若无特别说明，均假定待排序记录序列采用顺序存储结构来存储，即用一维数组实现，并且假定按关键字递增顺序排序。为了简单起见，假设关键字类型是整型，结构定义如下，此结构定义适用于下面所讲的所有排序算法。

```
typedef int KeyType;
typedef struct
{
    KeyType key;                    /*关键字域*/
    InfoType otherinfo;            /*记录的其他域,根据具体应用来定义*/
}RecType;                          /*记录类型*/
typedef RecType SqList[n+1];       /*记录类型的数组,n 为文件记录总数*/
```

当待排序记录的关键字均不相同时，则排序的结果是唯一的，否则排序的结果不一定唯一。如果待排序的文件中，存在多个关键字相同的记录，经过排序后这些具有相同关键字的记录之间的相对顺序保持不变，则称这种排序方法是稳定的；反之，若具有相同关键字的记录之间的相对顺序发生变化，则称这种排序方法是不稳定的。

各种排序方法可以按照不同的原则加以分类。在排序过程中，若整个文件都放在内存中处理，排序时不涉及数据内、外存交换，则称为内部排序(简称内排序)；反之，若排序过程中要进行数据的内、外存交换，则称为外部排序(简称外排序)。内排序适用于记录个数不多的小文件，外排序则适用于记录个数很多，不能一次将全部记录放入内存的大文件。本章只讨论常用的内排序算法。按所用的策略不同，内排序算法可以分为 5 类：插入排序、选择排序、交换排序、归并排序和分配排序。

要在众多排序算法中，简单地判断哪一种算法好，以便能普遍选用是困难的。评论排序算法好坏的标准主要有两条：一是算法执行时所需的时间；二是执行算法所需要的辅助存储空间。另外，算法本身的复杂程度也是需要考虑的一个因素。因为排序算法所需的辅助存储空间一般都不大，矛盾并不突出，而排序是经常执行的一种运算，往往属于系统的核心部分，因此，排序的时间开销是算法好坏的最重要的标准。排序的时间开销主要是指执行算法中关键字的比较次数和记录移动的次数，因此，在下面讨论各种内排序算法时，将给出各种算法的比较次数和移动次数。

8.2 插 入 排 序

插入排序(insertion sort)的基本思想是：每次将一个待排序的记录，按其关键字大小插入到前面已经排好序的文件中的适当位置，直到全部记录插入完成。本节介绍两种插入排序：直接插入排序和希尔排序。

8.2.1 直接插入排序

假设待排序的记录存放在数组 R 中，排序过程的某一中间时刻，R 被划分成两个子区间[R[1], R[i-1]]和[R[i], R[n]]。其中，前一个子区间是已排好序的有序区；后一个子区间是当前未排序的部分，称其为无序区。直接插入排序的基本操作是将当前无序区的第 1 个记录 R[i]插入到有序区中适当位置，使得 R[1]到 R[i]变为新的有序区。

初始时，令 i=1，因为只有一个记录时自然是有序的，故 R[1]自成一个有序区，无序区则是 R[2]到 R[n]，然后依次将 R[2]，R[3]，…插入当前的有序区，直至 i=n 时，将 R[n]插入到有序区为止。

但现在有一个问题，即如何将一个记录 R[i](i=2, 3, …, n)插入当前的有序区，使得插入后仍保证该区间记录是按关键字有序的。显然，最简单的方法为：首先，在当前有序区 R[1]到 R[i-1]中查找 R[i]的正确插入位置 k(1≤k≤i-1)；然后，将 R[k]到 R[i-1]中的记录均后移一个位置，腾出 k 位置上的空间插入 R[i]。当然，若 R[i]的关键字大于 R[1]到 R[i-1]中所有记录的关键字，则 R[i]就插入原位置。但是，更为有效的方法是使查找比较操作和记录移动操作交替地进行，具体做法为：将待插入记录 R[i]的关键字依次与有序区中的记录 R[j](j=i-1, i-2, …, 1)的关键字进行比较，若 R[j]的关键字大于 R[i]的关键字，则将 R[j]后移一个位置；若 R[j]的关键字小于等于 R[i]的关键字，则查找过程结束，j+1 即为 R[i]的插入位置。因为关键字比 R[i]的关键字大的记录均已后移，所以 j+1 的位置已经腾空，只要将 R[i]直接插入此位置即可。下面给出直接插入排序的具体算法。

算法 8.1　直接插入排序。

```
void InsertSort(SqList R)              /* 对数组 R 按递增顺序进行插入排序 */
{ /* R[0]是监视哨 */
    int i,j;
    for(i=2;  i<=n;  i++)
    {
      if(R[i].key<R[i-1].key)
      {
         R[0]=R[i];
         j=i-1;
         while (R[0].key<R[j].key)      /* 查找 R[i]的插入位置 */
             R[j+1]=R[j--];             /* 将关键字大于 R[i].key 的记录后移 */
         R[j+1]=R[0];                   /* 插入 R[i] */
      }
    }
}                                       /*插入排序*/
```

算法中引进附加记录 R[0]有两个作用：一是进入查找循环之前，它保存了 R[i]的副本，使得不至于因记录的后移而丢失 R[i]中的内容；二是在 while 循环中"监视"下标变量 j 是否越界，一旦越界(即 j<1)，R[0]自动控制 while 循环的结束，从而避免了在 while 循环内的每一次都要检测 j 是否越界(即省略了循环条件"j≥1")。因此，把 R[0]称为"监视哨"，这种技巧使得测试循环条件的时间大约减少一半，对于记录数较多的文件，节约的时间是相当可观的。

按照上述算法，我们用一个例子来说明直接插入排序的过程。设待排序的文件有 8 个记录，其关键字分别为 23、4、15、8、19、24、15'。为了区别两个相同的关键字 15，在后一个 15 的右上角加了一撇以示区别。直接插入排序过程如图 8.1 所示，图中用方括号标出当前的有序区。

初始关键字	[23]	4	15	8	19	24	15
第1趟排序结果	[4	23]	15	8	19	24	15
第2趟排序结果	[4	15	23]	8	19	24	15
第3趟排序结果	[4	8	15	23]	19	24	15
第4趟排序结果	[4	8	15	19	23]	24	15
第5趟排序结果	[4	8	15	19	23	24]	15
第6趟排序结果	[4	8	15	15	19	23	24]

图 8.1　直接插入排序过程

直接插入排序算法由两重循环组成，对于有 n 个记录的文件，外循环表示要进行 $n-1$ 趟插入排序，内循环表示完成一趟排序所需进行的记录关键字间的比较和记录的后移。若初始文件按关键字递增有序(简称"正序")，则在每一趟排序中仅需进行一次关键字的比较，此时 $n-1$ 趟排序总的关键字比较次数取最小值 $C_{\min}=n-1$；并且在每一趟排序中，无须后移记录。但是，在进入 while 循环之前，将 R[i]保存到监视哨 R[0]中需移动一次记录，在该循环结束之后将监视哨中 R[i]的副本插入 R[j+1]也需要移动一次记录，此时排序过程的记录移动总次数也取最小值 $M_{\min}=2(n-1)$。反之，若初始文件按关键字递增有序(简称"反序")，则关键字的比较次数和记录移动次数均取最大值。在反序情况下，对于 for 循环的每一个 i 值，因为当前有序区 R[1]到 R[i-1]的关键字均大于待插入记录 R[i]的关键字，所以while 循环中要进行 i 次比较才终止，并且有序区中所有的 $i-1$ 个记录均后移一个位置，再加上 while 循环前后的两次移动，则移动记录的次数为 $i-1+2$。由此可得排序过程关键字比较总次数的最大值 $C_{\max}$ 和记录移动总次数的最大值 $M_{\max}$，即

$$C_{\max} = \sum_{i=2}^{n} i = (n+2)(n-1)/2 = O(n^2)$$

$$M_{\max} = \sum_{i=2}^{n} (i-1+2) = (n+1)(n+4)/2 = O(n^2)$$

由上述分析可知，当文件的初始状态不同时，直接插入排序所耗费的时间是有很大差异的。最好的情况是文件初始状态为正序，此时算法的时间复杂度为 $O(n)$；最坏的情况是文件初始状态为反序，相应的算法时间复杂度为 $O(n^2)$。容易证明，算法的平均时间复杂度也为 $O(n^2)$。显然，算法所需的辅助存储空间是一个监视哨，故空间复杂度为 $S(n)=O(1)$。

直接插入排序是稳定的排序方法。

8.2.2　希尔排序

希尔排序
希尔排序(Shell's method)又称缩小增量排序(diminishing increment)，是由希尔在 1959 年提出来的。它是先取一个小于 n 的整数 d_1 作为第 1 个增量，把文件的全部记录分成 d_1 个组，所有距离为 d_1 倍数的记录放在同一个组中，在各组内进行直接插入排序；然后，取第 2 个增量 $d_2 < d_1$ 重复上述分组和排序，直至所取的增量 $d_t = 1(d_t < d_{t-1} < \cdots < d_2 < d_1)$，即所有记录放在同一组中进行直接插入排序为止。

先从一个具体例子来看希尔排序过程。假设待排序文件中有 10 个记录，其关键字分别是 52、40、68、95、79、10、28、52*、58、06。为了区别两个相同的关键字 52，在后一个 52 后加一个 "*"。增量序列取值依次为 5、3、1。

第 1 趟排序时，$d_1 = 5$，整个文件被分成 5 组：$(R_1, R_6), (R_2, R_7), \cdots, (R_5, R_{10})$，各组中的第 1 个记录都自成一个有序区，依次将各组的记录 $R_6, R_7, \cdots, R_{10}$ 分别插入各组的有序区，使文件的各组均是有序的，其结果如图 8.2 所示的第 7 行。

第 2 趟排序时，$d_2 = 3$，整个文件被分成 3 组：$(R_1, R_4, R_7, R_{10}), (R_2, R_5, R_8), (R_3, R_6, R_9)$，各组中的第 1 个记录仍自成一个有序区，依次将各组的记录 R_4, R_5, R_6 分别插入该组的当前有序区，使得 $(R_1, R_4), (R_2, R_5), (R_3, R_6)$ 均变为新的有序区，再依次将各组的记录 R_7, R_8, R_9 分别插入该组的有序区，又使得 $(R_1, R_4, R_7), (R_2, R_5, R_8), (R_3, R_6, R_9)$ 均变为新的有序区，最后将 R_{10} 插入到有序区 (R_1, R_4, R_7) 中，就得到第 2 趟排序结果。

第 3 趟排序时，$d_3 = 1$，即对整个文件进行直接插入排序，其结果即为有序文件。

希尔排序过程如图 8.2 所示。

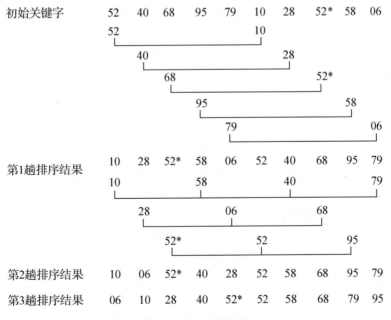

图 8.2　希尔排序过程

若不设置监视哨，根据上例的分析不难写出希尔排序算法，请读者自行完成。下面我们先分析如何设置监视哨，然后给出具体算法。设某一趟希尔排序的增量为 h，则整个文件被分成 h 组：$(R_1, R_{h+1}, R_{2h+1}, \cdots), (R_2, R_{h+2}, R_{2h+2}, \cdots), \cdots, (R_h, R_{2h}, R_{3h}, \cdots)$，因为各组中记录之间的距离均为 h，故第 $1\sim h$ 组的哨兵位置依次为 $1-h, 2-h, \cdots, 0$。如果像直接插入排序算法那样，将待插入记录 $R_i(h+1\leqslant i\leqslant n)$ 在查找插入位置之前保存到监视哨中，那么必须先计算 R_i 属于哪一组，才能决定使用哪个监视哨来保存 R_i。为了避免这种计算，可以将 R_i 保存到另一个辅助记录 x 中，而将所有监视哨 $R_{1-h}, R_{2-h}, \cdots, R_0$ 的关键字，设置为一个指定的值。因为增量是变化的，所以各趟排序中所需的监视哨数目也不相同，但是可以按最大增量 d_1 来设置监视哨。希尔排序的具体算法如下。

算法 8.2 希尔排序。

```
void ShellSort(SqList R,int d[])
{ /* R[0]到R[di-1]为di个监视哨, d[0]到d[t-1]为增量序列*/
    int i,j,k,h;
    rectype temp;
    int maxint=32767;                   /* 机器中最大整数 */
    for(i=0; i<d[0]; i++)
        R[i].key=-maxint;               /* 设置哨兵 */
    k=0;
    do {
        h=d[k];                         /* 取本趟增量 */
        for(i=h+1; i<=n+h-1; i++)       /* R[h+1]到R[n+h-1]插入当前有序区 */
        {
            temp=R[i];                  /* 保存待插入记录R[i] */
            j=i-h;
            while(temp.key<R[j].key)     /* 查找正确的插入位置 */
            {
                R[j+h]=R[j];            /* 后移记录 */
                j=j-h;                  /* 得到前一记录 */
            }
            R[j+h]=temp;                /* 插入R[i] */
        }
        k++;
    }while(h!=1)                        /* 增量为1排序后终止算法 */
}
```

可以看出，当增量 $h=1$ 时，希尔排序算法与直接插入排序算法基本一致。

人们对希尔排序的分析提出了许多困难的数学问题，特别是如何选择增量序列才能产生最好的排序效果，至今没有得到解决。读者可参考克努特所著的《计算机程序设计技巧》第三卷，此书给出了希尔排序的平均比较次数和平均移动次数都在 $n^{1.3}$ 左右。

为什么希尔排序的时间性能优于直接插入排序呢？我们知道直接插入排序在文件初始状态为正序时所需时间最少，实际上，当文件初始状态基本有序时直接插入排序所需的比较和移动次数均较少。而当 n 值较小时，n 和 n^2 的差别也较小，即直接插入排序的最好时间复杂度 $O(n)$ 和最坏时间复杂度 $O(n^2)$ 差别不大。在希尔排序开始时增量较大，分组较多，每组的记录数目少，故各组内直接插入较快，当增量 d_i 逐渐缩小时，分组数逐渐减少，而各组的记录数目逐渐增多，但由于已经按 d_{i-1} 作为距离排过序，使文件较接近于有序状态，

故新的一趟排序过程也较快，因此，希尔排序在效率上较直接插入排序有较大的改进。

希尔排序是不稳定的，参见图 8.2，该例中两个相同关键字 52 在排序前后的相对顺序发生了变化。

8.3 交 换 排 序

交换排序(exchange sort)的基本思想是：两两比较待排序记录的关键字，发现两个记录的顺序相反时即进行交换，直到没有反序的记录。本节介绍两种交换排序：冒泡排序和快速排序。

8.3.1 冒泡排序

设想被排序的记录数组 R[0]到 R[n-1]垂直竖立，将每个记录 R[i]看作质量为 R[i].key 的气泡。根据轻气泡不能在重气泡之下的原则，从上往下扫描数组 R[]，凡扫描到违反原则的轻气泡，就使其向上"漂浮"，如此反复进行，直到最后任何两个气泡都是轻者在上、重者在下。

初始时，R[0]到 R[n-1]为无序区，第 1 趟扫描从该区底部向上依次比较相邻两个气泡质量，若发现轻者在下、重者在上，则交换两者的位置。本趟扫描完毕时，"最轻"的气泡就漂浮到顶端，即关键字最小的记录被放在最高位置 R[0]上。第 2 趟扫描时，只需扫描 R[1]到 R[n-1]，扫描完毕时，"次轻"的气泡漂浮到 R[1]的位置上。一般地，第 i 趟扫描时，R[0]到 R[i-1]和 R[i]到 R[n-1]分别为当前的有序区和无序区，扫描仍是从无序区底部向上直至该区顶部，扫描完毕时，该区中最轻的气泡漂浮到顶部位置 R[i]上，结果是 R[0]～R[i]变为新的有序区。图 8.3 所示为冒泡排序过程，第 1 列为初始关键字，从第 2 列起依次为各趟排序(即各趟扫描)结果，图中用方括号标出待排序的无序区。

初始关键字	第1趟排序结果	第2趟排序结果	第3趟排序结果	第4趟排序结果	第5趟排序结果	第6趟排序结果	第7趟排序结果
51	05	05	05	05	05	05	05
40	51	32	32	32	32	32	32
62	40	51	40	40	40	40	40
87	62	40	51	40*	40*	40*	40*
78	87	62	40*	51	51	51	51
05	78	87	62	62	62	62	62
32	32	78	87	78	78	78	78
40*	40*	40*	78	87	87	87	87

图 8.3　冒泡排序过程

因为每一趟排序都使有序区增加一个气泡, 在经过 $n-1$ 趟排序之后, 有序区中就有 $n-1$ 个气泡, 而无序区中气泡的质量总是大于等于有序区中气泡的质量, 所以, 整个冒泡排序过程至多需要进行 $n-1$ 趟排序。但是, 若在某一趟排序中未发现气泡位置的交换, 则说明待排序的无序区中所有气泡均满足轻者在上、重者在下的原则, 因此, 冒泡排序过程可在此趟排序后终止。在图 8.3 的示例中, 在第 5 趟排序过程中就没有冒泡交换位置, 此时整个文件已达到有序状态。为此, 在下面给出的算法中引入一个布尔量 noswap, 在每趟排序之前, 将它置为 TRUE。当一趟排序结束时, 检查 noswap, 若未曾交换过记录便终止算法。

算法 8.3 冒泡排序。

```
void BubbleSort(SqList R)              /* 从下往上扫描的冒泡排序 */
{
    int i,j,noswep;
    rectype temp;
    for(i=0; i<n-1; i++)              /* 做 n-1 趟排序*/
    {
        noswap=TRUE;                  /* 置未交换标志 */
        for(j=n-2; j>=i; j-- )        /* 从下往上扫描 */
        if(R[j+1].key<R[j].key)       /* 交换记录 */
        {
            temp=R[j+1];
            R[j+1]=R[j];
            R[j]=temp;
            noswap=FALSE;
        }
        if(noswap)   break;           /* 本趟排序中未发生交换,则终止算法 */
    }
}
```

容易看出, 若文件的初始状态是正序, 则一趟扫描就可完成排序, 关键字的比较次数为 $n-1$, 且没有记录移动。也就是说, 冒泡排序在最好的情况下, 时间复杂度为 $O(n)$。若文件的初始状态是反序, 则需要进行 $n-1$ 趟排序, 每趟排序要进行 $n-1$ 次关键字的比较 $(0 \leqslant i \leqslant n-2)$, 且每次比较都必须移动记录 3 次来达到交换记录位置。在这种情况下, 比较移动次数均达到最大值, 即

$$C_{max} = \sum_{i=1}^{n-1} (n-i) = n(n-1)/2 = O(n^2)$$

$$M_{max} = \sum_{i=1}^{n-1} 3(n-i) = 3n(n-1)/2 = O(n^2)$$

因此, 冒泡排序在最坏情况下的时间复杂度为 $O(n^2)$。它的平均时间复杂度也为 $O(n^2)$。显然, 冒泡排序是稳定的。

8.3.2　快速排序

快速排序

快速排序(quick sort)又称划分交换排序。其基本思想是：在当前无序区 R[low]到 R[high]中任取一个记录作为比较的基准(记为 temp)，用此基准将当前无序区划分为左、右两个较小的无序子区 R[low]到 R[i-1]和 R[i+1]到 R[high]，且左边的无序子区中记录的关键字均小于等于基准 temp 的关键字，右边的无序子区中记录的关键字均大于等于基准 temp 的关键字，而基准 temp 则位于最终排序的位置上，即

R[low]到 R[i-1]中关键字≤temp.key≤R[i+1]到 R[high]的关键字(low≤i≤high)

当 R[low]到 R[i-1]和 R[i+1]到 R[high]均非空时，分别对它们进行上述的划分过程，直至所有无序子区中的记录均已排好序。

要完成对当前无序区 R[low]到 R[high]的划分，具体做法是：设置两个指针 i 和 j，它们的初值分别为 i=low 和 j=high。取基准为无序区的第 1 个记录 R[i](即 R[low])，并将它保存在变量 temp 中。令 j 自 high 起向左扫描，直到找到第 1 个关键字小于 temp.key 的记录 R[j]，将 R[j]移至 i 所指的位置，相当于交换了 R[j]和基准 R[i](即 temp)的位置，使关键字小于基准关键字的记录移到了基准的左边；然后，令 i 自 i+1 起向右扫描，直至找到第 1 个关键字大于 temp.key 的记录 R[i]，将 R[i]移至 j 所指的位置，相当于交换了 R[i]和基准 R[j](即 temp)的位置，使关键字大于基准关键字的记录移到了基准的右边；接着，令 j 自 j-1 起向左扫描，如此交替改变扫描方向，从两端各自往中间靠拢，直至 i=j 时，i 便是基准 temp 的最终位置，将 temp 放在此位置上就完成了一次划分。

综合上面的描述，给出快速排序的算法。

算法 8.4　快速排序。

```
int PARTITION(SqList R,int low,int high)
{/* 返回划分后被定位的基准记录的位置 */
    int i,j;
    RecType temp;
    i=low; j=high; temp=R[i];          /*初始化 temp 为基准*/
    do
    {
        while((R[j].key>=temp.key)&&(i<j))
            j--;        /*从右向左扫描,查找第 1 个关键字小于 temp.key 的记录*/
        if(i<j)  R[i++]=R[j];          /*交换 R[i]和 R[j]*/
        while((R[i].key<=temp.key)&&(i<j))
            i++;     /*从左向右扫描,查找第 1 个关键字大于 temp.key 的记录*/
        if(i<j)    R[j--]=R[i];        /*交换 R[i]和 R[j]*/
    } while(i<j);
    R[i]=temp;                          /*基准 temp 已被最后定位*/
    return i;
}

void QuickSort(SqList R,int low,int high)
{/*对 R[low]到 R[high]快速排序 */
```

```
    int i;
    if(low<high)                           /*只有一个记录或无记录时无须排序*/
    {
        i=PARTITION(R,low,high);           /*对R[low]到R[high]做划分*/
        QuickSort(R,low,i-1);              /*递归处理左区间*/
        QuickSort(R,i+1,high);             /*递归处理右区间*/
    }
}
```

注意：对整个文件 R[0]到 R[n-1]排序，只需调用 Quicksort(R, 0, n-1)即可。

图 8.4 展示了一次划分的过程及各趟排序后的状态。图中用方括号标出无序区，方框标出基准 temp 的关键字，它未参加真正的交换，只在划分完成后才将它放到正确的位置上。

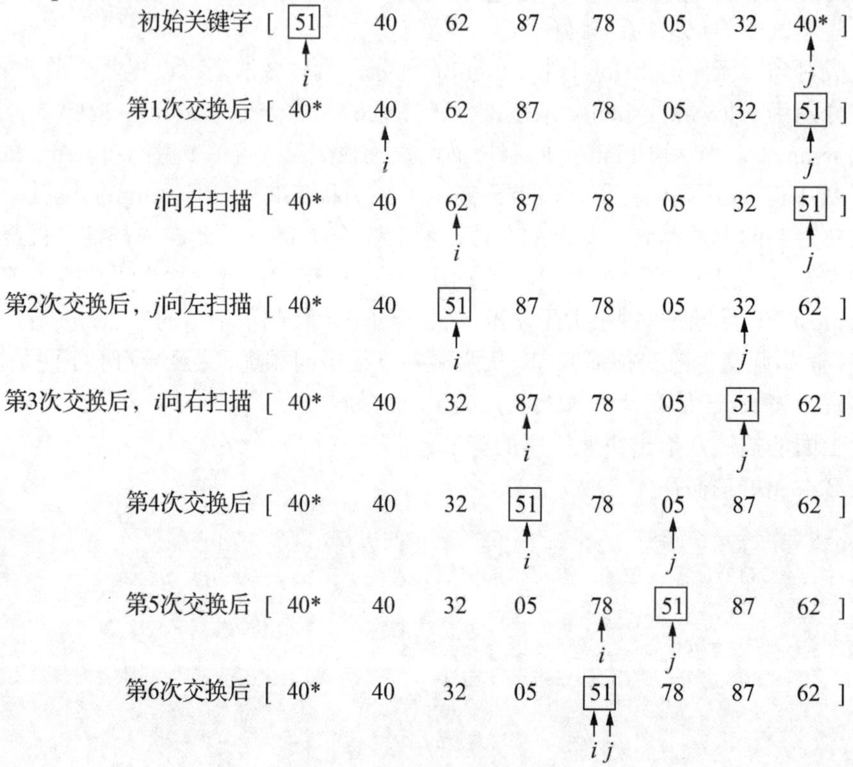

初始关键字 [51   40   62   87   78   05   32   40*]
               i   j

第1次交换后 [40*   40   62   87   78   05   32   51]
                      i   j

i向右扫描 [40*   40   62   87   78   05   32   51]
                            i   j

第2次交换后，j向左扫描 [40*   40   51   87   78   05   32   62]
                                   i   j

第3次交换后，i向右扫描 [40*   40   32   87   78   05   51   62]
                                         i   j

第4次交换后 [40*   40   32   51   78   05   87   62]
                                  i   j

第5次交换后 [40*   40   32   05   78   51   87   62]
                                        i   j

第6次交换后 [40*   40   32   05   51   78   87   62]
                                        i j

（a）一次划分过程

初始关键字 [51   40   62   87   78   05   32   40*]

第1趟排序后 [40*   40   32   05] 51   [78   87   62]

第2趟排序后 [05   40   32]   40*   51   [62]   78   [87]

第3趟排序后   05   [40   32]   40*   51   62   78   87

第4趟排序后   05   [32]   40   40*   51   62   78   87

最终排序   05   32   40   40*   51   62   78   87

（b）各趟排序后的状态

图 8.4 快速排序过程

下面对快速排序的性能进行分析。

最坏的情况是每次划分选取的基准都是当前无序区中关键字最小(或最大)的记录,划分的结果是基准左边的无序子区为空(或右边的无序子区为空),而划分所得的另一个非空的无序子区中记录数目,仅仅比划分前的无序区中记录个数减少 1。因此,快速排序必须做 $n-1$ 趟,每趟需进行 $n-i$ 次比较,故总的比较次数达到最大值为

$$C_{\max} = \sum_{i=1}^{n-1}(n-i) = n(n-1)/2 = O(n^2)$$

显然,如果按上面给出的划分算法,每次取当前无序区的第一个记录为基准,那么当文件的记录已按递增顺序(或递减顺序)排序时,每次划分所取的基准就是当前无序区中关键字最小(或最大)的记录,则快速排序所需的比较次数反而最多。

在最好情况下,每次划分所取的基准都是当前无序区的"中值"记录,划分的结果是基准的左、右两个无序子区的长度大致相等。设 $C(n)$ 表示对长度为 n 的文件进行快速排序所需的比较次数,显然,它应该等于长度为 n 的无序区进行划分所需的比较次数 $n-1$ 加上递归地对划分所得的左、右两个无序子区(长度 $\leqslant n/2$)进行快速排序所需的比较次数。假设文件长度 $n=2^k$,那么总的比较次数为

$$
\begin{aligned}
C(n) &\leqslant n + 2C(n/2) \\
&\leqslant n + 2[n/2 + 2C(n/2^2)] = 2n + 4C(n/2^2) \\
&\leqslant 2n + 4[n/4 + 2C(n/2^3)] = 3n + 8C(n/2^3) \\
&\leqslant \cdots \\
&\leqslant kn + 2^k C(n/2^2) = n\log_2 n + nC(1) \\
&= O(n\log_2 n)
\end{aligned}
$$

注意:式中 $C(1)$ 为一个常数,$k=\log_2 n$。

因为快速排序的记录移动次数不大于比较的次数,所以快速排序在最坏情况下的时间复杂度为 $O(n_2)$,在最好情况下的时间复杂度为 $O(n\log_2 n)$。为了改善最坏情况下的时间性能,可采用"三者取中"的规则,即在每一趟划分开始前,首先比较 R[low].key、R[high].key 和 R[$\lfloor (\text{low} + \text{high})/2 \rfloor$].key,令三者中取中值的记录和 R[low]交换。

可以证明,快速排序的平均时间复杂度也为 $O(n\log_2 n)$,它是目前基于比较的内部排序方法中速度最快的,快速排序亦因此而得名。

快速排序需要一个栈空间来实现递归。若每次划分均能将文件均匀地分割为两部分,则栈的最大深度为 $\lfloor \log_2 n \rfloor + 1$,所需栈空间为 $O(\log_2 n)$。在最坏情况下,递归深度为 n,所需栈空间为 $O(n)$。

快速排序是不稳定的,请读者自行检验。

8.4　选　择　排　序

选择排序(selection sort)的基本思想是:每一趟从待排序的记录中选出关键字最小的记录,顺序放在已排好序的子文件的最后,直到全部记录排序完毕。本节介绍两种选择排序:直接选择排序和堆排序。

8.4.1 直接选择排序

直接选择排序(straight selection sort)的基本思想是：第 1 趟排序是在无序区 R[0]到 R[n-1]中选出关键字最小的记录，将它与 R[0]交换；第 2 趟排序是在无序区 R[1]到 R[n-1]中选出关键字最小的记录，将它与 R[1]交换；而第 i 趟排序时 R[0]到 R[i-2]已是有序区，在当前的无序区 R[i-1]到 R[n-1]中选出关键字最小的记录 R[k]，将它与无序区中第 1 个记录 R[i-1]交换，使 R[1]到 R[i-1]变为新的有序区。因为每趟排序都使有序区中增加了一个记录，且有序区中的记录关键字不大于无序区中记录的关键字，所以进行 $n-1$ 趟排序后，整个文件就是递增有序的。直接选择排序过程如图 8.5 所示，图中用方括号标出无序区。

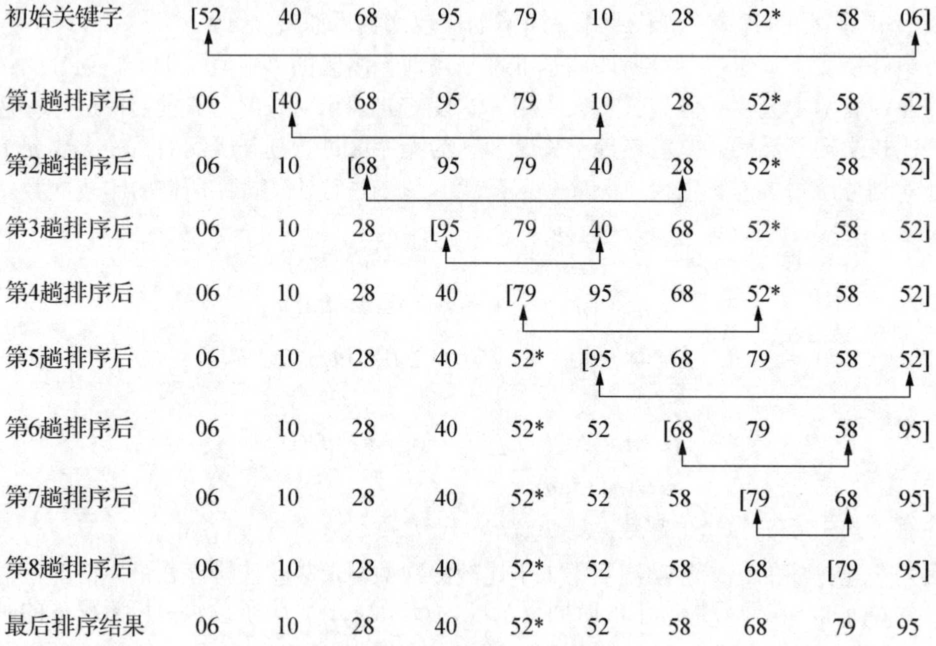

初始关键字	[52	40	68	95	79	10	28	52*	58	06]
第1趟排序后	06	[40	68	95	79	10	28	52*	58	52]
第2趟排序后	06	10	[68	95	79	40	28	52*	58	52]
第3趟排序后	06	10	28	[95	79	40	68	52*	58	52]
第4趟排序后	06	10	28	40	[79	95	68	52*	58	52]
第5趟排序后	06	10	28	40	52*	[95	68	79	58	52]
第6趟排序后	06	10	28	40	52*	52	[68	79	58	95]
第7趟排序后	06	10	28	40	52*	52	58	[79	68	95]
第8趟排序后	06	10	28	40	52*	52	58	68	[79	95]
最后排序结果	06	10	28	40	52*	52	58	68	79	95

图 8.5 直接选择排序过程

算法 8.5 直接选择排序。

```
void SelectSort(SqList R)          /*对 R[0]到 R[n-1]进行直接选择排序*/
{
    int i,j,k;
    RecType temp;
    for(i=0;i<n-1;i++)             /*做 n-1 趟选择排序*/
    {
        k=i;
        for(j=i+1; j<n;j++)        /*在当前无序区中选择关键字最小的记录 R[k]*/
            if(R[j].key<R[k].key)  k=j;
        if(k!=i)    /*交换 R[i]和 R[k]*/
        {
            temp=R[i];
            R[i]=R[k];
            R[k]=temp;
        }
    }
}
```

显然，无论文件的初始状态如何，在第 i 趟排序中选择最小关键字的记录，需做 $n-1$ 次比较，因此，总的比较次数为 $\sum_{i=1}^{n-1}(n-i) = n(n-1)/2 = O(n^2)$。至于记录移动次数，当文件的初始状态为正序时，移动次数为 0；当文件的初始状态为反序时，每趟排序均要执行交换操作，所以总的移动次数取最大值 $3(n-1)$。直接选择排序的平均时间复杂度为 $O(n^2)$。

直接选择排序是不稳定的，请读者自行检验。

8.4.2　堆排序

堆排序

在上一小节介绍的直接选择排序中，为了从 R[1]到 R[n]中选出关键字最小的记录，需要做 $n-1$ 次比较，然后从 R[2]到 R[n]中选出关键字最小的记录，需要做 $n-2$ 次比较，事实上，在后面这 $n-2$ 次比较中，有许多比较可能在前面的 $n-1$ 次比较中已经做过，但由于前一趟排序时未保留这些比较的结果，因此后一趟排序时又重复执行了这些比较操作。本小节介绍的堆排序(heap sort)可以克服这一缺点。

堆排序是一种树形选择排序，它的特点是：在排序过程中，将 R[1]～R[n]看作一棵完全二叉树顺序存储结构,利用完全二叉树中双亲节点和孩子节点之间的内在关系(参见 6.2.3 节)来选择关键字最小的记录。

首先引出堆的定义：n 个关键字序列 $K_1, K_2, \cdots, K_n$ 称为堆，当且仅当该序列满足特性

$$K_i \leqslant K_{2i} \quad \text{和} \quad K_i \leqslant K_{2i+1} \quad (1 \leqslant i \leqslant \lfloor n/2 \rfloor)$$

从堆的定义可以看出，堆实质上是满足如下性质的完全二叉树：树中任一非叶子节点的关键字均小于等于其孩子节点的关键字。例如，关键字序列 12, 20, 45, 26, 35, 85 就是一个堆，它所对应的完全二叉树如图 8.6 所示，显然，这种堆中根节点(称为堆顶)的关键字最小，称之为小根堆；反之，若将上面堆定义中的不等号反向，也就是说，若完全二叉树中任一非叶子节点的关键字均大于等于其孩子节点的关键字，则称之为大根堆，如图 8.7 所示，大根堆的堆顶关键字最大。显然，在堆中的任意一棵树亦是堆。

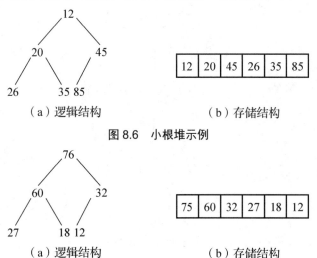

| 12 | 20 | 45 | 26 | 35 | 85 |

（a）逻辑结构　　　　（b）存储结构

图 8.6　小根堆示例

| 75 | 60 | 32 | 27 | 18 | 12 |

（a）逻辑结构　　　　（b）存储结构

图 8.7　大根堆示例

堆排序正是利用小根堆(或大根堆)来选取当前无序区中关键字最小(或最大)的记录来实现排序的。以利用大根堆排序为例，每一趟排序的基本操作如下：将当前无序区调整为一个大根堆时，选取关键字最大的堆顶记录，将它和无序区中最后一个记录交换。这样，正好和直接选择排序相反，有序区是在原记录区的尾部形成并逐渐向前扩大到整个记录区的。

堆排序的第 1 趟排序首先需"建堆"，即把整个记录数组 R[1]到 R[n]调整为一个大根堆，因此，必须把完全二叉树中以每一个节点为根的子树都调整为堆。显然只有一个节点的树是堆，而在完全二叉树中，所有序列 $i > \lfloor n/2 \rfloor$ 的节点都是叶子节点，因此以这些节点为根的子树均是堆。这样，只需依次将以序列号为 $\lfloor n/2 \rfloor$，$\lfloor n/2 \rfloor -1$，…，1 的节点作为根的子树都调整为堆即可。按该顺序调整每个节点时，其左、右子树均已是堆(空树也可看作堆)。

现在的问题是，若已知节点 R[i]的左、右子树均已是堆，如何将以 R[i]为根的完全二叉树也调整为堆？解决这一问题可采用筛选法。筛选法的基本思想是：因为 R[i]的左、右子树均已是堆，这两棵子树的根分别是各自子树中的最大关键字，所以必须在 R[i]和其左、右孩子中选取关键字最大的节点放到 R[i]的位置上。若 R[i]的关键字已是三者中的最大者，则无须做任何调整，以 R[i]为根的子树已构成堆；否则，必须将 R[i]和具有最大关键字的左孩子 R[2i]或 R[2i+1]进行交换。设 R[2i]的关键字最大，将 R[i]和 R[2i]交换位置，交换之后有可能导致以 R[2i+1]为根的子树不再是堆，但由于 R[2i]的左、右子树仍然是堆，于是可重复上述过程，将以 R[2i]为根的子树调整为堆，……，如此重复，逐层递推下去，最多可能一直调整到叶子，最终把最小的关键字筛选下去，将最大关键字一层层地选择上来。

图 8.8 展示了对于序列 49, 38, 65, 97, 04, 13, 27, 49*, 55, 76，在建堆过程中完全二叉树及其存储结构的变化情况，其中 n=10，故从第 5 个节点开始进行调整。

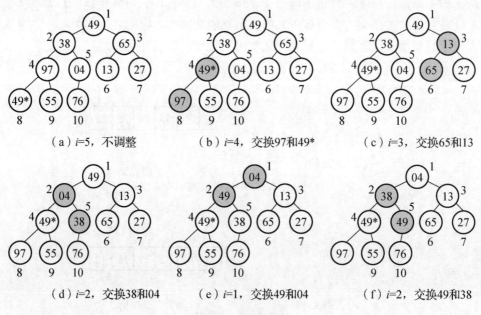

图 8.8　建堆过程

算法 8.6 筛选算法。

```
void Sift(SqList R, int i, int m)    /* 在数组 R[i]到 R[m]中,调整 R[i] */
{  /* 以 R[i]为根的完全二叉树构成堆 */
    int j;
    RecType temp;
    temp=R[i];
    j=2*i;
    while(j<=m)         /* j≤m,R[2*i]是 R[i]的左孩子 */
    {
        if((j<m)&&(R[j].key<R[j+1].key)) j++; /* j指向 R[i]的右孩子 */
        if(temp.key<R[j].key)     /* 孩子节点关键字较大 */
        {
            R[i]=R[j];            /* 将 R[j]换到双亲位置上 */
            i=j; j=2*i            /* 修改当前被调整节点 */
        }
        else break;              /* 调整完毕,退出循环 */
    }
    R[i]=temp;                    /* 最初被调整节点放入正确位置 */
}
```

在完全二叉树中,若一个节点没有左孩子,则该节点必是叶子节点,因此当筛选算法中循环条件 $j \leq m$ 不成立时,则表示当前被调整节点 R[i] 是叶子节点,故筛选过程可以结束。在筛选过程中,若当前被调整节点 R[i] 和它的左、右孩子节点相比,某一孩子 R[j] 的关键字最大,则需要交换 R[i] 和 R[j] 的位置,将 R[i] 筛选至下一层,但由于 R[i] 还可能被逐层筛下去,为了减少记录移动次数,故筛选算法在筛选开始前将最初被调整的节点 R[i] 保存在 temp 中,当发生交换时,仅需将 R[j] 放入其双亲节点 R[i] 的位置上,而 R[i] 未直接放入 R[j] 的位置上,只有当整个筛选过程结束时,才将其保存在 temp 中的记录放到最重要的位置上。

有了上述筛选算法,则将最初的无序区 R[1] 到 R[n] 建成一个大根堆,可用下面的语句实现。

```
for(i=n/2; i>=1; i--)
    Sift(R,i,n);
```

由于建堆的结果是把 R[1] 到 R[n] 中关键字最大的记录筛选到堆顶 R[1] 的位置上,排序后这个关键字最大的记录应该是记录区 R[1] 到 R[n] 的最后一个记录,因此将 R[1] 和 R[n] 交换后便得到了第 1 趟排序的结果。

第 2 趟排序的操作首先是将当前无序区 R[1] 到 R[n-1] 调整为堆。因为第 1 趟排序后,R[1] 到 R[n] 中只有 R[1] 的值发生了变化,它的左、右孩子仍然是堆,所以可以调用 Sift(R, 1, n-1) 将 R[1] 到 R[n-1] 调整为大根堆,即选出 R[1] 到 R[n-1] 中关键字最大的记录放入堆顶。然后,将堆顶记录 R[1] 和当前无序区的最后一个记录 R[n-1] 交换,其结果是 R[1] 到 R[n-2] 变为新的无序区,R[n-1] 到 R[n] 为有序区,且有序区中记录的关键字均大于等于无序区中记录的关键字。如此重复 n-1 趟排序之后,就使有序区扩充到整个记录区 R[1]到

R[n]。将图8.8所建的堆进行堆排序，过程如图8.9所示。

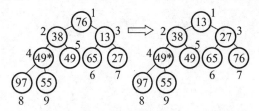

（a）输出04，将76移至堆顶，重新整堆

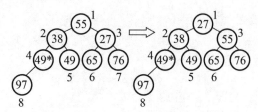

（b）输出13，将55移至堆顶，重新整堆

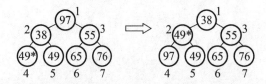

（c）输出27，将97移至堆顶，重新整堆

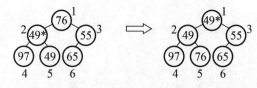

（d）输出38，将76移至堆顶，重新整堆

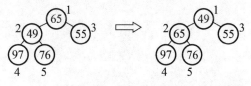

（e）输出49*，将65移至堆顶，重新整堆

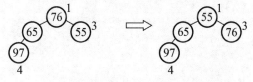

（f）输出49，将76移至堆顶，重新整堆

（g）输出55，将97移至堆顶，重新整堆

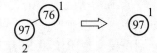

（h）输出65，将76移至堆顶，最后输出97

图8.9　堆排序过程

算法8.7　堆排序。

```
void HeapSort(SqList R)
{ /* 对R[l]到R[n]进行堆排序 */
    int i;
    RecType temp;
    for(i=n/2;i>=1;i--)          /*建初始堆*/
        Sift(R,i,n);
    for(i=n;i>=1;i--)
    {
        temp=R[1];              /*当前堆顶记录和最后一个记录交换*/
        R[1]=R[i];
        R[i]=temp;
        Sift(R,1,i-1);          /*R[l]到R[i-l]重建成堆 */
    }
}
```

堆排序的时间主要由建立初始堆和不断重新整堆这两部分的时间开销构成。建立初始堆共调用了 Sift 算法共 $\lfloor (n/2) \rfloor$ 次，每次均是将 R[i]为根（$\lfloor n/2 \rfloor \geqslant i \geqslant 1$）的子树调整为堆。显然，具有 n 个节点的完全二叉树的深度为 $h = \lfloor \log_2 n \rfloor + 1$，故节点 R[i]（$\lfloor n/2 \rfloor \geqslant i \geqslant 1$）的层数只可能是 $h-1, h-2, \cdots, 1$。由于第 l 层上的节点个数至多为 2^{l-1}，故以它们为根的子树深度为 $h-l-1$。而 Sift 算法对深度为 k 的完全二叉树所进行的关键字比较次数至多为 $2(k-1)$ 次，因此建初始堆调用 Sift 算法所进行的关键字比较的总次数不超过 $C_1(n)$，且它满足下式

$$
\begin{aligned}
C_1(n) &= \sum_{i=h-1}^{1} 2^{i-1} \times 2(h-1) \\
&= \sum_{i=h-1}^{1} 2^i \times (h-1) \\
&= 2^{h-1} + 2^{h-2} \times 2 + 2^{h-3} \times 3 + \cdots + 2 \times (h-1) \\
&= 2^h (1/2 + 2/2^2 + 3/2^3 + \cdots + (h-1)/2^{h-1}) \\
&\leqslant 2^h \times 2 \leqslant 2 \times 2^{(\log_2 n)+1} = 4n \\
&= O(n)
\end{aligned}
$$

第 j 次重建堆时，堆中有 $n-j$ 个节点，完全二叉树的深度为 $[\log_2(n-j)]+1$，调用 Sift 算法重建堆所需的比较次数至多为 $2 \times [\log_2(n-j)]$。因此，$n-1$ 趟排序过程中重建堆的比较总次数不超过 $C_2(n)$，且

$$
\begin{aligned}
C_2(n) &= 2 \times ([\log_2(n-1)] + [\log_2(n-2)] + \cdots + [\log_2 2]) \\
&< 2n[\log_2 n] \\
&= O(n\log_2 n)
\end{aligned}
$$

在 Sift 算法中，记录移动次数不会超过比较次数，因此，堆排序的时间复杂度是 $O(n + n\log_2 n) = O(n\log_2 n)$。

由于建初始堆所需的比较次数较多，所以，堆排序不适宜于记录数较少的文件。堆排序是我们介绍的第一个最坏时间复杂度 $O(n\log_2 n)$ 的排序算法，辅助存储空间仅为用于交换的记录空间。

堆排序是不稳定的，请读者自己举出反例。

8.5 编程实现奥运会奥运奖牌排名系统

(1) 数据结构定义如下。

```
typedef struct
{
    char number[20];          /*英文缩写*/
    char name[20];            /*国家或地区名称*/
    int gold;                 /*金牌数*/
    int silver;               /*银牌数*/
    int copper;               /*铜牌数*/
    int total;                /*总奖牌数*/
    int place;                /*名次*/
```

```
    } DataType;                          /*国家或地区信息类型*/

    typedef struct
    {
        DataType data[MaxSize];          /*存储各国家或地区信息的数组*/
        int length;                      /*国家或地区数*/
    }CountryList;                        /*顺序表,存储国家或地区列表*/
```

(2) 主程序代码如下。

```c
#include <stdio.h>
#include <stdlib.h>
#include <string.h>
#include <conio.h>
#include <time.h>
#define MaxSize 100
typedef struct
{   char number[20];                /*英文缩写*/
    char name[20];                  /*国家或地区名称*/
    int gold;                       /*金牌数*/
    int silver;                     /*银牌数*/
    int copper;                     /*铜牌数*/
    int total;                      /*总牌数*/
    int place;                      /*名次*/
} DataType;                         /*国家或地区信息类型*/

typedef struct
{
    DataType data[MaxSize];         /*存储各国家或地区信息的数组*/
    int length;                     /*国家或地区数*/
}CountryList ;                      /*顺序表,存储国家或地区列表*/

void select1(CountryList *L) ;
int select2(CountryList *L) ;

int a[MaxSize];   /*存储金银铜牌的加权和*/

void PlaceSetting(CountryList *L)    /*设置排名*/
{
    int i,rankid=1;
    for(i=1,a[0]=0;i<=L->length;i++,rankid++)  /*金银铜牌相同时排名相同*/
        if(a[i]==a[i-1])
            L->data[i].place=--rankid;
        else
            L->data[i].place=rankid;
```

```
    }

void WeightSumComp(CountryList *L)      /*将金银铜牌进行加权和运算 */
{
    int i;
    for(i=1;i<=L->length;i++)
    {
    a[i]=L->data[i].gold*10000+L->data[i].silver*100+L->data[i].copper;
    }
}

void FCreat(CountryList *L)             /*读取信息*/
{   FILE *fp;
    int i=1;
    fp=fopen("shuju.txt","r");          /*以只读的方式打开 shuju.txt*/
    if(!fp)
        printf("\n 数据文件无法打开!(Can not open file!)");
    else
        {
            L->length=0;
            while(!feof(fp))
            {
                fscanf(fp,"%d%s%s%d%d%d%d\n",&(L->data[i].place),
L->data[i].name,L->data[i].number,&(L->data[i].gold),&(L->data[i].silver),
&(L->data[i].copper),&(L->data[i].total));
                L->length++;
                i++;
            }
        }
}

void sortJYT(CountryList *L)            /*按金银铜牌数排序*/
{
    int i,j;
    for(i=1;i<L->length;i++)
        for(j=i+1;j<=L->length;j++)
            if(a[i]<a[j])
            {
                a[0]=a[i];a[i]=a[j];a[j]=a[0];
                L->data[0]=L->data[i];
                L->data[i]=L->data[j];
                L->data[j]=L->data[0];
            }
```

```
                else
            if(a[i]==a[j]&&strcmp(L->data[i].number,L->data[j].number)>0)
                    {
                            L->data[0]=L->data[i];
                            L->data[i]=L->data[j];
                            L->data[j]=L->data[0];
                    }
        PlaceSetting(L);
}


void sortALL(CountryList *L)              /*按总牌数排序*/
{
    int i,j;
    for( i=1;i<L->length;i++)
        for(j=i+1;j<=L->length;j++)
            if(L->data[i].total < L->data[j].total)
            {
                a[0]=a[i];a[i]=a[j];a[j]=a[0];
                L->data[0]=L->data[i];
                L->data[i]=L->data[j];
                L->data[j]=L->data[0];
            }
            else if((L->data[i].total==L->data[j].total) && a[i]<a[j])
            {
                a[0]=a[i];a[i]=a[j];a[j]=a[0];
                L->data[0]=L->data[i];
                L->data[i]=L->data[j];
                L->data[j]=L->data[0];
            }
    PlaceSetting(L);
}

void output(CountryList L)               /*输出排名*/
{
    char a='0'; int i;
    printf("\n排名国家或地区英文缩写金银铜总数\n");
    printf("\n序号   \t国家或地区名称\t英文缩写\t金牌\t银牌\t铜牌\t总奖牌数\n");
    for(i=1;i<=L.length;i++)
    {
    printf("%2d%17s%13s",L.data[i].place,L.data[i].name,L.data[i].number);
        if(L.data[i].gold)
            printf("%11d",L.data[i].gold);
        else
```

```
            printf("%11c",a);
        if(L.data[i].silver)
            printf("%8d",L.data[i].silver);
        else
            printf("%8c",a);
        if(L.data[i].copper)
            printf("%8d",L.data[i].copper);
        else
            printf("%8c",a);
         printf("%9d\n",(L.data[i].total));
    }
}


/*下面是六种排序方法*/
void InsertSort(CountryList *L)          /*直接插入排序*/
{
    int i,j;
    for(i=2;i<=L->length;i++)
    {
        if(L->data[i].total>L->data[i-1].total)
        {
            L->data[0]=L->data[i];
            j=i-1;
            while(L->data[0].total>L->data[j].total)
            {
                L->data[j+1]=L->data[j];
                j--;
            }
            L->data[j+1]=L->data[0];
        }
    }
    PlaceSetting(L);
}


void ShellSort(CountryList *L)          //希尔排序
{
    int i,j,d=L->length;
    do{
        d=d/3+1;                      /*d 为当前增量,求下一个增量的方法不唯一*/
        for(i=d+1;i<=L->length;i++)
        {
            if(L->data[i].total>L->data[i-d].total)
```

```
            {
                L->data[0]=L->data[i];    /*L->data[0]为暂存单元,不为哨兵*/
                j=i-d;
                while(j>0&&L->data[0].total>L->data[j].total)
                {
                 L->data[j+d]=L->data[j];
                 j=j-d;
                }
                L->data[j+d]=L->data[0];
            }
        }
    }while(d!=1);              /*增量为1排序后终止*/
    PlaceSetting(L);
}


void BubbleSort(CountryList *L)      //冒泡排序
{
    int i,j,noswap;
    for(i=1; i<L->length; i++)
    {
        noswap=1;              /*置未交换标志为真*/
        for(j=L->length-1;j>=i;j--)
        {
            if(L->data[j+1].total>L->data[j].total)
            {
                L->data[0]=L->data[j+1];
                L->data[j+1]=L->data[j];
                L->data[j]=L->data[0];
                noswap=0;      /*若已交换,则置未交换标志为否*/
            }
        }
        if(noswap)
          break;
    }
    PlaceSetting(L);
}


int Partition(CountryList *L,int m,int n)         //快速排序
{
    DataType temp;
    int i,j;
    i=m; j=n; temp=L->data[i];
    do{
```

```
            while((L->data[j].total<=temp.total) && (i<j))
                    j--;
            if(i<j) L->data[i++]=L->data[j];
            while((L->data[i].total>=temp.total) && (i<j))
                i++;
            if(i<j)  L->data[j--]=L->data[i];
        } while(i != j);
        L->data[i]=temp;
        return i;
}


void QuickSort(CountryList *L,int low,int high)
{
    int pos,i;
    if(low<high)
    {
        pos=Partition(L,low,high);
        QuickSort(L,low,pos-1);
        QuickSort(L,pos+1,high);
    }
    PlaceSetting(L);
}


void SelectSort(CountryList *L)              //直接选择排序
{
    int i,j,k;
    for(i=1;i<L->length;i++)
    {
        k=i;
        for(j=i+1;j<=L->length;j++)
        /*在无序区找到最大记录的位置*/
        {
            if(L->data[j].total>L->data[k].total)
            {
                k=j;
            }
        }
        if(k!=i)
        {
            L->data[0]=L->data[i];
            L->data[i]=L->data[k];
            L->data[k]=L->data[0];
        }
```

```
    }
    PlaceSetting(L);
}


void Sift(CountryList *L,int i,int m)                    //堆排序
{
    int j;
    L->data[0]=L->data[i];
    j=2*i;
    while(j<=m)
     {
       if(j<m && L->data[j].total>L->data[j+1].total)
        {
            j++;
        }
       if(L->data[0].total>L->data[j].total)
        {
            L->data[i]=L->data[j];
          i=j;
            j=2*i;
        }
       else break;
      }
     L->data[i]=L->data[0];
}


void HeapSort(CountryList *L)
{
    int i;
    for(i=L->length/2;i>=1;i--)                /*建立初始堆*/
        Sift(L,i,L->length);
    for(i=L->length;i>1;i--)
    {
      L->data[0]=L->data[1];
      L->data[1]=L->data[i];
      L->data[i]=L->data[0];
      Sift(L,1,i-1);
     }
    PlaceSetting(L);
}


void select1(CountryList *L)                    //主菜单
{
```

```
CountryList L_sort;
system("cls");
puts("****第29届奥运会奥运奖牌的排名情况*****");
puts("*      1-各国获奖情况              *");
puts("*      2-按金牌总数排名            *");
puts("*      3-按奖牌总数排名            *");
puts("*      4-六种排序时间比较(按奖牌总数)*");
puts("*      0-退出系统                  *");
puts("*****************************************");
printf("请选择输入：");
switch(getchar())
{
    case '1':
        L_sort=*L;
        output(L_sort);
        printf("输出完毕~~\n");
        printf("按任意键返回~~\n");
        getch();
        break;
    case '2':
        L_sort=*L;
        sortJYT(&L_sort);
        output(L_sort);
        printf("排序完成~~\n");
        printf("按任意键返回~~\n");
        getch();
        break;
    case '3':
        L_sort=*L;
        sortALL(&L_sort);
        output(L_sort);
        printf("排序完成~~\n");
        printf("按任意键返回~~\n");
        getch();
        break;
    case '4':
        while(1)
        {
         if(select2(L)==0) break;
        }
        break;
    case '0': exit(0);
}
```

```
        }

        int select2(CountryList *L)            //子菜单
        {
                CountryList L_sort;
                double time1,time2;
                int i,flag;
                puts("\n==========按奖牌总数六种排序===========");
                puts("++      1-直接插入排序(稳定)          ++");
                puts("++      2-希尔排序(不稳定)            ++");
                puts("++      3-冒泡排序(稳定)              ++");
                puts("++      4-快速排序(不稳定)            ++");
                puts("++      5-直接选择排序(不稳定)        ++");
                puts("++      6-堆排序(不稳定)              ++");
                puts("++      0-返回上层                    ++");
                puts("===================================");
                fflush(stdin);
                printf("请选择输入：");
                switch(getchar())
                {
                    case '1':
                        L_sort=*L;
                        printf("\n1-直接插入排序的结果:\n");
                        time1=(double)clock()/CLOCKS_PER_SEC;
                        InsertSort(&L_sort);
                        time2=(double)clock()/CLOCKS_PER_SEC;
                        output(L_sort);
                        break;
                    case '2':
                        L_sort=*L;
                        printf("\n2-希尔排序的结果:\n");
                        time1=(double)clock()/CLOCKS_PER_SEC;
                        ShellSort(&L_sort);
                        time2=(double)clock()/CLOCKS_PER_SEC;
                        output(L_sort);
                        break;
                    case '3':
                        L_sort=*L;
                        printf("\n3-冒泡排序的结果:\n");
                        time1=(double)clock()/CLOCKS_PER_SEC;
                        BubbleSort(&L_sort);
                        time2=(double)clock()/CLOCKS_PER_SEC;
                        output(L_sort);
```

```
                        break;
                case '4':
                        L_sort=*L;
                        printf("\n4-快速排序的结果:\n");
                        time1=(double)clock()/CLOCKS_PER_SEC;
                        QuickSort(&L_sort,1,L->length);
                        time2=(double)clock()/CLOCKS_PER_SEC;
                        output(L_sort);
                        break;
                case '5':
                        L_sort=*L;
                        printf("\n5-直接选择排序的结果:\n");
                        time1=(double)clock()/CLOCKS_PER_SEC;
                        SelectSort(&L_sort);
                        time2=(double)clock()/CLOCKS_PER_SEC;
                        output(L_sort);
                        break;
                case '6':
                        L_sort=*L;
                        printf("\n6-堆排序的结果:\n");
                        time1=(double)clock()/CLOCKS_PER_SEC;
                        HeapSort(&L_sort);
                        time2=(double)clock()/CLOCKS_PER_SEC;
                        output(L_sort);
                        break;
                case '0': return 0;
        }
    printf("排序完!所用时间 time=%.3lf\n",(time2-time1));
    printf("按任意键返回~~\n");
    getch();
    return 1;
}

int main()
{
    CountryList countrylist;
    FCreat(&countrylist);
    WeightSumComp(&countrylist);
    while(1)
        select1(&countrylist);
    return 0;
}
```

shuju.txt 文件中的内容如图 8.10 所示。

奥运会奥运
奖牌排名系
统运行演示

```
shuju - 记事本
文件(F)  编辑(E)  格式(O)  查看(V)  帮助(H)
1 中国 CHN 51 36 28 115
2 美国 USA 66 38 36 140
3 加拿大 CAN 39 26 32 97
4 法国 FRC 38 32 36 106
5 德国 GEN 50 29 56 135
6 俄罗斯 RUS 23 21 28 72
```

图 8.10　shuju.txt 文件中的内容

 独立实践

请读者对上述程序中排序算法的比较功能进行优化。

本 章 小 结

本章主要讨论各种常见的内部排序方法的原理和设计实现，并对这些排序算法的稳定性和复杂性进行了较为详尽的分析。可以看出，每一种排序方法都有其优缺点，有其本身适用的场合，应该按照具体情况进行合理的选用。

在选择排序方法时，有下列几种选择。

(1) 若待排序的记录个数 n 值较小时，应选择直接插入排序，但是若记录所含数据项较多，所占存储空间较大时，应选择直接选择排序；反之，若待排序的记录个数 n 值较大时，应选择快速排序。

(2) 快速排序在 n 值较小时的性能不及直接插入排序，因此在实际应用中，可将它和直接插入排序混合使用。如在快速排序划分子区间的长度小于某值时，转而调用直接插入排序。

(3) 若待排序序列总是基本有序，用冒泡排序、简单选择排序或直接插入排序更适合，不适合用快速排序。

本 章 习 题

一、填空题

1．大多数排序算法都有两个基本的操作：_____和_____。

2．在对一组记录{54, 38, 96, 23, 15, 72, 60, 45, 83}进行直接插入排序时，当把第 7 个记录 60 插入到有序表时，为寻找插入位置至少需比较_____次。

3．在插入排序和选择排序中，若初始记录基本正序，则选用_____；若初始记录基本反序，则选用_____。

4．在堆排序和快速排序中，若初始记录接近正序或反序，则选用_____；若初始记录基本无序，则选用_____。

5. 对有 n 个记录的集合进行冒泡排序，在最坏的情况下的时间复杂度为＿＿＿＿；若对其进行快速排序，在最坏的情况下的时间复杂度为＿＿＿＿。

6. 将序列{Q, H, C, Y, P, A, M, S, R, D, F, X}中的关键字按字母序升序排序，则冒泡排序一趟扫描的结果是＿＿＿＿。

初始步长为 4 的希尔排序一趟的结果是＿＿＿＿。

快速排序一趟扫描的结果是＿＿＿＿。

堆排序初始建堆的结果是＿＿＿＿。

二、判断题

1. 采用希尔排序时，若关键字的初始序列杂乱无序，则排序效率偏低。   (   )

2. 堆排序所需要附加存储空间数与待排序的记录个数无关。   (   )

3. 对 n 个记录的集合进行快速排序，其平均时间复杂度为 $O(n\log_2 n)$。   (   )

4. 快速排序的速度在所有排序方法中最快，而且所需附加存储空间也最小。   (   )

5. 对一个堆，按二叉树层次进行遍历可以得到一个有序序列。   (   )

6. 对于 n 个记录的集合进行冒泡排序，其平均时间复杂度为 $O(n)$。   (   )

三、选择题

1. 从未排序序列中依次取出元素与已排序序列(初始时为空)中的元素进行比较，将其放入已排序序列的正确位置上的方法称为(   )。

    A．希尔排序   B．冒泡排序   C．插入排序   D．选择排序

2. 从未排序序列中挑选元素，并将其依次插入已排序序列(初始时为空)的一端的方法称为(   )。

    A．希尔排序   B．堆排序   C．插入排序   D．选择排序

3. 对 n 个不同的元素进行冒泡排序，比较次数最多的是(   )。

    A．元素已从小到大排列好   B．元素已从大到小排列好

    C．元素无序   D．元素基本有序

4. 对 n 个不同的元素进行冒泡排序，在元素无序的情况下比较的次数为(   )。

    A．$n+1$ B．n C．$n-1$ D．$n(n-1)/2$

5. 快速排序在下列情况下最易发挥长处的是(   )。

    A．被排序的数据中含有多个相同元素

    B．被排序的数据已基本有序

    C．被排序的数据完全无序

    D．被排序的数据中的最大值和最小值相差悬殊

6. 对有 n 个记录的表进行快速排序，在最坏的情况下，算法的时间复杂度为(   )。

    A．$O(n)$ B．$O(n^2)$ C．$O(n\log_2 n)$ D．$O(n^3)$

7. 若一组记录为{46, 79, 56, 38, 40, 84}，则利用快速排序方法，以第一个记录为基准得到的一次划分结果为(   )。

    A．38, 40, 46, 56, 79, 84   B．40, 38, 46, 79, 56, 84

    C．40, 38, 46, 56, 79, 84   D．40, 38, 46, 84, 56, 79

8. 下列关键字序列中，(　　)是堆。

    A. 16, 72, 31, 23, 94, 53　　　　　　　　B. 94, 23, 31, 72, 16, 53

    C. 16, 53, 23, 94, 31, 72　　　　　　　　D. 16, 23, 53, 31, 94, 72

9. 堆是一种(　　)排序。

    A. 插入　　　　　　B. 选择　　　　　　C. 交换　　　　　　D. 归并

10. 堆的形状是一棵(　　)。

    A. 二叉排序树　　　B. 满二叉树　　　　C. 完全二叉树　　D. 平衡二叉树

11. 若一组记录为{46, 79, 56, 38, 40, 84}，则利用堆排序方法建立的初始堆为(　　)。

    A. 79, 46, 56, 38, 40, 84　　　　　　　　B. 84, 79, 56, 38, 40, 46

    C. 84, 79, 56, 46, 40, 38　　　　　　　　D. 84, 56, 79, 40, 46, 38

12. 下述排序方法中，要求内存最大的是(　　)。

    A. 插入排序　　　　B. 快速排序　　　　C. 堆排序　　　　D. 选择排序

四、应用题

1. 已知关键字序列为{98, 82, 105, 71, 36, 77, 24, 82', 12, 55}，分别写出直接插入排序、希尔排序(增量为5、3、1)、冒泡排序、快速排序、直接选择排序、堆排序的各趟运行结果。

2. 写出以单链表为存储结构实现直接插入排序的算法。

3. 修改冒泡排序算法，以交替的正、反两个方向进行扫描。即第1趟把关键字最大的记录放到最末尾，第2趟把排序码最小的记录放到最前面。如此反复进行直到排序完成。

4. 以单链表为存储结构，写一个直接选择排序算法。

5. 一个线性表中的元素为正整数或负整数，设计一个算法，将正整数和负整数分开，使线性表的前部为负整数，后部为正整数。不要求对它们排序，但要求尽量减少交换次数。

第8章习题
参考答案

第9章 查 找

 **问题描述**

铁路售票查询系统

党的二十大报告指出"建成世界最大的高速铁路网、高速公路网"。截至2022年年底，中国高铁总里程达4.2万千米，稳居世界第一，表9.1展示了部分中国高铁线路信息。

表9.1 中国高铁线路信息(部分)

高铁线路名称	起点名	终点名	开通时间	线路长度/km	设计速度/(km/h)
京津城际铁路	北京南	天津	2008.8	166	350
沪宁城际铁路	上海	南京	2010.7	301	350
昌九城际铁路	南昌西	九江	2010.9	135	250
长吉城际铁路	长春	吉林	2011.1	112	250
京沪高速铁路	北京南	上海虹桥	2011.6	1318	380

中国人口众多，流动频繁，对作为大众化交通工具的高速铁路需求巨大，人们在日常生活中经常需要查询铁路车次信息，一个简单、易用、快捷的铁路售票查询系统能给人们的生活带来极大的便利。本章要求实现一个简单的铁路售票查询系统，根据用户输入的信息(如车次、出发地、目的地、发车时间等)进行快速查询，要求能够完成车次信息的输入和查找功能。

9.1 概 述

在利用计算机进行数据处理时，特别是在非数值处理中，查找(又称检索)是最常用的一种操作，几乎在任何一个计算机软件中都会涉及，当查找所涉及的数据量相当大时，查找效率就显得格外重要，在一些实时应答系统中尤其重要，因此有必要掌握一些常用的查找方法，并通过对它们的效率分析来比较各种查找方法的优劣。

在计算机领域中，对"查找"有明确而严格的定义，下面给出有关的概念。

查找表(search table)：由同一类型的数据元素(或记录)构成的集合，即查找表中的数据元素具有相同的类型。根据对查找表的操作不同，可将查找表分为静态查找表和动态查找表。

静态查找表(static search table)：若只对查找表进行查询(查询某个特定的数据元素是否在查找表中)和检索(获取指定数据元素的各种信息)操作，则这类查找表称为静态查找表。

动态查找表(dynamic search table)：若在查找过程中同时插入查找表中不存在的数据元素，或者从查找表中删除已经存在的某个数据元素，则这类查找表称为动态查找表。

关键字(key)：数据元素中某个数据项的值，又称键值，可以用来标识一个数据元素。

关键码：关键字所在的某个数据项(或称字段)。

主关键字：能够唯一标识数据元素(或记录)的关键字。

次关键字：不能够唯一标识数据元素(或记录)的关键字。例如，在电话号码本中，能够唯一标识一条记录的是电话号码，即主关键字；而用户名或地址均不能唯一标识一条记录，因此它们是次关键字。

查找(searching)：在含有 n 条记录的表中找出关键字等于给定值 K 的数据元素(或记录)。若找到，则查找成功，返回该记录的信息或该记录在表中的位置；否则查找失败，返回相关的指示信息。

因为查找是对已存入计算机中的数据所进行的操作，所以采用何种查找方法，首先取决于使用哪种数据结构来表示"表"，即表中节点是以何种方式组织的，为了提高查找速度，我们常常用某些特殊的数据结构来组织表。因此，在研究各种查找方法时，首先必须弄清这些方法所需要的数据结构，特别是存储结构。

和排序类似，查找也有内查找和外查找之分。若整个查找过程都在内存中进行，则称为内查找；反之，若查找过程中需要访问外存，则称为外查找。

由于查找运算的主要操作是关键字的比较，因此通常将查找过程中对关键字需要执行的平均比较次数(也称平均查找长度)作为衡量一个查找算法效率优劣的标准。平均查找长度(Average Search Length，ASL)定义为

$$ASL = \sum_{i=1}^{n} p_i c_i \tag{9.1}$$

式中，n 是节点的个数；p_i 是查找第 i 个节点的概率，若不特别声明，均认为每个节点的查找概率相等，即 $p_1 = p_2 = \cdots = p_n = 1/n$；$c_i$ 是找到第 i 个节点所需的比较次数。

9.2 线性表查找

在表的组织方式中，线性表是最简单的一种。本节将介绍 3 种在线性表上进行查找的方法，分别是顺序查找、二分查找和分块查找。

9.2.1 顺序查找

顺序查找是一种最简单的查找方法。它的基本思想是：从表的一端开始，顺序扫描线性表，依次将扫描到的节点关键字和给定值 K 相比较，若当前扫描到的节点关键字与 K 相等，则查找成功；若扫描结束后，仍未找到关键字等于 K 的节点，则查找失败。

假设查找表中的关键字为{34, 44, 43, 12, 53, 55, 73, 64, 77}，若待查关键字为 64，则从 34 开始向后比较，比较到 64 时查找成功，或从 77 开始向前比较，比较到 64 时查找成功。而若待查关键字为 88，则从 34 开始向后或从 77 开始向前比较，比较完所有元素后都没有找到相等的记录，查找失败。

顺序查找方法既适用于线性表的顺序存储结构，也适用于线性表的链式存储结构。使用单链表作为存储结构时，扫描必须从第一个节点开始往后扫描。下面只介绍以数组作为存储结构时的顺序查找，类型说明和具体算法如下。

```
typedef struct
{
    KeyType key;              /*KeyType 由用户定义*/
    InfoType otherinfo;   /*此类型依赖于应用*/
}NodeType;
typedef NodeType Sqlist[n+1];
```

算法 9.1 顺序查找算法。

```
int SqSearch(Sqlist R,KeyType K)
{/*在顺序表 R[1…n]中顺序查找关键字为 K 的记录*/
    /*成功时返回找到的记录位置,失败时返回 0*/
    int i;
    R[0].key=K;                      /*在 0 位置设置监视哨*/
    for(i=n;R[i].key!=K;i--);      /*从表后往前找*/
    return i;
    /*若 i 为 0,表示查找失败,否则 R[i]为要找的记录*/
}
```

算法中监视哨 R[0]的作用仍然是在 for 循环中省去判断防止下标越界的条件 $i \geq 1$，从而节省比较的时间。若从后向前扫描完整个表后，都未找到关键字为 K 的节点，则循环必然终止于 R[0].key=K，此时返回的函数值为 0，这意味着查找失败；若 for 循环终止时，$i \geq 1$，则查找成功。显然，若找到的是 R[n]，则比较次数 c_n=1；若找到的是 R[1]，则比较次数 c_1=n；一般情况下，c_i=$n-i+1$。因此，在等概率假设下，顺序查找的平均查找长度为

$$\text{ASL}_{sq} = \sum_{i=1}^{n} p_i c_i = \sum_{i=1}^{n} i / n = (n+1)/2 \tag{9.2}$$

也就是说，查找成功的平均查找长度约为表长度的一半。若 K 值不在表中，则必须进行 $n+1$ 次比较之后才能确定查找失败。

顺序查找算法中的基本工作就是关键字的比较，因此，查找长度的数量级就是查找算法的时间复杂度，记为 $O(n)$。

有时，表中各节点的查找概率并不相等。例如，在由全体学生的病历档案组成的线性表中，体弱多病学生病历的查找概率必然高于健康学生病历的查找概率。在不等概率的情况下，顺序查找的平均查找长度为

$$\text{ASL}'_{sq} = p_1 + 2p_2 + \cdots + (n-1)p_{n-1} + np_n$$

显然，当 $p_n \leq p_{n-1} \leq \cdots \leq p_1$ 时 ASL'_{sq} 达到最小值。因此，若事先知道表中各节点的查找概率不相等和它们的分布情况，则应将表中节点按查找概率由大到小的顺序存放，以便提高顺序查找的效率。然而，在一般情况下，各节点的查找概率无法事先确定。为了提高查找效率，可以对算法 SeqSearch 做如下修改：每当查找成功时，就将找到的节点和其后继节点(若存在)交换。这样，就使得查找概率大的节点在查找过程中不断往后移，便于在以

后的查找中减少比较次数。

　　顺序查找的优点是算法简单,且对表的结构无任何要求,无论是用数组还是用链表来存放节点,也无论节点是否按关键字排序,都同样适用顺序查找。顺序查找的缺点是查找效率较低,特别是当 n 较大时,不宜采用顺序查找。

9.2.2　二分查找

　　二分查找(binary search)又称折半查找,它是一种效率较高的查找方法。但是,二分查找有一定的条件限制:要求线性表必须采用顺序存储结构,而且表中元素必须按关键字有序(升序或降序均可),即要求线性表是有序表。在下面的讨论中,设有序表是递增有序的。

　　二分查找的基本思想是:首先将待查的 K 值与有序表 R[0]到 R[n-1]的中间位置 mid 上的节点的关键字进行比较,若 R[mid].key=K,则查找完成,返回此位置的值;若 R[mid].key>K,则说明待查找的节点只可能在左子表 R[0]到 R[mid-1]中,因此要在左子表中继续进行二分查找;若 R[mid].key<K,则说明待查找的节点只可能在右子表 R[mid+1]到 R[n-1]中,因此要在右子表中继续进行二分查找。这样,经过一次关键字比较就缩小一半的查找区间。不断重复上述查找过程,直到找到关键字为 K 的节点,或者当前的查找区间为空(表示查找失败)。

　　如果分别用 low 和 high 来表示当前查找区间的下界(第一个记录的位置)和上界(最后一个记录的位置),则该区间的中间位置 $mid = \dfrac{low + high}{2}$。

　　例如,假设被查找的有序表中的关键字序列为

　　　　06　15　20　22　38　57　65　76　81　90　95

当给定的 K 值分别为 22 和 85 时,进行二分查找的过程如图 9.1 所示。

二分查找算法的代码实现如下。

算法 9.2　二分查找算法。

```
int BinSearch(SeqList R,KeyType K)
/* 在有序表 R 中进行二分查找,成功时返回节点的位置,失败时返回-1 */
{
    int low, mid, high;
    low=0; high=n-1;           /* 置查找区间的下、上界初值 */
    while(low<=high)           /* 当前查找区间非空 */
    {
        mid=(low+high)/2;
        if(K==R[mid].key)
            return mid;        /* 查找成功返回 */
        if(K<R[mid].key)
            high=mid-1;        /* 缩小查找区间为左子表 */
        else  low=mid+1;       /* 缩小查找区间为右子表 */
    }
    return(-1) ;               /* 查找失败 */
}
```

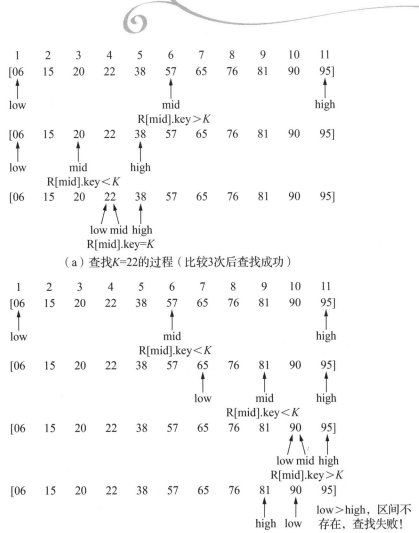

（a）查找K=22的过程（比较3次后查找成功）

（b）查找K=85的过程（比较3次后查找失败）

图 9.1 二分查找过程

二分查找过程可用二叉树来描述，把当前查找区间的中间位置 mid 上的节点作为根节点，左半区间和右半区间中的节点分别作为根的左子树和右子树，左半区间和右半区间再按类似的方法类推，由此得到的二叉树称为描述二分查找的判定树(decision tree)。

例如，上述具有 11 个节点的有序表可以用图 9.2 所示的判定树表示，树中节点旁的数字表示该节点在有序表中的位置。若查找的节点是表中第 6 个节点，则只需进行 1 次比较；若查找的节点是表中第 3、9 个节点，则需进行 2 次比较；若查找的节点是表中第 1、4、7、10 个节点，则需要进行 3 次比较；若查找的节点是表中第 2、5、8、11 个节点，则需要进行 4 次比较。由此可见，二分查找过程恰好是一条从判定树的根节点到被查节点的路径，经历比较的关键字个数恰为该节点在树中的层数。若查找失败，则其比较过程是一条从判定树根节点到某个外部节点(非表中节点)的路径，所需的关键字比较次数是该路径上内部节点的个数。

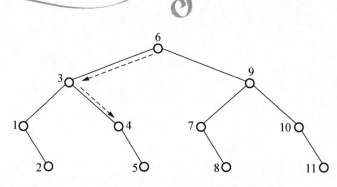

图 9.2 具有 11 个节点的有序表的判定树表示

用图 9.2 所示的判定树描述图 9.1(a)查找 $K=22$ 的过程时，所经历的比较路径如图 9.2 中虚线所示，将 K 分别与节点 6、3、4(即关键字 57、20、22)比较，共进行了 3 次比较才查找成功。查找 $K=85$ 时，所经过的内部节点为 6、9、10，最后达到外部节点，表明查找失败，其比较次数为 3 次。

借助于二分查找判定树，我们能很容易地求得二分查找的平均查找长度。设节点总数 $n=2^h-1$，则判定树是深度为 $h=\log_2(n+1)$ 的满二叉树，树中第 k 层上的节点个数为 2^{k-1}，查找它们所需的比较次数是 k。因此，在等概率假设下，二分查找的平均查找长度为

$$\text{ASL}_{bn}=\sum_{i=1}^{n}p_ic_i=\sum_{i=1}^{n}c_i/n=\sum_{k=1}^{n}k\times 2^{k-1}/n=[(n+1)\log_2(n+1)-1]/n \qquad (9.3)$$

当 n 很大时，可使用近似公式

$$\text{ASL}_{bn}=\log_2(n+1)-1 \qquad (9.4)$$

作为二分查找的平均查找长度。二分查找在查找失败时所需比较的关键字个数不超过判定树的深度，在最坏的情况下查找成功的比较次数也不超过判定树的深度。因为判定树中度数小于 2 的节点可能在最下面的两层上，所以 n 个节点的判定树的深度和 n 个节点的完全二叉树的深度相同，均为 $\lceil \log_2(n+1) \rceil$。由此可见，二分查找的最坏性能和平均性能相当接近。

虽然二分查找的效率较高，但需要先将表按关键字排序。而排序本身是一种很费时的运算，即使采用高效率的排序方法也要花费 $O(n\log_2 n)$ 的时间。而且二分查找只适用于顺序存储结构，为了保持表的有序性，在顺序存储结构里插入和删除都必须移动大量的节点。因此，二分查找特别适用于那种一经建立就很少改动却又经常需要查找的线性表。对那些查找少又经常需要改动的线性表，可采用链表作为存储结构，进行顺序查找。

9.2.3 分块查找

分块查找

分块查找(blocking search)又称索引顺序查找，它是一种性能介于顺序查找和二分查找之间的查找方法。它要求按索引的方式来存储线性表，即分块查找表由"分块有序"的线性表和索引表组成。

(1) "分块有序"的线性表：将表 R[n]均分为 b 块，前 $b-1$ 块中节点个数为 $S=\lceil n/b \rceil$，第 b 块的节点数小于等于 S；每一块中的关键字不一定有序，但前一块中的最大关键字必须小于后一块中的最小关键字，即表是"分块有序"的。

(2) 索引表：抽取各块中的最大关键字及各块起始地址构成一个索引表 ID[b]，即 ID[i]($0 \leq i < b$)中存放着第 i 块的最大关键字及该块在表 R 中的起始地址。由于表 R 是分块有序的，因此索引表是一个递增有序表。

图 9.3 就是满足上述存储要求的分块查找表，其中表 R 只有 18 个节点，被分成 3 块，每块中有 6 个节点，第 1 块中的最大关键字 22 小于第 2 块中的最小关键字 24，第 2 块中的最大关键字 48 小于第 3 块中的最小关键字 49。

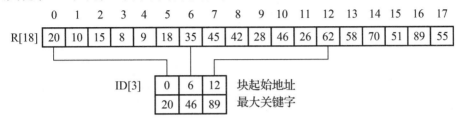

图 9.3　分块查找表

分块查找的基本思想是：先查找索引表，因为索引表是有序表，故可采用二分查找或顺序查找，以确定待查的节点在哪一块；然后在已确定的那一块中进行顺序查找。

在如图 9.3 所示的存储结构中，查找关键字等于给定值 $K=28$ 的节点，因为索引表较小，所以用顺序查找法查找索引表，即首先将 K 依次和索引表中的各关键字进行比较，直到找到第一个关键字大于等于 K 的节点。第 1 块的最大关键字为 20，由于 $K>20$，因此继续比较下一个值，第 2 块的最大关键字为 46，由于 $K<46$，因此可以判定关键字为 28 的节点若存在，则必定在第 2 块中；然后，由 ID[1].addr 找到第 2 块的起始地址 6，从该地址开始进行顺序查找，直到 R[9].key=K。若查找给定值 $K=30$，类似地，通过索引表先确定在第 2 块，然后在该块中查找，若查找不成功，则说明表中不存在关键字为 30 的节点。

当选用二分查找法查找索引表时，分块查找算法及有关说明如下。

```
typedef struct      /* 索引表的节点类型 */
{
  KeyType key;
  int addr;
} IDtable;
IDtable ID[b];      /* 索引表 */
```

算法 9.3　分块查找算法。

```
int BlkSearch(SeqList R,IDtable ID[b],KeyType K)
{ /*分块查找,成功时函数值为关键字等于 K 的节点在 R 中的序号,失败时函数值为-1*/
    int i, low1 ,low2, mid, high1, high2;
    low1=0;  high1=b-1;         /*设置二分查找区间下、上界的初值*/
    while(low1<=high1)
    {
        mid=(low1+high1)/2;
        if(K<=ID[mid].key)  high1=mid-1;
        else  low1=mid+1;
```

```
    }                                  /*查找完毕,low1 为找到的块号*/
    if(low1<b)                         /*若 low1=b,则 K 大于 R 中的所有关键字*/
    {
        low2=ID[low1].addr;                    /*块起始地址*/
        if(low1==b-1)  high2=n-1;              /*求块末地址*/
        else high2=ID[low1+1].addr-1;
        for(i=low2; i<=high2; i++)             /*在块内顺序查找*/
            if(R[i].key==K)  return i;         /*查找成功*/
        return(-1);                            /*查找失败*/
    }
}
```

由于分块查找实际上有两次查找过程,故整个算法的平均查找长度是两次查找的平均查找长度之和。

(1) 以二分查找来确定块,则分块查找的平均查找长度为

$$ASL_{blk}=ASL_{bn}+ASL_{sq}\approx\log_2(b+1)-1+(s+1)/2\approx\log_2(n/s+1)+s/2$$

(2) 以顺序查找来确定块,则分块查找的平均查找长度为

$$ASL'_{blk}=(b+1)/2+(s+1)/2-(s^2+2s+n)/(2s)$$

当 $s=\sqrt{n}$ 时,ASL'_{blk} 取极小值 $\sqrt{n}+1$,即当采用顺序查找确定块时,应将各块中的节点数选定为 n。例如,表中有 10000 个节点,则应把它分成 100 个块,每块中含 100 个节点。用顺序查找确定块,分块查找平均需要做 100 次比较,而顺序查找平均需要做 5000 次比较,二分查找最多需要做 14 次比较。由此可见,分块查找的效率介于顺序查找和二分查找之间。

在实际应用中,分块查找不一定要将线性表分成大小相等的若干块,而应该根据表的特征进行分块。例如,一个学校的学生登记表,可按系号或班号分块,此外,各块中的节点也不一定要存放在同一个数组中,可将各块放在不同的数组中,也可将每一块存放在一个单链表中。

分块查找的优点是:在表中插入或删除一个记录时,只要找到该记录所属的块,即可在该块内进行插入或删除运算,而且对表中数据进行插入或删除比较容易,无须移动大量记录,因为块内记录的存放是任意的。分块查找的主要代价是增加了一个辅助数组的存储空间和将初始表分块排序的运算。

9.3 哈希表查找

前面讨论的表示查找表的各种结构的共同特点是,记录在表中的位置和关键字之间不

哈希表查找

存在确定的关系,查找的过程是将给定值依次和查找表中的各个关键字进行比较。查找的效率取决于给定值与关键字进行比较的次数。用这类方法表示的查找表,其平均查找长度都不为 0。不同的表示方法的差别在于:关键字和给定值进行比较的顺序不同。对于频繁使用的查找表,如果希望 ASL=0,就需要预先知道所查关键字在表中的位置,即要求记录在表中的位置和其关键字之间存在一种确定的关系。这就是本节介绍的哈希表查找的基本思想。

9.3.1 哈希表的概念

哈希法(Hashing)是一种重要的存储方法，也是一种常见的查找方法。它的基本思想是：以节点的关键字 K 为自变量，通过一个确定的函数关系 f，计算出对应的函数值 $f(K)$，把这个值解释为节点的存储地址，将节点存入 $f(K)$ 所指的存储位置。查找时再根据要查找的关键字用同样的函数计算地址，然后到相应的单元里去取要找的节点。因此，哈希法又称关键字-地址转换法。用哈希法存储的线性表称为哈希表(Hash table)，上述的函数 f 称为哈希函数，$f(K)$ 称为哈希地址。

通常哈希表的存储空间是一个一维数组，哈希地址是数组的下标，在不致引起混淆的情况下，这个一维数组空间简称为哈希表。

假如要建立一张全国各城市的人口统计表，如表 9.2 所示。

表 9.2 全国各城市的人口统计表

编号	城市名	省区市	总人口/万人
1	北京	北京市	2189
2	上海	上海市	2487
3	杭州	浙江省	1237
……	……	……	……

显然，可以按编号依次存放这张表，编号就是记录的关键字，由它唯一确定记录的存储位置，如北京编号为 1，要查看北京的人口，只要取出第 1 条记录即可。如果把这个存储方式看作哈希表，则哈希函数 $f(key)=key$，有 $f(1)=1, f(2)=2, \cdots$，为了查看方便，也可以用地区名作为关键字，取地区名的第一个拼音字母的序号作为哈希函数值，则有 $f(beijing)=2$，$f(shanghai)=19$，$f(hangzhou)=8$。

从这个例子可以看出，哈希函数是一个映像，即将关键字的集合映射到某个地址集合上，它的设置很灵活，只要这个地址集合的大小不超出允许范围即可；由于关键字的值域往往比哈希表的个数大很多，因此哈希函数是一个压缩映像。例如，对于如下 9 个关键字 {Zhao, Qian, Sun, Li, Wu, Chen, Han, Ye, Dai}，设哈希函数为 $f(key)=\lfloor [ord(第一个字符) - ord('A') + 1] / 2 \rfloor$，ord 为字符的次序，如 ord('A')=1，则构建的哈希表如表 9.3 所示。

表 9.3 哈希表

0	1	2	3	4	5	6	7	8	9	10	11	12	13
	Chen	Dai		Han		Li		Qian	Sun		Wu	Ye	Zhao

如果要查找给定关键字为"Qian"的记录，则按上述哈希函数进行计算，得到 $f(Qian)=8$，即可从哈希表的地址 8 中取得该记录。但是，当同时存在关键字"Zhao"和"Zhang"时，得到 $f(Zhao)=13=f(Zhang)$，这时就产生了"冲突"。一般来讲，很难找到一个不产生冲突的哈希函数，只能根据实际情况选择恰当的哈希函数，使冲突尽可能少产生。因此，在构造这种特殊的"查找表"时，除了需要选择一个"好"(尽可能少产生冲突)的哈希函数，还需要找到一种"处理冲突"的方法。

所以哈希表可以定义如下：根据设定的哈希函数 f(key)和所选中的处理冲突的方法，将一组关键字映像到一个有限的、地址连续的地址集(区间)上，并以关键字在地址集中的"像"作为相应记录在表中的存储位置，如此构造所得的查找表称为哈希表，这一映像过程也称为"散列"，所以哈希表也称为散列表。

9.3.2 哈希表的构造

哈希函数的种类繁多，这里不能一一列举。下面仅介绍几种计算简单且效果较好的哈希函数。怎样才算是好的哈希函数呢？有两个原则可以参考：计算简单，如果一个算法可以保证所有的关键字都不会产生冲突，但是这个算法需要很复杂的计算，会耗费很多时间，那么对于需要频繁查找的表来说，就会大大降低查找的效率，因此哈希函数的计算时间不应该超过其他查找技术与关键字比较的时间；哈希地址分布均匀，即尽量让哈希地址均匀分布在存储空间中，保证存储空间的有效利用，并减少为处理冲突而耗费的时间。

为了方便讨论，以下均假定关键字是数字型的，若关键字是字符型的，则可先将其转换成数字型。

1. 直接定址法

如果要统计 0～100 岁的人口数，如表 9.4 所示，那么对年龄这个关键字就可以直接用年龄的数字作为地址，即 f(key)=key。如果要统计 1980 年后出生的人口数，如表 9.5 所示，那么对于出生年份这个关键字可以用年份减去 1980 来作为地址，此时 f(key)=key-1980。也就是说，可以取关键字的某个线性函数值作为哈希地址，即

$$f(\text{key})=a \times \text{key}+b \quad (a、b \text{ 为常数})$$

表 9.4 0～100 岁人口数统计

地址	年龄	人数/万人
00	0	500
01	1	600
02	2	450
…	…	…
20	20	1500
…	…	…

表 9.5 1980 年后出生的人口数统计

地址	出生年份	人数/万人
00	1980	1500
01	1981	1600
02	1982	1450
…	…	…
20	2000	800
…	…	…

这样的哈希函数的优点是简单、均匀，也不会产生冲突，但是却需要事先知道关键字的分布情况，适合查找表较小且连续的情况。由于这样的限制，在现实应用中，此方法虽然简单，却不常用。

2. 数字分析法

数字分析法是提取关键字中取值较均匀的数字作为哈希地址的方法。它适合于所有关键字已知的情况，并需要对关键字中每一位的取值分布情况进行分析。例如，一组关键字为{87912602, 87956671, 87937615, 87849675}，分析可知，每个关键字从左到右的第 1、2、3 位和第 6 位取值比较集中，不宜作为哈希函数，剩余的 4、5、7、8 位取值比较分散，可根据实际需要取其中的若干位作为哈希地址。若取最后两位作为哈希地址，则哈希地址为{02, 71, 15, 75}。

数字分析法通常适合处理关键字位数比较大的情况，如果事先知道关键字的分布且关键字的若干位分布较均匀，就可以考虑使用这种方法。

3. 平方取中法

通常，要预先估计关键字的数字分布并不容易，要找数字均匀分布的位数则更难。例如，一组关键字{0100, 0110, 1010, 1001, 0111}就无法使用数字分析法得到较均匀的散列函数。此时可采用平方取中法，即先通过求关键字的平方值扩大差别，然后取中间的几位或其组合作为哈希地址。因为一个乘积的中间几位数和乘数的每一位都相关，故由此产生的哈希地址较为均匀，所取位数由哈希表的表长决定。

例如，上述一组关键字的平方结果为{0010000, 0012100, 1020100, 1002001, 0012321}，若表长为 1000，则可取中间 3 位作为哈希地址集，即{100, 121, 201, 020, 123}。

平方取中法比较适合不知道关键字的分布，而位数又不是很大的情况。

4. 折叠法

折叠法是将关键字分割成位数相同的几部分(最后一部分的位数可以不同)，然后取它们的叠加和(舍去进位)为哈希地址的方法。折叠法又分移位叠加法和边界叠加法两种。移位叠加法将分割后的几部分的最低位对齐，然后相加；边界叠加法则从一端沿着分割边界来回折叠，然后对齐相加。例如，关键字 key=0442205864，按移位叠加法和边界叠加法计算哈希地址，将此关键字分成 4 位一段，两种叠加结果如图 9.4 所示。

$$
\begin{array}{cc}
5864 & 5864 \\
4220 & 0224 \\
+\quad 04 & +\quad 04 \\
\hline
10088 & 6092 \\
f(\text{key})=0088 & f(\text{key})=6092
\end{array}
$$

（a）移位叠加法　　（b）边界叠加法

图 9.4　折叠法示例

折叠法实现不需要知道关键字的分布，适合关键字位数比较多，且每一位数字的分布基本均匀的情况。

5. 除留余数法

选择一个不大于哈希表长 m 的正整数 P，用 P 去除关键字后所得的余数作为哈希地址，即

$$H(key)=key\%P \qquad (9.5)$$

该方法计算简单，适用范围广，是一种常用的构造哈希函数的方法，其关键是选取适当的 P，如果选择不当，容易产生较多同义词，使哈希表中有较多的冲突。

如表 9.6 所示，对有 12 个记录的关键字构造哈希表时，用 $f(key)=key\%12$ 的方法，如 $29\%12=5$，所以它存储在下标为 5 的位置。

表 9.6 除留余数法构造哈希表

下标	0	1	2	3	4	5	6	7	8	9	10	11
关键字	12	25	38	15	16	29	78	67	56	21	22	47

不过这也有存在冲突的可能，如果关键字中有像 18、30、42 等的数字，它们的余数都是 6，就和 78 所对应的下标位置冲突了。

因此，根据理论研究，若哈希表表长为 m，通常 P 为小于等于表长(最好接近 m)的最小质数或不包含小于 20 质因子的合数。

6. 随机数法

选择一个随机函数，取关键字的随机函数值为它的散列地址，即

$$f(key)=random\ (key) \qquad (9.6)$$

这里的 random 为随机函数。通常，当关键字长度不等时采用此法构造散列地址较恰当。

实际工作中需视不同的情况采用不同的哈希函数。通常需考虑的因素有计算哈希函数所需的时间(包括硬件指令的因素)、关键字的长度、哈希表的大小、关键字的分布情况和记录的查找频率。

9.3.3 解决冲突的方法

在哈希表中，虽然冲突很难避免，但是发生冲突的可能性却有大有小。这主要和 3 个因素有关。

(1) 与装填因子有关。装填因子是指哈希表中已存入的记录数 n 与哈希地址空间大小 m 的比值，即 $a=n/m$。a 越小，冲突的可能性就越小；a 越大(最大可能取 1)，冲突的可能性就越大。因为 a 越小，哈希表中的空闲单元的比例就越大，所以待插入记录同已插入记录发生冲突的可能性就越小；反之，哈希表中的空闲单元的比例就越小，待插入记录同已插入记录发生冲突的可能性就越大。此外，a 越小，存储空间的利用率就越低，反之利用率就越高。为了兼顾减少冲突的发生和提高存储空间的利用率，通常最终使 a 控制在 0.6～0.9。

(2) 与所采用的哈希函数有关。若哈希函数选择得当，就可以使哈希地址尽可能均匀地分布在哈希地址空间中，从而减少冲突的发生。否则，就可能使哈希地址集中于某些区域，从而加大冲突的产生。

(3) 与解决冲突的哈希冲突函数有关。哈希冲突函数的选择好坏也会减少或增加发生冲突的可能性。

下面介绍处理哈希冲突的两大类方法：开放地址法和拉链法。

1. 开放地址法

用开放地址法解决冲突的做法是：当冲突发生时，使用某种方法在哈希表中形成一个探查序列，沿着此探查序列逐个单元地查找，直到找到给定的关键字或碰到一个开放的地址(即该地址单元为空)。若插入时碰到开放的地址，则可将待插入新节点存放在该地址单元中。若查找时碰到开放的地址，则说明表中没有待查的关键字。显然，用开放地址法建立哈希表，建表前必须将表空间的所有单元置空。

形成探查序列的方法不同，所得到的解决冲突的方法也不相同。下面介绍几种常用的探查序列的方法，并假设哈希表的长度为 m，节点个数为 n。

(1) 线性探查法。

线性探查法的基本思想是：将哈希表看作一个环形表，若地址为 d[即 $H(\text{key})=d$]的单元发生冲突，则依次探查下述地址单元

$$d+1, d+2, \cdots, m-1, 0, 1, \cdots, d-1$$

直到找到一个空单元或查找到关键字为 key 的节点。当然，若沿着该探查序列查找一遍之后，又回到了地址 d，则无论是做插入操作还是做查找操作，都意味着失败(即此时表满)。

用线性探查法解决冲突，求下一个开放地址的公式为

$$d_i=(d+i)\%m \qquad i=1, 2, \cdots, s(1\leqslant s\leqslant m-1) \tag{9.7}$$

式中，$d=f(\text{key})$。

例如，已知一组关键字为{26, 36, 41, 38, 44, 15, 68, 12, 06, 51, 25}，用线性探查法解决冲突构造这组关键字的哈希表。

为了减少冲突，通常令装填因子<1。在此取 0.75。因为 n=11，所以哈希表长 m=15，即哈希表为 HT[15]。利用除留余数法构造哈希函数，选 P=13，即哈希函数为 $f(\text{key})=\text{key}\%13$。

插入时，首先用哈希函数计算出散列地址 d，若该地址是开放的，则插入新节点；否则用式(9.7)求下一个开放地址。第一个插入的是 26，它的哈希地址 d 为 $f(26)=26\%13=0$，因为这是一个开放地址，故将 26 插入 HT[0]。类似地，依次插入 36、41、38、44 时，它们的哈希地址 10、2、12、5 都是开放的，故将它们分别插入 HT[10]、HT[2]、HT[12]、HT[5]中。当插入 15 时，其哈希地址 d 为 $f(15)=2$，由于 HT[2]已被关键字 41 占用(即发生冲突)，故利用式(9.7)进行探查。显然，$d_1=(2+1)\%15=3$ 为开放地址，因此将 15 插入 HT[3]中。类似地，68 和 12 均经过一次探查后，分别插入 HT[4]和 HT[3]中。06 直接插入 HT[6]中，51 的哈希地址为 12，与 HT[12]中的 38 发生冲突，故由式(9.7)求得 d_1=13，仍然冲突，再次探查下一个地址 d_2=14，该地址是开放的，故将 51 插入 HT[14]中；最后一个插入的是 25，它的哈希地址也是 12，经过了 4 次探查 d_1=13、d_2=14、d_3=0、d_4=1 之后才找到开放地址 1，将 25 插入 HT[1]中。由此构造的哈希表如表 9.7 所示，其中最末一行的数字表示查找该节点时所进行的关键字比较次数。

表 9.7　用线性探查法构造哈希表示例

散列地址	0	1	2	3	4	5	6	7	8	9	10	11	12	13	14
关键字	26	25	41	15	68	44	06				36		38	12	51
比较次数	1	5	1	2	2	1	1				1		1	2	3

在上例中，$f(15)=2$，$f(68)=3$，即 15 和 68 不是同义词，但由于在处理 15 和同义词 41 的冲突时，15 抢先占用了 HT[3]，这就使得插入 68 时，这两个本来不应该发生冲突的非同义词之间也发生了冲突。一般地，用线性探查法解决冲突时，当表中 $i, i+1, \cdots, i+k$ 位置上已有节点时，一个哈希地址为 $i, i+1, \cdots, i+k+1$ 的节点都将插入位置 $i+k+1$ 上，我们把这种哈希地址不同的节点，争夺同一个后继哈希地址的现象称为"堆积"。这将造成不是同义词的节点，处在同一个探查序列之中，从而增加了探查序列的长度。若哈希函数选择不当或装填因子过大，都可能使堆积的机会增加。

为了减少堆积的机会，就不能像线性探查法那样探查一个顺序的地址序列，而应该使探查序列跳跃式地散列在整个哈希表中。为此下面介绍另外 3 种解决冲突的方法，与线性探查法相比，它们大大地减少了堆积的可能性。

(2) 二次探查法。

二次探查法的探查序列依次是 $1^2, -1^2, 2^2, -2^2, \cdots$，也就是说，发生冲突时，将同义词来回散列在第一个地址 $d=f(\text{key})$ 的两端。由此可知，发生冲突时，求下一个开放地址的公式为

$$D_{2i-1}=(d+i^2)\%m$$
$$D_{2i}=(d-i^2)\%m \qquad (1\leqslant i\leqslant (m-1)/2) \tag{9.8}$$

虽然二次探查法减少了堆积的可能性，但是二次探查法不容易探查到整个哈希表空间。

(3) 随机探查法。

采用随机探查法解决冲突时，求下一个开放地址的公式为

$$d_i=(d+R_i)\%m \qquad (1\leqslant i\leqslant m-1) \tag{9.9}$$

式中，$d=f(\text{key})$，$R_1, R_2, \cdots, R_{m-1}$ 是 $1\sim m-1$ 的一个随机数序列。如何得到随机数序列，涉及随机数的产生问题。在实际应用中，常常用移位寄存器序列代替随机数序列。设 m 是 2 的方幂，K 是 $1\sim m-1$ 的一个整数，产生移位寄存器序列的方法如下。

任取 $1\sim m-1$ 的一个整数作为 R_1。

设已知 R_{i-1}，令

$$R_i \begin{cases} 2R_{i-1} & \text{当}2R_{i-1}<m\text{时} \\ (2R_{i-1}-m) \oplus K & \text{当}2R_{i-1}\geqslant m\text{时} \end{cases}$$

式中，整数 K、m、R_{i-1}、R_i 都是二进制表示；运算符 $\oplus$ 为按位模 2 加法，按位模 2 加法与普通二进制加法类似，只是不产生进位。

应当注意，K 必须选择合适才能产生出 $1\sim m-1$ 的一个随机数序列。例如，设 $m=8$，取 $K=3$，$R_1=5$，则产生的随机数序列为 5, 1, 2, 4, 3, 6, 7；若取 $K=5$，也能产生 $1\sim 7$ 的一个随机数序列，但 K 取其他值就不能产生了。

(4) 双重哈希函数探查法。

这种方法使用两个哈希函数 H_1 和 H_2。其中，H_1 和前面的 H 一样，以关键字为自变量，产生一个 0 到 m-1 之间的数作为哈希地址；H_2 也以关键字为自变量，产生一个 1 到 m-1 之间的并和 m 互素的数作为对哈希地址的补偿。若 H_1(key)=d 时发生冲突，则再计算 H_2(key)，得到的探查序列为

$$[d+H_2(key)]\%m, \ [d+2H_2(key)]\%m, \ [d+3H_2(key)]\%m, \cdots$$

由此可知，双重哈希函数探查法求下一个开放地址的公式为

$$d_i=[d+iH_2 (key)]\%m \qquad (1{\leqslant}i{\leqslant}m\text{-}1) \tag{9.10}$$

定义 H_2(key) 的方法较多，但无论采用哪种方法定义 H_2，都必须使 H_2(key) 的值和 m 互素，才能使发生冲突的同义词地址均匀地分布在整个表中，否则可能造成同义词地址的循环计算。

若 m 为素数，则 H_2(key) 取 1～m-1 的任何数均与 m 互素，因此，可以简单地将 H_2 定义为

$$H_2(key)=key\%(m\text{-}2)+1$$

若 m 是 2 的方幂，则 H_2(key) 可取 1～m-1 的任何奇数。

2. 拉链法

拉链法是将所有具有相同哈希地址的关键字的值放在同一个单链表中。若选定的哈希表的长度为 m，则可将哈希表定义为一个由 m 个头指针组成的指针数组 T[m]，凡是哈希地址为 i 的节点，均插入到以 T[i] 为头指针的单链表中。T[ ] 中各分量的初值为空。

例如，给定关键字集合 {26, 36, 41, 38, 44, 15, 68, 12, 06, 51}，取哈希表长 m=13，哈希函数为 f(key)=key%13，用拉链法解决冲突所构造的哈希表如图 9.5 所示。

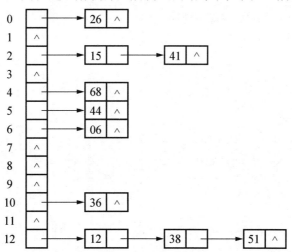

图 9.5 用拉链法处理冲突所构造的哈希表

与开放地址法相比，拉链法有如下几个优点。

(1) 拉链法不会产生堆积现象，因此平均查找长度较短。

(2) 由于拉链法中各单链表上的节点空间是动态申请的，故它更适合于构造表前无法确定表长的情况。

(3) 在用拉链法构造的哈希表中，删除节点的操作易于实现，只要简单地删去链表上相应的节点即可。而对用开放地址法构造的哈希表，删除节点不能简单地将被删节点的空间置为空，否则将截断在它之后填入哈希表的同义词节点的查找路径，这是因为在各种开放地址法中，空地址单元(即开放地址)都是查找失败的条件。因此在用开放地址法处理冲突的哈希表上执行删除操作，只能在被删节点上做删除标记，而不能真正删除节点。

当装填因子较大时，拉链法所用的空间比开放地址法多，但是空间越大，开放地址法所需的探查次数越多，所以拉链法所增加的空间开销是划算的。

9.3.4 哈希表查找实现

哈希表的查找过程和建表过程一致。假设给定的值为 key，根据建表时设定的哈希函数 f，计算出哈希地址 $f(key)$，若该地址对应的空间为空，则查找失败，否则将该地址中的节点与给定值 key 进行比较，若值相等则查找成功，否则按建表时设定的处理冲突方法求下一个地址，反复进行以上操作，直到某个地址空间为空(查找失败)或者关键字比较相等(查找成功)。

下面以线性探查法为例，给出哈希表上的查找和插入算法。

哈希表类型说明如下。

```
#define NIL -1
#define M 997
typedef struct
{   KeyType key;
    InfoType otherinfo;
}NodeType;
typedef  NodeType  HashTable[m];
```

算法 9.4 哈希表的查找。

```
int Hash(Keytype k,int i)
{ /*散列函数用除留余数法构造,并使用线性探查的开放地址法处理冲突*/
    return(k/m+i)%m;
}


int HashSearch(HashTable T,Keytype K,int *pos)
{ /*开放地址法的哈希表查找算法*/
    int i=0;
    do{
        *pos=Hash(K,i);                  /*求探查地址 hi*/
        if(T[*pos].key==K) return 1;     /*查找成功返回*/
        if(T[*pos].key==NIL) return 0;   /*查找到空节点返回*/
    }while(++i<m)                        /*最多做 m 次探查,m 是表长*/
    return -1;                           /*表满且未找到时,查找失败*/
}
```

```
void HashInsert(HashTable T,NodeTypene w)
{/*将新节点 new 插入哈希表 T[0...m-1]中*/
    int pos,sign;
    sign=HashSearch(T,new.key,&pos); /*在表 T 中查找 new 的插入位置*/
    if(!sign)                            /*找到一个开放的地址 pos*/
        T[*pos]=new;                     /*插入新节点 new,插入成功*/
    else                                 /*插入失败*/
        if(sign>0)
            printf("duplicate key!");   /*有重复的关键字*/
        else
            Error("hashtableoverflow!");/*表满错误,终止程序执行*/
}

void CrHTable(HashTable T,NodeType A[ ] ,int n)
{    /*根据 A[0...n-1]中节点建立哈希表 T[0...m-1] */
    int i;
    if(n>m)  /*用开放地址法处理冲突,装填因子(a=n/m)<1*/
        Error("Load factor>1");
    for(i=0;i<m;i++)
        T[i].key=NULL;              /*将各关键字清空,使地址 i 为开放地址*/
    for(i=0;i<n;i++)                /*依次将 A[0...n-1]插入哈希表 T[0...m-1]中*/
        HashInsert(T,A[i]);         /*调用插入算法,将 A[i]插入哈希表 T 中*/
}
```

从上述查找过程可知，虽然哈希表在关键字和存储位置之间直接建立了对应关系，但是由于冲突的产生，哈希表的查找过程仍然是一个和关键字比较的过程，不过哈希表的平均查找长度比顺序查找要小得多，也比二分查找的小。

9.4　编程实现铁路售票查询系统

(1) 车次表的存储结构类型定义。

```
typedef  struct
{   char number[5];              /*车次*/
    char terminal[9];            /*目的地*/
    int price;                   /*价格*/
    int count;                   /*剩余票数*/
}  DataType;                     /*车票类型*/

 typedef  struct{
    DataType  data[Maxsize];     /*存储各车次信息的数组*/
    int  length;                 /*车次数*/
} Sequennst;                     /*顺序表,存储车次列表*/
```

(2) 主程序代码。

```c
#include <stdio.h>
#include <string.h>
#include <conio.h>

#define MaxSize 100

typedef struct
{
    char number[5];                    /*车次*/
    char origin[9];                    /*起始地*/
    char terminal[9];                  /*目的地*/
    int price;                         /*价格*/
    int count;                         /*剩余票数*/
}DataType;                             /*车票类型*/

typedef struct
{
    DataType data[MaxSize];            /*存储各车次信息的数组*/
    int length;                        /*车次数*/
}SequenList ;                          /*顺序表,存储车次列表*/

void FCreat(SequenList *L)
{
    FILE *fp;
    int i=1;
    fp=fopen("D:\\shepiao_info.txt","r");
                            /*shepiao_info.txt 文件中保存了车票等信息*/
    if(!fp)
        printf("\n 数据文件无法打开!(Can not open file!)");
    else
    {
        L->length=0;
        while(!feof(fp))
        {
            fscanf(fp,"%s%s%s%d%d\n",L->data[i].number,L->data[i].
origin,L->data[i].terminal,&(L->data[i].price),&(L->data[i].count));
            L->length++;
            i++;
        }
    }
    fclose(fp);
}

void FWrite(SequenList *L)
{
    FILE *fp;
    int i;
    fp=fopen("D:\\shepiao_info.txt","w");
    if(!fp)
```

```
                printf("\n 数据文件无法打开!(Can not open file!)");
            else
            {
                for(i=1;i<=L->length;i++)
                    fprintf(fp,"%s %s %s %d %d\n",L->data[i].number,L->data[i].
origin,L->data[i].terminal,L->data[i].price,L->data[i].count);
            }
        }


    void OutPut(SequenList L)
    {
        int i;
        if(L.length<=0)
        {
            printf("\n 请先通过供票导入数据");
            return;
        }
        puts("\n\n 火车售票系统信息表(Tickers List)");
        puts("\n    车次      起始地      目的地      价格      剩余票数");
        puts("\n    No.      origin   Destination  Price    Remainder");
        for(i=1;i<=L.length;i++)
            printf("\n%10s%10s%10s%7d%9d",L.data[i].number,L.data[i].orig
in,L.data[i].terminal,L.data[i].price,L.data[i].count);
    }

    int SearchBin(SequenList st,char number[5])
    {   /*使用折半查找,在有序查找表 st 中查找关键字值等于 k 的记录,有则返回该记录的位置序
号;没有则返回特殊值 0*/
        int low,high,mid;
        low=1;  high=st.length;
        while(low<=high)
        {
            mid=(low+high)/2;
            if(strcmp(st.data[mid].number,number)==0)
                return mid;
            if(strcmp(st.data[mid].number,number)>0)
                high=mid-1;
            else
                low=mid+1;
        }
        return(0);   /*查找失败*/
    }

    void SellTicket(SequenList *ticketList,char number[5],int quantity,int
money)
    {/*售票、车次信息表为 ticketList,给定的车次 number,购买张数 scount,金额 money*/
        int cc,rr;
        int mremainder,nremainder;
        int factcount;          /*实际可购买的张数*/
        cc=SearchBin(*ticketList,number);   /*查找车次*/
        if(cc==0)   /*没有该车次*/
        {
```

```
            printf("Invalid number. Your remainder money:%d",money);
            return;
    }
    if(ticketList->data[cc].count==0)   /*剩余数量为0,已售罄*/
    {
            printf("该次车票已售罄!. Your remainder money:%d",money);
            return;
    }
    nremainder=ticketList->data[cc].count-quantity ;/*剩余数量*/
    if(nremainder>=0)                   /*数量够*/
        factcount=quantity;             /*购买张数*/
    else     /*数量不够*/
        factcount=ticketList->data[cc].count;   /*最多可购买的张数*/
    mremainder=money-ticketList->data[cc].price*factcount ;/*剩余金额*/
    if(mremainder<0)  /*金额不够时购买张数不变,金额不够时求最多购买的张数*/
        factcount=(int)(money/ticketList->data[cc].price);
                                                 /*最多购买的张数*/
    if(factcount>0)
    {
        ticketList->data[cc].count-=factcount;
        mremainder=money-ticketList->data[cc].price*factcount;
                                                 /*剩余金额*/
        printf("\n 车次(Tickets no.):%s\n 列车起始地(terminal):%s\n 列车目
的地(terminal):%s\n 价格(price):%d\n 数量(quantity):%d\n 剩余金额:%d\n",
ticketList->data[cc].number,ticketList->data[cc].origin,ticketList->data[cc].
terminal,ticketList->data[cc].price,factcount,mremainder);
    }
    else
        printf("Invalid Buy. Your remainder money:%d",money);
    FWrite(ticketList);
}

int main()
{
    SequenList ticketList;
    ticketList.length = 0;
    char number[5];
    int quantity,money;
    while(1)
    {
        printf("\n1. 供票(Supply)");
        printf("\n2. 售票(Sell)");
        printf("\n3. 查询(Query)");
        printf("\n0. 退出(Quit)");
        printf("\n 请选择(Select):");
        switch(getche())
        {
            case '1':
                FCreat(&ticketList);puts("\n 供票完成！\n");
                break;
            case '2':
                puts("\n 请分别输入要购买的车次  票数  金额(以空格隔开):");
```

```
                scanf("%s%d%d",number,&quantity,&money);
                SellTicket(&ticketList,number,quantity,money);
                                        /*进行售票*/
                break;
            case '3':
                OutPut(ticketList);        /*进行查询*/
                break;
            case '0':
                return 0;
            }
        }
    return 0;
    }
```

shepiao_info.txt 文件中的内容如图 9.6 所示。

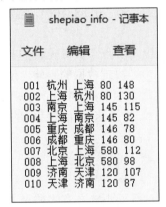

图 9.6　shepiao_info.txt 文件中的内容

 独立实践

请在上述系统中实现新增列车售票信息的功能。

本 章 小 结

　　查找是数据处理中经常使用的一种技术，本章主要介绍了查找表的各种方法及查找效率的衡量标准——平均查找长度。查找过程中的主要操作是关键字和给定值的比较，因此以一次查找所需进行的比较次数的期望值作为查找方法效率的衡量标准，即平均查找长度。

　　在线性表上进行查找的方法主要介绍了顺序查找、二分查找和分块查找 3 种方法，如果线性表是有序的，那么二分查找是最快的查找方法。本章介绍了哈希表的概念、构造哈希函数和处理冲突的方法，哈希表查找是通过直接计算出节点的地址建立哈希表来进行查找的。对于现实的查找问题，应该根据问题的需要选择合适的查找方法及相应的存储结构。

本 章 习 题

一、填空题

1. 在数据存放无规律的线性表中进行检索的最佳方法是_____。

2. 线性有序表 $\{a_1, a_2, a_3, \cdots, a_{256}\}$ 是从小到大排列的，对一个给定的值 k，用二分查找检索表中与 k 相等的元素，在查找不成功的情况下，最多需要检索_____次。设有 100 个节点，用二分查找时，最大比较次数是_____。

3. 假设在有序线性表 $a[20]$ 上进行二分查找，则比较 1 次查找成功的节点数为 1；比较 2 次查找成功的节点数为_____；比较 4 次查找成功的节点数为_____；平均查找长度为_____。

4. 二分查找有序表 $\{4, 6, 12, 20, 28, 38, 50, 70, 88, 100\}$，若查找表中元素 20，它将依次与表中元素_____比较大小。

5. 在各种查找方法中，平均查找长度与节点个数 n 无关的查找方法是_____。

6. 哈希法存储的基本思想是由_____决定数据的存储地址。

7. 有一个表长为 m 的哈希表，初始状态为空，现将 $n(n<m)$ 个不同的关键码插入到哈希表中，解决冲突的方法是用线性探查法。如果这 n 个关键码的哈希地址都相同，则探查的总次数是_____。

二、判断题

1. 二分查找只能在有序的顺序表上进行而不能在有序链表上进行。　　　（　　）

2. 二分查找的查找速度一定比顺序查找的查找速度快。　　　（　　）

3. 哈希表的查找效率完全取决于所选取的哈希函数和处理冲突的方法。　　　（　　）

4. 有 n 个数存放在一维数组 $A[1...n]$ 中，进行顺序查找时，这 n 个数的排列有序或无序，其平均查找长度不同。　　　（　　）

5. 适于对动态查找表进行高效率查找的组织结构是分块有序表。　　　（　　）

6. 在哈希查找中，比较操作也是不可避免的。　　　（　　）

三、选择题

1. 在表长为 n 的链表中进行线性表查找，它的平均查找长度为_____。

　　A. $ASL=n$　　　　　　　　　　B. $ASL=(n+1)/2$

　　C. $ASL=\sqrt{n}+1$　　　　　　　D. $ASL\approx\log_2(n+1)-1$

2. 用二分查找法查找有序表 $\{4, 6, 10, 12, 20, 30, 50, 70, 88, 100\}$，若查找表中元素 58，则它将依次与表中(　　)比较大小，查找结果失败。

　　A. 20，70，30，50　　　　　　　B. 30，88，70，50

　　C. 20，50　　　　　　　　　　D. 30，88，50

3. 对 22 个记录的有序表做二分查找，当查找失败时，至少需要比较(　　)次关键字。

　　A. 3　　　　　　B. 4　　　　　　C. 5　　　　　　D. 6

4．链表适用于(　　)查找。

  A．顺序查找　　 B．二分查找

  C．顺序查找，也能二分查找 D．随机查找

5．要进行线性表查找，则线性表①(　　)；要进行二分查找，则线性表②(　　)；要进行哈希查找，则线性表③(　　)。

某顺序存储的表格，其中有 90000 个元素，已按关键项的值的升序排列。现假定对各个元素进行查找的概率是相同的，并且各个元素的关键项的值皆不相同。当用顺序查找法查找时，平均比较次数约为④(　　)，最大比较次数为⑤(　　)。

供选择的答案如下。

①～③：A．必须以顺序方式存储 B．必须以链表方式存储

    C．必须以散列方式存储

    D．既可以顺序方式，也可以链表方式存储

    E．必须以顺序方式存储且数据元素已按值递增或递减的顺序排好

    F．必须以链表方式存储且数据元素已按值递增或递减的顺序排好

④，⑤：A．25000   B．30000   C．45000   D．90000

6．与其他查找方法相比，哈希表查找的特点是(　　)。

  A．通过关键字的比较进行查找

  B．通过关键字计算元素的存储地址进行查找

  C．通过关键字计算元素的存储地址并进行一定的比较进行查找

  D．以上都不是

7．静态查找表与动态查找表的根本区别在于(　　)。

  A．它们的逻辑结构不一样 B．施加在其上的操作不一样

  C．所包含的数据元素类型不一样 D．存储实现不一样

四、简答题

1．二分查找适不适合链表结构的序列，为什么？二分查找的查找速度必然比线性表查找的速度快，这种说法对吗？

2．假定对有序表{3, 4, 5, 7, 24, 30, 42, 54, 63, 72, 87, 95}进行二分查找，试回答下列问题。

(1) 画出描述二分查找过程的判定树。

(2) 若查找元素 54，需依次与哪些元素比较？

(3) 若查找元素 90，需依次与哪些元素比较？

(4) 假定每个元素的查找概率相等，求查找成功时的平均查找长度。

3．设哈希表的地址范围为 0～17，哈希函数为 $H(K)=K \bmod 16$。

K 为关键字，用线性探查法处理冲突，输入关键字序列{10, 24, 32, 17, 31, 30, 46, 47, 40, 63, 49}构造哈希表，试回答下列问题。

(1) 画出哈希表的示意图。

(2) 若查找关键字 63，需依次与哪些关键字比较？

(3) 若查找关键字 60，需依次与哪些关键字比较？

(4) 假定每个关键字的查找概率相等，求查找成功时的平均查找长度。

4．编写一个算法，利用二分查找法在一个有序表中插入一个元素 x，并保持表的有序性。

5．选取哈希函数 $H(\text{key})=(3*\text{key})\%11$，用线性探查法处理冲突，对关键字序列 {22, 41, 53, 08, 46, 30, 01, 31, 66} 构造一个散列地址空间为 0~10，表长为 11 的哈希表。

第 9 章习题
参考答案

参 考 文 献

严蔚敏, 李冬梅, 吴伟民, 2022. 数据结构: C 语言版: 双色版[M]. 2 版. 北京: 人民邮电出版社.

唐国民, 王国钧, 2013. 数据结构: C 语言版[M]. 2 版. 北京: 清华大学出版社.

WEISS M A, 2004. 数据结构与算法分析: C 语言描述: 原书第 2 版[M]. 冯舜玺, 译. 北京: 机械工业出版社.

严蔚敏, 吴伟民, 2007. 数据结构: C 语言版[M]. 北京: 清华大学出版社.

王新宇, 毛启容, 2023. 数据结构与算法设计[M]. 北京: 电子工业出版社.

秦锋, 汤亚玲, 2021. 数据结构: C 语言版: 微课版[M]. 2 版. 北京: 清华大学出版社.

李春葆, 2022. 数据结构教程: 微课视频: 题库版[M]. 6 版. 北京: 清华大学出版社.

荣政, 2021. 数据结构与算法分析[M]. 2 版. 西安: 西安电子科技大学出版社.

慕晨, 安毅生, 2022. 数据结构与算法: C++实现: 微课视频版[M]. 北京: 清华大学出版社.

李冬梅, 田紫微, 2022. 数据结构习题解析与实验指导[M]. 2 版. 北京: 人民邮电出版社.